食用豆田节肢动物多样性及主要害虫防治研究

◎ 金永玲　高玉刚　王丽艳　著

中国农业科学技术出版社

图书在版编目(CIP)数据

食用豆田节肢动物多样性及主要害虫防治研究 / 金永玲，高玉刚，王丽艳著 . -- 北京：中国农业科学技术出版社，2022.5
ISBN 978-7-5116-5749-7

Ⅰ.①食… Ⅱ.①金…②高…③王… Ⅲ.①豆类作物-节肢动物-病虫害防治-研究-黑龙江省 Ⅳ.①S435.29

中国版本图书馆 CIP 数据核字(2022)第 070682 号

责任编辑　周丽丽
责任校对　李向荣
责任印制　姜义伟　王思文

出 版 者	中国农业科学技术出版社 北京市中关村南大街 12 号　邮编：100081
电　　话	（010）82109194（编辑室）　　（010）82109702（发行部） （010）82109709（读者服务部）
网　　址	https：//castp.caas.cn
经 销 者	各地新华书店
印 刷 者	北京建宏印刷有限公司
开　　本	185 mm×260 mm　1/16
印　　张	15.25
字　　数	360 千字
版　　次	2022 年 5 月第 1 版　2022 年 5 月第 1 次印刷
定　　价	68.00 元

◀━━ 版权所有·翻印必究 ▶━━

前　言

食用豆（Food legumes）是收获籽粒或嫩荚供食用的豆类作物统称，均属豆科（Leguminosae），蝶形花亚科（Papilionaceae），多为一年生或越年生，收获籽粒，也叫小杂豆。

《中国小杂粮》一书中记载中国栽培的小杂豆包括绿豆、小豆、豇豆、普通菜豆、多花菜豆、饭豆（芸豆）、扁豆、黑豆、豌豆、蚕豆、小扁豆、鹰嘴豆和草豌豆。黑龙江省常见的种植面积较大的食用豆类（杂豆）作物有芸豆（饭豆）、绿豆、小豆等。

食用豆是健康资源，是药食同源的食品。几千年来中国就流传着"宁可一日无肉，不可一日无豆"的谚语。食用豆蛋白质含量高，氨基酸组成好，尤其富含赖氨酸，脂肪含量低，可溶性与不溶性膳食纤维比例较为均衡，富含 B 族维生素和矿物质，含有黄酮类物质、生物碱、花青素、植物甾醇、超氧化物歧化酶等多种生理活性物质，存在胰蛋白酶抑制剂、胰凝乳蛋白酶抑制剂、α-淀粉酶抑制剂、单宁、皂苷等抗营养因子，可提供抗氧化、抗肿瘤、抗炎症及控制血糖等功效。联合国将 2016 年命名为"国际杂豆年"，提出了"提供丰富营养，促进可持续发展"的口号。食用豆更是农业种植结构调整不可或缺的植物资源，利用其特有的生物固氮作用可以与其他作物轮作、间作、套作，也是荒地和救灾复种的首选作物。

我国食用豆种植历史悠久，产量大，覆盖面广，种类繁多，是世界食用豆生产大国。黑龙江省是我国食用豆主产区之一，具有明显的区域优势、生态优势，食用豆品种资源丰富，食用豆产业前景广、潜力大。随着种植结构的调整，食用豆在国民经济中的占有越来越重要的地位。近年来，黑龙江省食用豆种植面积不断增加，虫害发生的种类和数量也在发生变化。虫害是造成食用豆产量损失的主要因素之一，因此研究和防治虫害始终是确保食用豆高产稳产的重要环节，中国对食用豆虫害的防治研究始于 20 世纪初期，20 世纪 50 年代以后取得了较大的进展，确立了预防为主、综合防治的植物保护方针。国内外关于食用豆害虫的研究较少，因气候条件的变化和地域性差异，各地区害虫发生种类有明显不同，各种害虫的发生规律存在较大差异，在控制策略上也存在着各自的区域特点。在黑龙江省"杂粮生产与加工"特色学科项目、黑龙江省现代产业技术协同创新推广体系、国家重点研发计划"东北地区食用豆生产技术集成与示范区建设"（2020YFD1001402）、黑龙江八一农垦大学"三横三纵"项目（ZRCPY201802）、"黑龙江八一农垦大学博士启动基金项目"（XDB-2017-01）的支持下，团队成员于 2010—2020 年对黑龙江省食用豆田节肢动物构成成分和节肢动物群落多样性进行了调查研究，对主要害虫的发生规律、抗虫资源筛选和抗虫机理，蝗虫抗药性和抗性机理等进行了系统研究，同时研究筛选了应用于黑龙江省食用豆主要害虫的高效低毒的杀虫剂。

通过多年的积极努力工作，团队整理出了完整的黑龙江省食用豆田害虫及天敌名录。明确了豆蚜、红蜘蛛为食用豆田优势害虫种类，对食用豆的影响较大；筛选出抗感蚜绿豆品种和抗感红蜘蛛小豆品种，并明确了抗性机制，为抗性育种提供理论基础；整理出黑龙江省大庆市对食用豆影响较大的蝗虫优势种，明确了蝗虫的抗药机制；筛选出了防治主要害虫的化学杀虫剂及生物杀虫剂。多年的研究取得了丰硕的研究成果，完成各级科研任务 5 项，发表相关论文 15 篇，可为食用豆产业的可持续发展提供科学保障。为此，对多年来所做的研究进行了总结，并结合课题研究成果著成专著，奉献社会，可供有关生产部门、科研部门和教学部门参考。本书主要内容是在黑龙江省作物—有害生物互作生物学及生态防控重点实验室、国家杂粮工程技术研究中心等研究平台的支持下完成，在此，表示感谢！同时，对在试验研究过程中提供过帮助的所有同志表示衷心的感谢！同时，本书得到了"乡村振兴战略背景下的产学研联合导向式研究生培养模式的改革研究"（基金编号：SJGY20200489）和"应用型地方农业院校实践教学体系构建"（基金编号：SJGZ20200125）项目的引导和帮助，在此一并表示感谢！

本书内容以著者的科研成果为主，均为著者已发表或即将发表的研究资料。本书著者：王丽艳（黑龙江八一农垦大学农学院教授，博士，硕士生导师）；金永玲（黑龙江八一农垦大学农学院副教授，博士，硕士生导师）；高玉刚（黑龙江八一农垦大学园艺园林学院副教授，博士，硕士生导师）。书中图片由高玉刚拍摄。全书分六章，第一章、第二章及第五章第五节至第六节由高玉刚执笔（约 12 万字），第三章、第四章由王丽艳执笔（约 12 万字），第五章第一节至第四节、第七节至第九节和第六章及前言由金永玲执笔（约 12 万字）。

因撰写时间仓促，书中难免有错误和不妥之处，敬请专家、同仁和广大读者批评指正。

金永玲
于黑龙江八一农垦大学
2021 年 10 月

目 录

第一章　食用豆田节肢动物群落多样性研究 (1)
- 第一节　黑龙江省食用豆田节肢动物种类组成调查 (2)
- 第二节　绿豆不同品种田节肢动物群落多样性调查分析 (6)
- 第三节　梧桐河农场红小豆田节肢动物群落结构调查 (24)
- 第四节　施肥对红小豆田节肢动物群落多样性影响研究 (28)
- 第五节　施肥对芸豆田节肢动物影响的研究 (35)
- 第六节　黑龙江省蝗虫种类及其天敌多样性调查研究 (44)

第二章　食用豆田豆蚜发生特点研究 (52)
- 第一节　豆蚜发生动态调查 (52)
- 第二节　温度对豆蚜生长发育及繁殖影响研究 (54)

第三章　绿豆对豆蚜的抗性鉴定及抗性机制研究 (58)
- 第一节　绿豆对豆蚜抗虫性研究概况 (58)
- 第二节　抗、感豆蚜绿豆品种的筛选 (63)
- 第三节　豆蚜对绿豆不同品种的取食选择性研究 (72)
- 第四节　绿豆形态抗性和生理生化抗性机制研究 (74)
- 第五节　绿豆抗、感品种对豆蚜体内酶的影响 (93)

第四章　红小豆对红叶螨抗虫性研究 (98)
- 第一节　红小豆螨害研究概况 (98)
- 第二节　不同红小豆品种对红叶螨抗性评价 (104)
- 第三节　红小豆对红叶螨形态抗性 (110)
- 第四节　红小豆对红叶螨生理生化抗性 (117)

第五章　蝗虫抗药性研究 (131)
- 第一节　抗药性研究进展 (131)
- 第二节　黄胫小车蝗抗药性监测及代谢解毒酶的变化 (138)
- 第三节　大垫尖翅蝗发生与防治研究进展 (151)
- 第四节　大垫尖翅蝗对10种杀虫剂的敏感基线的建立 (155)
- 第五节　大垫尖翅蝗田间种群抗药性检测及治理 (160)
- 第六节　大垫尖翅蝗丁烯氟虫腈抗性品系筛选及抗性生化机理研究 (168)
- 第七节　大垫尖翅蝗转录组测序分析 (182)
- 第八节　大垫尖翅蝗差异表达基因分析 (192)

第九节　大垫尖翅蝗抗性相关基因的筛选、鉴定与分析 …………………（201）
第六章　食用豆害虫防治技术研究 ………………………………………（214）
　第一节　几种杀虫剂对豆蚜的毒力比较 ……………………………………（214）
　第二节　几种药剂对豆蚜和红蜘蛛的田间防治效果 ………………………（218）
　第三节　5种杀虫剂对大庆地区蝗虫的田间防治效果 ……………………（221）
　第四节　食用豆主要虫害绿色防治技术 ……………………………………（225）
参考文献 ………………………………………………………………………（231）

第一章 食用豆田节肢动物群落多样性研究

在作物田节肢动物群落中，害虫、天敌和中性昆虫以错综复杂的关系共存。在该系统中，害虫与天敌和作物之间存在着密切的关联，害虫、天敌和植物之间的关系会因某一环节被严重破坏而失去平衡，从而导致作物田生境下生物群落的稳定性降低，成为生态脆弱区域，一旦遇到不良影响，生态平衡就可能被打破，某种繁殖力强的害虫就可能成灾。与作物无直接经济意义的中性昆虫是节肢动物群落中的重要组分，它们通过自身种类和数量的变化，对中位和顶位物种的数量和效能发挥影响，从而对害虫起到间接的调节和控制作用，如何正确地阐述和评价天敌对害虫控制的功能效应、时间及空间的群落稳定性情况，为害虫治理提供理论和实践依据，是研究者们迫于解决的问题。

黑龙江省气候冷凉，昼夜温差大，适宜食用豆的生长发育。食用豆是黑龙江省主栽的杂粮作物之一，近年来随着国家对杂粮种植的重视，芸豆、绿豆、红小豆作物种植越发广泛，同时也为种植户提供了更多的选择。黑龙江省芸豆出口量占据主体地位，约占全国芸豆出口量的50%。种植面积呈现逐年增加的趋势，对产量的要求也越来越高。随着科技的进步，药剂的不断研发，其使用量也随之增加，大量化学农药的使用，虽然使农田的害虫得到暂时的控制，但是也会导致害虫产生抗性、土层被腐蚀、土层营养匮乏，更为严重的是环境遭受严重破坏，人类的健康将受到严重威胁。长期的积累效应使农田中的生态体系处于严重的失衡状态，群落多样性恶化，减弱了农田生态系统自身的调控作用。

生物群落是指在同一时间聚集在一定地域或生境中各种生物种群的集合，虽然生物群落的概念，一般包括某一特定生境中所有生物种群，但实际上，将生物种群内的生物一一进行研究是不切合实际的，所以常把群落这个概念用于某一类生物的集合体。在农田生态系统，可以将节肢动物各种群所构成的集合体作为一类生物群落来研究，而农田节肢动物各群落之间是彼此相互依赖、相互作用而共同生活在一起的一个有机体。因此通过对农田生态系统中节肢动物群落的研究，可以从植物—害虫—天敌三者的相互作用关系进行调查并研究害虫治理的方法。

近几年，国内外对作物田生态系统中节肢动物群落多样性开展了许多研究，对多样性的理论和应用价值进行了探讨。但是，中国幅员辽阔，各地的地理位置、气候条件、耕作栽培制度差异很大，作物种类及田块类型不同，节肢动物群落组成和结构也不同。黑龙江省特殊的生态环境条件下食用豆田节肢动物种类发生情况尚未见报道。因此，结合食用豆害虫的普查工作，按照营养和取食的关系进行划分和归类，从物种（species）、营养层（nutrition）和功能集团（guilds）3个水平对黑龙江省食用豆田节肢动物群落进行群落组成结构及多样性的分析，以便为进一步保护农业生态系统昆虫多样性，维持农业系统的稳定，可为黑龙江省食用豆作物害虫的可持续控制提供理论依据。

第一节　黑龙江省食用豆田节肢动物种类组成调查

一、材料与方法

（一）调查地点

黑龙江八一农垦大学实习实验基地、和平牧场、林甸县、齐齐哈尔市甘南县、拜泉县（爱民乡）、依安县（三星镇、新兴镇）、肇源县（大兴乡、头抬乡和二站镇）、梧桐河农场等。

（二）调查时间及寄主

在食用豆生长的苗期、生长中期和生长后期，对食用豆田的节肢动物种类（害虫、天敌及中性昆虫）进行了田间普查。记录节肢动物的种类及寄主。

调查的食用豆作物主要有：红小豆、绿豆、芸豆、白小豆。

（三）调查方法

1. 网捕法

在食用豆田平均取5点，用捕虫网每点扫10网复（1个来回为1网复），扫网口直径45 cm，网深50 cm，柄长100 cm。扫网捕获的标本用塑料管保存，对节肢动物种类及数量进行准确记录。

2. 目测法

目测法即每个区域分别采取5点取样，每样点取50株，每次调查时定点定株，目测植株上、中、下及地面节肢动物种数及个体数量。统计并记录结果。

3. 陷阱法

陷阱法主要应用于苗期，从播种开始，用直径为10 cm，深度为10～15 cm的圆形口罐头瓶埋于地下设一陷阱，每点处保持瓶口与地面平齐，地上部分可用杂草盖住。

4. 毒饵诱测法

毒饵用炒熟的豆饼、新鲜的马粪等拌90%晶体敌百虫（稀释1 000倍），傍晚时，撒在根际间。

5. 拍打法

5点取样，用长1.1 m的塑料布铺于行间，两边各取2行，轻轻敲打植株，利用塑料布收集植株上掉落的节肢动物，详细记录节肢动物的种类和数量。

（四）鉴定方法

将采集标本编号，带回室内，进一步鉴定。针对未知种类借助显微镜观测其特征，并参考《昆虫识别图鉴》等进行鉴定和记录。

二、结果与分析

（一）食用豆田节肢动物种类

田间调查发现食用豆田共有节肢动物68种，分属于2纲（昆虫纲和蛛形纲），9目，46科（表1-1）。其中有害昆虫和害螨47种；天敌19种，均为捕食性天敌，包括鞘翅目6种，蜻蜓目4种，双翅目1种，半翅目2种，脉翅目1种，蜱螨目5种；中性昆虫2种，分别是大蚊和果蝇。

红小豆田共有节肢动物50种，分属于2纲（昆虫纲和蛛形纲）、9目、35科。害虫33种、天敌15种、中性昆虫2种，发生较为严重的是豆蚜、红蜘蛛、细胸金针虫。

绿豆田共有节肢动物58种，分属于2纲（昆虫纲和蛛形纲）、7目、27科。害虫41种、天敌15种、中性昆虫2种。为害较严重的害虫是豆蚜、红蜘蛛、双斑萤叶甲、细胸金针虫、大豆卷叶蛾和盲蝽。

芸豆田共有节肢动物47种，分属于2纲（昆虫纲和蛛形纲），7目、31科。害虫33种、天敌13种、中性昆虫1种。为害较严重的是双斑萤叶甲和红蜘蛛。

白小豆田共有节肢动物8种，分属于1纲（昆虫纲）、4目、7科。害虫6种、天敌2种。发生较普遍的是双斑萤叶甲和盲蝽。

（二）食用豆田节肢动物结构组成分析

红小豆田共有节肢动物50种，占总物种数的73.53%，其中害虫33种，天敌15种，中性昆虫2种；绿豆田共有节肢动物58种，占总物种数的85.29%，其中害虫41种，天敌15种，中性昆虫2种；芸豆田共有节肢动物47种，占总物种数的69.12%，其中害虫33种，天敌13种，中性昆虫1种；白小豆田共有节肢动物8种，占总物种数的11.76%，其中害虫6种，天敌2种（表1-2）。

表1-3结果表明，食用豆田节肢动物共计9目46科68种。食用豆田节肢动物种类最多的是鞘翅目，种数17种，占总种数的25%，其次为半翅目15种，占总种数的22.06%；直翅目12种，占总种数17.65%；鳞翅目9种，占总种数13.24%。

植食性节肢动物6目32科47种，其中半翅目种类最多，为13种、占比27.66%，其次是直翅目12种，占比25.53%、鞘翅目11种，占比23.40%、鳞翅目9种，占比19.15%。

捕食性节肢动物6目13科19种，其中鞘翅目种类最多6种，占比31.58%，其次是蜘蛛目5种和蜻蜓目4种分别占比26.32%和21.05%。

中性节肢动物1目2科2种，均为双翅目。

表 1-1 食用豆田节肢动物种类名录

纲	目	科	种名	拉丁文	寄主植物	发生程度	食性
昆虫纲	鞘翅目	叩头甲科	细胸金针虫	Agriotes fuscicollis	红小豆、绿豆、芸豆	重	植食性
		叶甲科	双斑萤叶甲	Monolepta hieroglyphica	红小豆、绿豆、芸豆	重	植食性
			黄曲条跳甲	Phyllotrela vittata	红小豆、绿豆、芸豆	中	植食性
			斑鞘豆叶甲	Monolepta hieroglyphkca	红小豆、绿豆、芸豆	轻	植食性
		豆象科	绿豆象	Callosobruchus chinensis	绿豆	轻	植食性
		瓢甲科	二十八星瓢虫	Henosepilachna vigintioctomaculata	红小豆、绿豆、芸豆	中	植食性
			七星瓢虫	Cocinella septempunctata	红小豆、绿豆、芸豆	中	捕食性
			十三星瓢虫	Hippuclamia tredecimpunctata	红小豆、绿豆、芸豆	中	捕食性
			十八星瓢虫	Henosepilachna orientalis	红小豆、绿豆、芸豆	中	捕食性
			异色瓢虫	Harmonia axyridis	红小豆、绿豆、芸豆	中	捕食性
			龟纹瓢虫	Propylea japonica	白小豆	轻	捕食性
		步甲科	中华广肩步甲	Calosoma maderae	红小豆、绿豆、芸豆	轻	捕食性
		鳃角金龟科	东北大黑鳃金龟	Holotrichia diomphalia	红小豆、绿豆、芸豆	重	植食性
			暗黑鳃金龟	Holotrichia serobiculata	红小豆、绿豆	轻	植食性
		丽金龟科	豆黄丽金龟	Popillia quadriguttata	绿豆、芸豆	轻	植食性
			铜绿异丽金龟	Anomala corpulenta	绿豆、芸豆	轻	植食性
			四纹丽金龟	Popillia quadriguttata	芸豆	轻	植食性
	鳞翅目	粉蝶科	豆黄粉蝶	Eurema blanda	绿豆	中	植食性
		凤蝶科	绿带翠凤蝶	Papilio maackii	红小豆	中	植食性
		夜蛾科	梨剑纹夜蛾	Acronicta rumicis	红小豆	轻	植食性
			甘薯谐夜蛾	Emmelia trabealis	红小豆、绿豆、芸豆	中	植食性
		灯蛾科	白雪灯蛾	Spilosoma niveus	绿豆、芸豆	轻	植食性
		卷蛾科	豆小卷叶蛾	Matsumuraeses phaseoli	红小豆、绿豆、芸豆	轻	植食性
		螟蛾科	大豆卷叶螟	Lamprosema indicata	绿豆	中	植食性
			豆荚螟	Maruca testulalis	红小豆、绿豆	中	植食性
		灰蝶科	癞灰蝶	Araragi enthea	绿豆	轻	植食性
	半翅目	蝽科	斑须蝽	Dolycoris baccarum	红小豆、绿豆、芸豆、白小豆	轻	植食性
			稻绿蝽	Nexara viridula	红小豆、绿豆、芸豆、白小豆	轻	植食性
			横纹菜蝽	Eurydema gebleri	红小豆、绿豆、芸豆	轻	植食性
		盲蝽科	牧草盲蝽	Lygus pratenszs	红小豆、绿豆	中	植食性
			苜蓿盲蝽	Adelphocoris lineolatus	绿豆、芸豆	中	植食性
			绿盲蝽	Apolygus lucorum	绿豆、芸豆、白小豆	中	植食性
			赤须盲蝽	Trigonotylus ruficornis	绿豆、芸豆、白小豆	中	植食性
		缘蝽科	广腹同缘蝽	Homoeocerus dilatatus	红小豆、绿豆	轻	植食性
			点伊缘蝽	Aeschyntelus notatus	红小豆、绿豆	轻	植食性
		红蝽科	地红蝽一种	Pyrrhocoris sp.	芸豆、白小豆	轻	植食性
		猎蝽科	独环瑞猎蝽	Rhynocoris altaicus	芸豆	轻	捕食性

续表

纲	目	科	种名	拉丁文	寄主植物	发生程度	食性
昆虫纲	半翅目	姬蝽科	暗色姬蝽	Nabis stenoferus	红小豆、绿豆	轻	捕食性
		飞虱科	灰飞虱	Laodeiphax striatellus	绿豆	中	植食性
		叶蝉科	大青叶蝉	Cicadella viridis	红小豆、绿豆、芸豆	重	植食性
		蚜科	豆蚜	Aphis craccivora	红小豆、绿豆、芸豆	重	植食性
	直翅目	斑腿蝗科	中华稻蝗	Oxya chinensis	红小豆、绿豆、芸豆	中	植食性
		网翅蝗科	宽翅曲背蝗	Pararcyptera microptera	红小豆、绿豆、芸豆	轻	植食性
		斑翅蝗科	黄胫小车蝗	Oedaleus infernalis	红小豆、绿豆、芸豆	中	植食性
		斑翅蝗科	亚洲小车蝗	Oedaleus infernalis	红小豆、绿豆、芸豆	中	植食性
		斑翅蝗科	大垫尖翅蝗	Epacromius coerulipes	红小豆、绿豆、芸豆	中	植食性
		菱蝗科	日本菱蝗	Tetrix japonicus	红小豆、绿豆、芸豆	轻	植食性
		剑角蝗科	中华剑角蝗	Acrida cinerea	红小豆、绿豆、芸豆	轻	植食性
		锥头蝗科	短额负蝗	Atractomorpha sinensis	红小豆、绿豆、芸豆	轻	植食性
		蟋蟀科	油葫芦	Cryllus testaceus	红小豆、绿豆、白小豆	轻	植食性
		螽斯科	暗褐蝈螽	Gampsocleis sedakovii	芸豆	轻	植食性
		树蟋科	树蟋	Oecanthus pellucens	红小豆、绿豆、芸豆	轻	植食性
		蝼蛄科	东方蝼蛄	Gryllotalpa orientulis	红小豆、绿豆、芸豆	轻	植食性
	缨翅目	蓟马科	蓟马1种	Franklinothrips sp.	红小豆	轻	植食性
	脉翅目	草蛉科	大草蛉	Sympetrum	红小豆	轻	捕食性
	双翅目	食蚜蝇科	食蚜蝇	Syrphidae diptera	红小豆、绿豆	中	捕食性
		大蚊科	大蚊1种	Tipulidae sp.	红小豆、绿豆	重	中性
		果蝇科	果蝇	Drosophila melanogaster	红小豆、绿豆、芸豆	轻	中性
	蜻蜓目	春蜓科	暗色蛇纹春蜓	Ophiogomphus obscurus	红小豆、绿豆	中	捕食性
		蜓科	碧尾蜓	Anax parthenope	绿豆	中	捕食性
		蜻科	黄蜻	Pantala flavescens	芸豆，白小豆	中	捕食性
		丝蟌科	丝蟌1种	Lestes sp.	红小豆、绿豆、芸豆	中	捕食性
蛛形纲	蜱螨目	叶螨科	朱砂叶螨	Tetranychus cinnabarinus	红小豆、绿豆、芸豆	重	植食性
	蜘蛛目	狼蛛科	中华狼蛛	Lycosa sinensis	红小豆、绿豆、芸豆	轻	捕食性
		狼蛛科	狼蛛1种	Thomisidae sp.	红小豆、绿豆、芸豆	轻	捕食性
		狼蛛科	拟水狼蛛	Pirata subpiraticus	红小豆、绿豆、芸豆	轻	捕食性
		跳蛛科	跳蛛1种	Salticidae sp.	红小豆、绿豆、芸豆	轻	捕食性
		圆蛛科	圆蛛	Aranius cornutus	红小豆、绿豆、芸豆	轻	捕食性

表1-2 食用豆田节肢动物功能群组成比例结构

类群	红小豆田物种数		绿豆田物种数		芸豆田物种数		白小豆田物种数	
	种	比例/%	种	比例/%	种	比例/%	种	比例/%
天敌	15	22.06	15	22.06	13	19.12	2	2.94
植食性	33	48.53	41	60.29	33	48.53	6	8.82
中性类群	2	2.94	2	2.94	1	1.47	0	0
总体	50	73.53	58	85.29	47	69.12	8	11.76

表 1-3　食用豆田节肢动物各个目、科比例结构

目	植食性				天敌				中性类群				总种数	比率/%
	科数	比率/%	种数	比率/%	科数	比率/%	种数	比率/%	科数	比率/%	种数	比率/%		
鞘翅目	6	18.75	11	23.40	2	15.38	6	31.58	0	0	0	0	17	25
双翅目	0	0	0	0	1	7.69	1	5.26	2	100	2	100	3	4.41
脉翅目	0	0	0	0	1	7.69	1	5.26	0	0	0	0	1	1.47
鳞翅目	7	21.88	9	19.15	0	0	0	0	0	0	0	0	9	13.24
直翅目	10	31.25	12	25.53	0	0	0	0	0	0	0	0	12	17.65
半翅目	7	21.88	13	27.66	2	15.38	2	10.53	0	0	0	0	15	22.06
蜻蜓目	0	0	0	0	4	30.77	4	21.05	0	0	0	0	4	5.89
缨翅目	1	3.13	1	2.13	0	0	0	0	0	0	0	0	1	1.47
蜱螨目	1	3.13	1	2.13	0	0	0	0	0	0	0	0	1	1.47
蜘蛛目	0	0	0	0	3	23.08	5	26.32	0	0	0	0	5	7.35
合计	32	69.57	47	69.12	13	28.26	19	27.94	1	2.17	2	2.94	68	100

三、结论与讨论

田间调查发现，食用豆田共有节肢动物 68 种，分属于 2 纲（昆虫纲和蛛形纲），9 目，46 科。其中，有害昆虫和害螨 47 种，天敌 20 种，中性昆虫 2 种。可见食用豆田害虫种类多，天敌和中性昆虫种类及数量较少。其中，田间普查的节肢动物中未知种类有 10 多种，有待进一步鉴定，这些种类未列入表中。

食用豆田和其他农田一样，害虫、天敌以及一些中性节肢动物构成了食用豆田节肢动物群落。Gastal et al.（1976）描述大豆田节肢动物种类，夏纪等（1996）对中国安徽省主要大豆产区的害虫和节肢动物天敌种类进行系统的调查，国内外学者对苹果树、水稻生态系统中节肢动物群落结构进行研究，但是对芸豆、红小豆、绿豆田节肢动物的研究未曾见到。本研究发现食用豆田害虫较多，其中，双斑萤叶甲主要为害绿豆、芸豆、白小豆；细胸金针虫主要为害绿豆、红小豆；绿带翠凤蝶主要为害红小豆；豆蚜主要为害红小豆、绿豆；红蜘蛛寄主广泛，对几种食用豆的为害均较严重。这几种害虫是黑龙江省西部食用豆田应重点防治的对象。尤其在干旱年份，害虫发生数量和对食用豆的为害更为严重，应该根据植保部门和气象部门的预测预报做好提前预防和治理工作。

在田间调查过程中，由于气候环境的变化害虫发生的多少也会随之变化，尤其降水量的多少。所以不同年份，应结合气候环境预测害虫发生时期以及轻重，进行有效防治，以免害虫大发生，造成作物大量减产。

第二节　绿豆不同品种田节肢动物群落多样性调查分析

绿豆（*Vigna radiata* L.）属于豆科（Leguminosae）豇豆属（*Vigna*）。为一年生直

立草本作物，富含蛋白质、矿物元素等多种营养物质，且具有药用价值，是广受欢迎的医食两用作物。绿豆主要分布在温带、亚热带以及热带地区。世界上最大的绿豆生产国是印度，其次是中国。黑龙江省地处中国东北部，是中国作物种植大省，绿豆等食用豆耐寒、耐瘠薄，特别适合在黑龙江省种植。虫害是影响绿豆产量和品质的主要因素之一，调查并分析节肢动物群落的结构特征，可以了解田间害虫与天敌的相对发生情况，对于控制田间害虫为害、提高作物产量具有重要意义。

研究作物不同品种田节肢动物群落多样性特点，分析每个品种的抗虫性与田间节肢动物多样性调控能力，可为抗虫品种的筛选提供参考。近年来，巫厚长等（1999）对不同烟草品种田间节肢动物种群数量动态进行调查，分析其物种组成和重要种类种群数量时序动态及其在不同年份的变化趋势。黎健龙等（2011）对不同茶树品种节肢动物群落组成、差异进行研究。而绿豆作为黑龙江省的主要作物之一，种植品种繁多，其不同品种间虫害发生程度轻重不一，黑龙江省绿豆不同品种田节肢动物群落多样性的研究报道较少。了解绿豆不同品种间的节肢动物发生情况，对于不同品种田的虫害治理具有指导意义。

目前，关于节肢动物群落多样性的研究指标，较为常用的有相对丰盛度、优势集中度、均匀度和物种多样性等。群落多样性指标是群落稳定性的重要尺度，多样性高的群落，物种之间有着多种多样的相互关系，食物链与食物网的复杂程度高，群落更稳定。农田生态系统作为一个人为干扰十分频繁的生态系统，多样性与稳定性关系则是人们关注的重点之一。农田生态系统总是以一个季节性的、可以重复的动态变化过程重建，以群落的周期性彻底瓦解和周期性重建为最主要特征，节肢动物的发生直接影响了农田生态系统的生物多样性。

本研究将从节肢动物群落结构、相对丰盛度、优势集中度、均匀度和物种多样性等方面进行调查分析绿豆 11 个品种田节肢动物群落多样性的变化特点。按照植食性、捕食性和中性 3 个不同功能群统计绿豆不同品种田节肢动物群落的多项多样性指标，并对主要害虫及主要天敌的相对丰盛度进行统计，旨在为黑龙江省绿豆害虫综合治理提供理论依据。

一、材料与方法

（一）供试材料

试验选种的 11 个绿豆品种分别为：小明绿、中绿 11 号、多伦绿、长荚王、龙科、小鹦哥绿、密荚王 3 号、蒙绿 8 号、东源密荚王、密荚王 1 号、中号明绿，均为生产上的常规种植品种。

（二）调查方法

田间调查地点为黑龙江八一农垦大学绿豆试验田（整个生育期未施药）。调查时间为出苗期（6 月 7 日）至收获期前（8 月 1 日），6 d 调查一次，雨天顺延，共调查 9 次。

采用目测法调查（参考第一章第一节），记录节肢动物发生种类与发生数量，将未知种类进行标记带回试验室进行鉴定。

（三）鉴定方法

鉴定方法参考第一章第一节。

（四）数据处理

节肢动物群落多样性指标包括群落物种多样性指数、群落优势集中指数、群落均匀度指数等。

物种的相对丰盛度指数计算公式如下。

$$P_i = \frac{N_i}{N_t}$$

式中，P_i 为相对丰盛度指数，N_i 为物种 i 的个体数，N_t 为总个体数。

群落的物种多样性采用 Shanon-winner（1949）指数（H'）计算，公式如下。

$$H' = -\sum_{i=1}^{S} P_i \ln P_i$$

式中，H' 为多样性指数，S 为总物种数，P_i 为每个物种的相对丰盛度指数，ln 为自然对数。

群落的优势集中度采用 Simpson（1949）指数，计算公式如下。

$$C = \sum_{i=1}^{S} P_i^2$$

式中，C 为优势集中指数，P_i 为相对丰盛度指数，S 为总物种数。

群落的均匀度采用 Pielon（1975）均匀性公式。

$$E = \frac{H'}{\ln S}$$

式中，E 为均匀度指数，H' 为多样性指数，S 为总物种数，ln 为自然对数。

二、结果与分析

（一）绿豆不同品种田节肢动物群落组成结构比例

如表 1-4 所示，供试绿豆田中节肢动物发生个体数最多的目为昆虫纲的半翅目，其次分别为鞘翅目、脉翅目、直翅目、双翅目、鳞翅目、蜘蛛目、蜱螨目、膜翅目、缨翅目、蜻蜓目、螳螂目、革翅目，发生个体数最少的目为蜉蝣目。

鞘翅目发生科数较多的品种田为小明绿、东源密荚王与中号明绿，较少的品种田为中绿 11 号与蒙绿 8 号，发生科数占比最高的品种田为小明绿，最低的为蒙绿 8 号，发生个体数最高的品种为中绿 11 号，最低的为东源密荚王，个体数占比最高的品种为蒙绿 8 号，最低的为密荚王 3 号。

直翅目发生科数最多的品种田为密荚王 3 号，最少的品种田为小明绿、中绿 11 号、多伦绿，发生科数占比最高的品种田为密荚王 3 号，较低的为小明绿与中绿 11 号，发生个体数最高的品种田为密荚王 3 号，最低的为小明绿，个体数占比最高的品种为蒙绿 8 号，最低的为中绿 11 号。

双翅目发生科数最多的品种田为东源密荚王，最少的品种田为小明绿、小鹦哥绿，发生科数占比最高的品种依然为东源密荚王，较低的依然为小明绿与小鹦哥绿，发生个体数最高的品种田为东源密荚王，最低的为小明绿，个体数占比最高的品种田为东源密荚王，最低的为密荚王 3 号。

半翅目在绿豆田中发生最为严重，在不同品种田中发生数量相差极大。发生科数最多的品种田为东源密荚王，最少的品种田为小明绿，发生科数占比最高的品种为中绿 11 号与小鹦哥绿，最低的为小明绿，发生个体数与个体数占比高的品种为密荚王 3 号、其次为中绿 11 号，个体数量与个体数占比最低的为蒙绿 8 号。

脉翅目在供试绿豆各品种田中仅发现 1 科、1 种，即大草蛉，但不同品种田间发生量相差较大，发生个体数最高的品种田为中绿 11 号，其次为密荚王 3 号，最低的为密荚王 1 号，脉翅目昆虫主要为蚜虫的捕食性天敌，在调查结果中可以看出其发生动态与蚜虫的数量有着一定的关联。

膜翅目在调查中发现种类与个体数不多，多为中性物种，在长荚王、蒙绿 8 号、中号明绿 3 个品种田中发现两科，其余品种田皆为 1 科，发生个体数在所有品种田中均较少。鳞翅目发生科数、个体数最高的品种田为密荚王 3 号，发生个体数最低的为东源密荚王。

蜻蜓目昆虫均为捕食性天敌，在部分品种田中有发生，但发生量较小，在龙科、密荚王 1 号及中号明绿 3 个品种中未见发生。蜉蝣目为中性昆虫，整个调查中仅在小明绿与龙科品种内各发现 1 头。螳螂目为捕食性天敌，于小明绿、中绿 11 号、长荚王、龙科、小鹦哥绿、蒙绿 8 号 6 个品种田内发现少量个体。缨翅目为小型植食性昆虫，在大部分品种田内均有发生，但在小明绿、多伦绿、小鹦哥绿中未见发生。革翅目昆虫为中性类群，在多伦绿、龙科、密荚王 3 号与中号明绿田中各发现 1 头。

除昆虫纲以外，调查中还发现了蛛形纲的 2 目，为蜘蛛目与蜱螨目。蛛形纲均为捕食性天敌，在所有品种的各个时期均有发生，发生科数在各品种田中相差不大，个体数较少。蜱螨目仅发现 1 种红蜘蛛，该种在各类食用豆田均广泛发生，在供试各品种绿豆田中都有分布，在东源密荚王与密荚王号两个品种田中发生量占比相对较高，均为 1% 以上。

表 1-4 绿豆不同品种田节肢动物群落组成结构比例

目	品种	科数	比例/%	个体数/头	比例/%
	小明绿	7	21.875	86	11.467
	中绿 11 号	5	15.625	161	0.195
	多伦绿	6	19.355	77	1.368
	长荚王	6	17.143	104	5.686
	龙科	6	16.216	142	1.743
鞘翅目	小鹦哥绿	6	18.750	98	0.968
	密荚王 3 号	6	15.789	143	0.151
	蒙绿 8 号	5	13.889	83	14.212
	东源密荚王	7	18.421	67	5.852
	密荚王 1 号	6	18.182	78	9.133
	中号明绿	7	20.000	105	3.476

续表

目	品种	科数	比例/%	个体数/头	比例/%
直翅目	小明绿	3	9.375	48	6.400
	中绿11号	3	9.375	61	0.074
	多伦绿	3	9.677	55	0.977
	长荚王	4	11.429	60	3.280
	龙科	5	13.514	84	1.031
	小鹦哥绿	5	15.625	77	0.761
	密荚王3号	6	15.789	120	0.127
	蒙绿8号	5	13.889	61	10.445
	东源密荚王	4	10.526	61	5.328
	密荚王1号	5	15.152	63	7.377
	中号明绿	5	14.286	83	2.747
双翅目	小明绿	4	12.500	14	1.867
	中绿11号	5	15.625	28	0.034
	多伦绿	6	19.355	16	0.284
	长荚王	6	17.143	26	1.422
	龙科	6	16.216	34	0.417
	小鹦哥绿	4	12.500	20	0.198
	密荚王3号	5	13.158	18	0.019
	蒙绿8号	8	22.222	27	4.623
	东源密荚王	9	23.684	38	3.319
	密荚王1号	5	15.152	21	2.459
	中号明绿	6	17.143	34	1.125
半翅目	小明绿	4	12.500	527	70.267
	中绿11号	6	18.750	81 936	99.395
	多伦绿	5	16.129	5 397	95.913
	长荚王	5	14.286	1 496	81.793
	龙科	6	16.216	7 673	94.159
	小鹦哥绿	6	18.750	9 883	96.485
	密荚王3号	6	15.789	94 149	99.429
	蒙绿8号	5	13.889	298	51.027
	东源密荚王	7	18.421	894	78.079
	密荚王1号	5	15.152	626	73.302
	中号明绿	5	14.286	2 693	89.143

续表

目	品种	科数	比例/%	个体数/头	比例/%
脉翅目	小明绿	1	3.125	41	5.467
	中绿11号	1	3.125	217	0.263
	多伦绿	1	3.226	53	0.942
	长荚王	1	2.857	88	4.811
	龙科	1	2.703	146	1.792
	小鹦哥绿	1	3.125	139	1.357
	密荚王3号	1	2.632	214	0.226
	蒙绿8号	1	2.778	79	13.527
	东源密荚王	1	2.632	52	4.541
	密荚王1号	1	3.030	20	2.342
	中号明绿	1	2.857	59	1.953
膜翅目	小明绿	1	3.125	1	0.133
	中绿11号	1	3.125	1	0.001
	多伦绿	1	3.226	1	0.018
	长荚王	2	5.714	6	0.328
	龙科	1	2.703	14	0.172
	小鹦哥绿	1	3.125	1	0.010
	密荚王3号	1	2.632	3	0.003
	蒙绿8号	2	5.556	3	0.514
	东源密荚王	1	2.632	1	0.087
	密荚王1号	1	3.030	4	0.468
	中号明绿	2	5.714	4	0.132
鳞翅目	小明绿	5	15.625	14	1.867
	中绿11号	4	12.500	9	0.011
	多伦绿	4	12.903	13	0.231
	长荚王	4	11.429	32	1.750
	龙科	5	13.514	23	0.282
	小鹦哥绿	3	9.375	10	0.098
	密荚王3号	7	18.421	26	0.027
	蒙绿8号	5	13.889	20	3.425
	东源密荚王	3	7.895	7	0.611
	密荚王1号	5	15.152	19	2.225
	中号明绿	3	8.571	13	0.430

续表

目	品种	科数	比例/%	个体数/头	比例/%
蜻蜓目	小明绿	2	6.250	3	0.400
	中绿11号	1	3.125	1	0.001
	多伦绿	1	3.226	1	0.018
	长荚王	1	2.857	1	0.055
	龙科	0	0	0	0
	小鹦哥绿	1	3.125	1	0.010
	密荚王3号	1	2.632	2	0.002
	蒙绿8号	0	0	0	0
	东源密荚王	1	2.632	1	0.087
	密荚王1号	0	0	0	0
	中号明绿	0	0	0	0
蜉蝣目	小明绿	1	3.125	1	0.133
	中绿11号	0	0	0	0
	多伦绿	0	0	0	0
	长荚王	0	0	0	0
	龙科	1	2.703	1	0.012
	小鹦哥绿	0	0	0	0
	密荚王3号	0	0	0	0
	蒙绿8号	0	0	0	0
	东源密荚王	0	0	0	0
	密荚王1号	0	0	0	0
	中号明绿	0	0	0	0
螳螂目	小明绿	1	3.125	3	0.400
	中绿11号	1	3.125	1	0.001
	多伦绿	0	0	0	0
	长荚王	1	2.857	1	0.055
	龙科	1	2.703	1	0.012
	小鹦哥绿	1	3.125	1	0.010
	密荚王3号	0	0	0	0
	蒙绿8号	1	2.778	1	0.171
	东源密荚王	0	0	0	0
	密荚王1号	0	0	0	0
	中号明绿	0	0	0	0

续表

目	品种	科数	比例/%	个体数/头	比例/%
缨翅目	小明绿	0	0	0	0
	中绿 11 号	1	3.125	2	0.002
	多伦绿	0	0	0	0
	长荚王	1	2.857	1	0.055
	龙科	1	2.703	1	0.012
	小鹦哥绿	0	0	0	0
	密荚王 3 号	1	2.632	3	0.003
	蒙绿 8 号	1	2.778	3	0.514
	东源密荚王	1	2.632	5	0.437
	密荚王 1 号	1	3.030	1	0.117
	中号明绿	1	2.857	6	0.199
革翅目	小明绿	0	0	0	0
	中绿 11 号	0	0	0	0
	多伦绿	1	3.226	1	0.018
	长荚王	0	0	0	0
	龙科	1	2.703	1	0.012
	小鹦哥绿	0	0	0	0
	密荚王 3 号	1	2.632	1	0.001
	蒙绿 8 号	0	0	0	0
	东源密荚王	0	0	0	0
	密荚王 1 号	0	0	0	0
	中号明绿	1	2.857	1	0.033
蜱螨目	小明绿	1	3.125	5	0.667
	中绿 11 号	1	3.125	2	0.002
	多伦绿	1	3.226	5	0.089
	长荚王	1	2.857	4	0.219
	龙科	1	2.703	4	0.049
	小鹦哥绿	1	3.125	6	0.059
	密荚王 3 号	1	2.632	3	0.003
	蒙绿 8 号	1	2.778	3	0.514
	东源密荚王	1	2.632	12	1.048
	密荚王 1 号	1	3.030	12	1.405
	中号明绿	1	2.857	13	0.430

续表

目	品种	科数	比例/%	个体数/头	比例/%
蜘蛛目	小明绿	2	6.250	7	0.933
	中绿 11 号	3	9.375	16	0.019
	多伦绿	2	6.452	8	0.142
	长荚王	3	8.571	10	0.547
	龙科	2	5.405	25	0.307
	小鹦哥绿	3	9.375	7	0.068
	密荚王 3 号	2	5.263	8	0.008
	蒙绿 8 号	2	5.556	6	1.027
	东源密荚王	3	7.895	7	0.611
	密荚王 1 号	3	9.091	10	1.171
	中号明绿	3	8.571	10	0.331

如表 1-5 所示，节肢动物田间发生目数、科数、种数在绿豆不同品种田间的差异并不大，但个体数在不同品种田间的差异明显。

节肢动物发生目数最多的绿豆品种田为龙科，共计 13 个目；小明绿、中绿 11 号、长荚王与密荚王 3 号 4 个品种田发生 12 个目；多伦绿、小鹦哥绿、蒙绿 8 号、东源密荚王与中号明绿 5 个品种发生 11 个目，发生目数较少的为密荚王 1 号，10 个目。

发生科数最多的品种为密荚王 3 号和东源密荚王，均为 38 科；其次为龙科、蒙绿 8 号、长荚王、中号明绿、密荚王 1 号、小明绿、中绿 11 号、小鹦哥绿；最少的品种为多伦绿，31 科。

发生种数最多的品种为东源密荚王，共计 47 种；其次为密荚王 3 号、密荚王 1 号、蒙绿 8 号、龙科、小鹦哥绿、中号明绿、小明绿、中绿 11 号；最少的品种为多伦绿，33 种。

发生个体数最多的品种为密荚王 3 号，其次为中绿 11 号，均高于 80 000 头。以上两个品种由于豆蚜发生情况极其严重，发生量极大，占据其节肢动物发生总量的 99%以上，所以发生个体总数最高。发生个体数其次的品种为小鹦哥绿，高达 10 000 头以上。其余各品种个体数均低于 10 000 头，其中发生个体数相对较低的品种为小明绿、蒙绿 8 号、密荚王 1 号，这 3 个品种节肢动物发生总数均为 1 000 头以下。

表 1-5 绿豆不同品种田节肢动物组成成分比较（总数）

品种	目数	科数	种数	个体数/头
小明绿	12	32	39	750
中绿 11 号	12	32	37	82 435
多伦绿	11	31	33	5 627
长荚王	12	35	40	1 829

续表

品种	目数	科数	种数	个体数/头
龙科	13	37	41	8 149
小鹦哥绿	11	32	41	10 124
密荚王 3 号	12	38	46	94 690
蒙绿 8 号	11	36	43	584
东源密荚王	11	38	47	1 145
密荚王 1 号	10	33	44	854
中号明绿	11	35	41	3 021

(二) 绿豆不同品种田节肢动物各功能群组成特征

各食性类群节肢动物的组成决定绿豆田生态系统内食物网络的复杂程度，具体表现为绿豆田不同品种间对节肢动物发生的调节控制能力不同。不同品种的绿豆田间发生节肢动物每个功能群的科数、种数、个体数及其所占比例的差别见表1-6。

植食性、捕食性与中性类群昆虫在各品种内发生科数与种数差别不大，但个体数相差明显。其中植食性昆虫发生科数与种数最多的品种为密荚王3号，最少的品种为多伦绿，发生总个体数最多的品种为密荚王3号，中绿11号次之，两品种害虫发生总量均超过80 000头，占比超过99.5%。其余品种植食性节肢动物个体数明显低于以上两个品种，害虫发生量相对较低的品种为小明绿、蒙绿8号与密荚王1号，以上3个品种植食性节肢动物发生量均在800头以下。以瓢虫类与大草蛉为主的捕食性天敌在各个绿豆品种内发生科数与种数相差不明显，其中科数与种数最高的品种为长荚王，该品种天敌占比在各品种中也最高，达30%。以蚂蚁类、蝇类为主的中性类群在各品种间发生量均较少，其中龙科品种个体数最多为108头，其余品种发生个体数均在100头以下。

表1-6 绿豆不同品种田节肢动物各功能群组成特征

品种	指标	植食性			捕食性			中性		
		科数	种数	个体数/头	科数	种数	个体数/头	科数	种数	个体数/头
小明绿	数量	17	23	639	9	10	81	6	6	29
	比例/%	53.13	58.97	85.31	28.13	25.64	10.81	18.75	15.38	3.87
中绿11号	数量	17	20	82 020	9	10	374	6	9	40
	比例/%	53.13	51.28	99.50	28.13	25.64	0.45	18.75	23.08	0.05
多伦绿	数量	15	18	5 493	8	9	116	8	9	36
	比例/%	48.39	50.00	97.31	25.81	25.00	2.05	25.81	25.00	0.64

续表

品种	指标	植食性			捕食性			中性		
		科数	种数	个体数/头	科数	种数	个体数/头	科数	种数	个体数/头
长荚王	数量	17	22	1 611	11	12	156	7	9	62
	比例/%	48.57	51.16	88.08	31.43	27.91	8.53	20.00	20.93	3.39
龙科	数量	20	22	7 805	8	9	217	9	10	108
	比例/%	54.05	53.66	96.00	21.62	21.95	2.67	24.32	24.39	1.33
小鹦哥绿	数量	16	21	10 000	9	10	198	7	10	46
	比例/%	50.00	51.22	97.62	28.13	24.39	1.93	21.88	24.39	0.45
密荚王3号	数量	24	29	94 327	7	8	328	6	8	49
	比例/%	64.86	64.44	99.60	18.92	17.78	0.35	16.22	17.78	0.05
蒙绿8号	数量	21	26	536	8	9	120	7	8	38
	比例/%	58.33	60.47	77.23	22.22	20.93	17.29	19.44	18.60	5.48
东源密荚王	数量	21	27	1 013	7	8	47	8	10	48
	比例/%	58.33	60.00	91.43	19.44	17.78	4.24	22.22	22.22	4.33
密荚王1号	数量	21	29	758	7	8	47	5	7	39
	比例/%	63.64	65.91	89.81	21.21	18.18	5.57	15.15	15.91	4.62
中号明绿	数量	17	19	2 840	8	9	119	10	13	62
	比例/%	48.57	46.34	94.01	22.86	21.95	3.94	28.57	31.71	2.05

（三）绿豆不同品种田主要害虫与主要天敌的相对丰盛度动态

绿豆田间主要害虫为豆蚜，而对应的主要天敌为大草蛉、异色瓢虫与龟纹瓢虫，害虫与天敌的发生情况呈一定的相关性，结果见表1-7。6月10日所有品种田中主要害虫与主要天敌均未发生。6月16日，中绿11号与蒙绿8号两个品种田有少量豆蚜发生，而此时未见主要天敌。6月22日开始，随着绿豆的生长，各品种田间豆蚜的数量以不同的速度与趋势增加，其相对丰盛度也不断提高。6月28日以后，中绿11号、多伦绿、小鹦哥绿、龙科4个品种的豆蚜相对丰盛度一直保持较高水平，小明绿、蒙绿8号与东源密荚王3个品种豆蚜相对丰盛度相比其他品种较低，其余品种豆蚜的相对丰盛度随时间变化增长或衰退趋势不同。豆蚜发生严重的品种，其天敌的发生数量与相对丰盛度也较高。从6月22日开始，主要天敌异色瓢虫、龟纹瓢虫与大草蛉数量也随之增加，在所有品种田间主要天敌的总丰盛度一直处于较高水平，但瓢虫类与大草蛉的相对丰盛度在不同品种、不同时期变化不同，两类天敌存在相互制约的关系。在7月4日以前，各品种田中豆蚜的天敌均以瓢虫类为主,此时大草蛉的相对丰盛度始终低于瓢虫类,从7月10日开始,多数品种田中大草蛉的相对丰盛度高于瓢虫类,随着大草蛉相对丰盛度的升高与降低,瓢虫类的相对丰盛度随之降低或升高。调查中也发现一类天敌的数量为0而另一类天敌的相对丰盛度极高的现象。

表1-7 绿豆不同品种田主要害虫与主要天敌相对丰盛度动态

品种	主要害虫	日期/(月-日)								
		6-10	6-16	6-22	6-28	7-4	7-10	7-16	7-22	7-28
小明绿	豆蚜	0	0	0.764	0.772	0.294	0	0.417	0.929	0.735
	瓢虫类	0	0	0.571	0.667	0.429	0.667	0.133	0.368	0.333
	大草蛉	0	0	0	0.333	0.286	0.333	0.800	0.632	0.619
中绿11号	豆蚜	0	0.045	0.905	0.991	0.999	1.000	1.000	1.000	0.993
	瓢虫类	0	0	0.300	0	1.000	0.019	0.333	0.380	0.672
	大草蛉	0	0	0.100	0	0	0.962	0.611	0.620	0.276
多伦绿	豆蚜	0	0	0.922	0.948	0.992	1.000	0.988	0.991	0.990
	瓢虫类	0	0	0.917	1.000	0.600	0.214	0.111	0.739	0.211
	大草蛉	0	0	0	0	0.400	0.571	0.889	0.217	0.737
长荚王	豆蚜	0	0	0.889	0.947	0.982	0.900	0	0.958	0.083
	瓢虫类	0	0	0.667	1.000	0.786	0.417	0.211	0.333	0.231
	大草蛉	0	0	0	0	0.071	0.500	0.737	0.667	0.750
龙科	豆蚜	0	0	0.167	0.964	0.888	0.750	0.997	0.998	0.992
	瓢虫类	0	0	0.667	0.750	1.000	0.270	0.231	0.293	0.260
	大草蛉	0	0	0	0	0	0.730	0.769	0.683	0.740
小鹦哥绿	豆蚜	0	0	0.725	0.924	0.912	0.939	0.995	0.997	0.986
	瓢虫类	0	0	0.333	1.000	0.538	0.333	0.145	0.417	0.133
	大草蛉	0	0	0	0	0.231	0.556	0.855	0.583	0.867
密荚王3号	豆蚜	0	0	0.932	0.959	0.968	0.999	1.000	1.000	0.954
	瓢虫类	0	0	0.909	1.000	0.857	0.053	0.227	0.240	0.526
	大草蛉	0	0	0	0	0.071	0.929	0.773	0.760	0.395
蒙绿8号	豆蚜	0	0.037	0.828	0.933	0	0	0	0.514	0
	瓢虫类	0	0	0.667	1.000	0	0.077	0.167	0.938	0.109
	大草蛉	0	0	0	0	0	0.885	0.833	0	0.870
东源密荚王	豆蚜	0	0	0.438	0.906	0.984	0.574	0	0.779	0
	瓢虫类	0	0	0.571	0.667	0.700	0.385	0.033	0.421	0.583
	大草蛉	0	0	0	0.333	0.100	0.462	0	0.579	0.417
密荚王1号	豆蚜	0	0	0.050	0.941	0.200	0	0	0.977	0.294
	瓢虫类	0	0	0.750	0.500	1.000	0.500	0.167	0.500	0.750
	大草蛉	0	0	0	0.500	0	0.250	0.667	0.500	0.125
中号明绿	豆蚜	0	0	0.910	0.765	0.983	0	0	0	0.992
	瓢虫类	0	0	0.818	0.571	0.875	0.321	0.263	0.250	0.500
	大草蛉	0	0	0	0.143	0	0.607	0.737	0.750	0.444

（四）绿豆不同品种田节肢动物各功能群多样性特征比较

绿豆田节肢动物的群落由不同功能类群组成，各功能群在农田生态系统中的作用与地位均不同，不同品种田节肢动物各功能群发生情况不同。不同品种田植食性、捕食性与中性节肢动物的优势集中度、多样性与均匀度结果分别见表1-8、表1-9。

如表1-8所示，植食性节肢动物群落的多样性与均匀度最大的品种为蒙绿8号，最小的为中绿11号与密荚王3号；优势集中度的情况与之相反，最大的品种是中绿11号与密荚王3号，最小的是蒙绿8号。捕食性节肢动物群落多样性指数与均匀度指数最多为密荚王1号，最低的是密荚王3号、小鹦哥绿和中绿11号。优势集中指数最大的是密荚王3号，最低的是密荚王1号。可见在绿豆不同品种田中，如果节肢动物优势种的发生量极大，导致其优势集中指数增高而多样性指数与均匀度指数降低。但是在绿豆不同品种田中，中性节肢动物群落的多样性指数、均匀度指数和优势集中指数波动较小，说明在各个品种田中中性节肢动物的种类和数量差异较小。

如表1-9所示，在绿豆各品种田中，节肢动物群落的各项多样性指标均有明显的差别。群落多样性指标最大的品种为蒙绿8号，其次为小明绿、密荚王1号、东源密荚王、长荚王、中号明绿、龙科、多伦绿、小鹦哥绿、密荚王3号，最小的为中绿11号。群落的优势集中指数最大的品种为密荚王3号，其次为中绿11号、小鹦哥绿、多伦绿、龙科、中号明绿、长荚王、东源密荚王、密荚王1号、小明绿，最小的为蒙绿8号。群落均匀度指数最大的品种为蒙绿8号，其次为小明绿、密荚王1号、东源密荚王、长荚王、中号明绿、龙科、多伦绿、小鹦哥绿、中绿11号，最小的为密荚王3号。

表1-8 绿豆不同品种田节肢动物功能群多样性特征比较

类群	品种	多样性指数	优势集中指数	均匀度指数
植食性	小明绿	0.960 4	0.661 5	0.306 3
	中绿11号	0.010 7	0.997 8	0.003 7
	多伦绿	0.134 1	0.962 4	0.049 5
	长荚王	0.445 1	0.851 8	0.151 2
	龙科	0.135 4	0.963 3	0.043 8
	小鹦哥绿	0.121 8	0.967 5	0.040 0
	密荚王3号	0.020 1	0.995 8	0.005 9
	蒙绿8号	1.484 4	0.463 0	0.455 6
	东源密荚王	0.794 6	0.737 0	0.236 0
	密荚王1号	0.933 4	0.680 7	0.277 2
	中号明绿	0.335 3	0.893 6	0.113 9

续表

类群	品种	多样性指数	优势集中指数	均匀度指数
捕食性	小明绿	1.491 3	0.329 1	0.647 7
	中绿 11 号	1.028 1	0.454 3	0.446 5
	多伦绿	1.426 4	0.320 5	0.649 2
	长荚王	1.326 7	0.388 6	0.533 9
	龙科	1.061 7	0.466 8	0.483 2
	小鹦哥绿	1.002 8	0.500 7	0.435 5
	密荚王 3 号	0.938 0	0.509 3	0.451 1
	蒙绿 8 号	1.123 0	0.463 8	0.511 1
	东源密荚王	1.559 9	0.263 9	0.750 2
	密荚王 1 号	1.711 2	0.221 4	0.822 9
	中号明绿	1.444 3	0.312 1	0.657 3
中性	小明绿	1.279 9	0.397 8	0.714 3
	中绿 11 号	1.906 9	0.181 3	0.867 9
	多伦绿	1.584 4	0.317 9	0.721 1
	长荚王	1.384 3	0.403 7	0.630 0
	龙科	1.374 2	0.390 8	0.596 8
	小鹦哥绿	1.690 2	0.290 2	0.734 0
	密荚王 3 号	1.210 0	0.474 4	0.581 9
	蒙绿 8 号	1.560 5	0.303 3	0.750 4
	东源密荚王	1.528 2	0.340 3	0.663 7
	密荚王 1 号	1.591 5	0.284 7	0.817 9
	中号明绿	1.835 5	0.270 6	0.715 6

表 1-9 绿豆不同品种田节肢动物多样性特征比较

品种	多样性指数	优势集中指数	均匀度指数
小明绿	1.536 1	0.484 7	0.419 3
中绿 11 号	0.049 4	0.987 8	0.013 7
多伦绿	0.309 0	0.911 3	0.088 4
长荚王	0.988 6	0.664 1	0.268 0
龙科	0.369 4	0.888 4	0.099 5
小鹦哥绿	0.271 4	0.921 6	0.073 1

续表

品种	多样性指数	优势集中指数	均匀度指数
密荚王 3 号	0.051 5	0.987 9	0.013 4
蒙绿 8 号	2.148 2	0.267 2	0.571 1
东源密荚王	1.200 2	0.620 8	0.311 7
密荚王 1 号	1.402 2	0.551 8	0.370 5
中号明绿	0.675 0	0.790 4	0.181 8

(五) 绿豆不同品种田节肢动物群落多样性指数动态

图 1-1 所示不同品种在不同时期内节肢动物群落的多样性变化趋势。绿豆不同品种田中，6 月 10 日群落多样性指数相对比较集中，最高的品种为小鹦哥绿，最低的为密荚王 1 号。之后，绿豆各个品种田节肢动物多样性指数波动变大，品种间差异较大。除中号明绿的所有品种节肢动物群落的多样性于 6 月 28 日明显降低而在 7 月 28 日明显升高。到 7 月 4 日群落多样性最高的为小明绿，最低的为中绿 11 号。7 月 10 日与 7 月 16 日群落多样性最高的均为密荚王 1 号，最低的均为中绿 11 号。7 月 22 日群落多样性指数又趋于集中，出现下降趋势，到 7 月 28 日节肢动物群落多样性指数又上升。

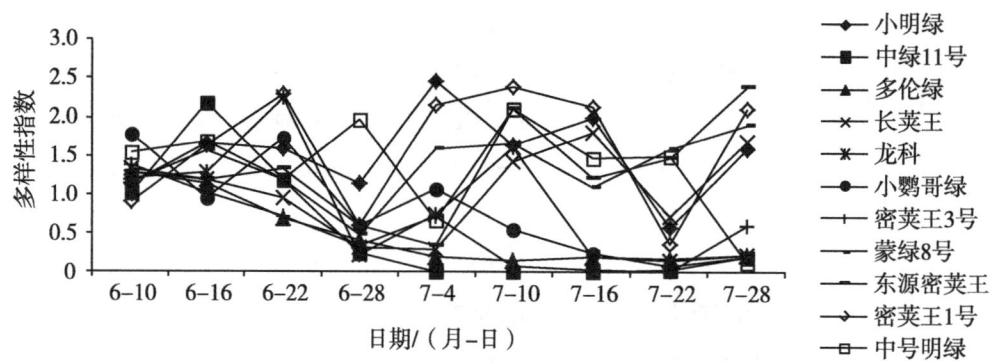

图 1-1 绿豆不同品种田不同时期节肢动物群落多样性动态

(六) 绿豆不同品种田节肢动物群落优势集中指数动态

图 1-2 所示不同品种绿豆田在不同时期的优势集中指数变化趋势。6 月 10 日所有品种节肢动物群落的优势集中度均较低，其中最高的品种为密荚王 1 号，最低的为小鹦哥绿。6 月 16 日最高的品种为长荚王，最低的为龙科。说明 6 月 10—16 日，各品种节肢动物群落的优势集中指数全部较低且较为稳定。6 月 22 日开始，由于蚜虫等优势种的发生量增加而不同品种田发生节肢动物群落对蚜虫的调控能力不同，不同品种的节肢动物优势集中指数变化趋势有所不同。6 月 22 日节肢动物群落优势集中度最高的为密荚王 3 号，最低的为龙科。中绿 11 号、多伦绿、密荚王 3 号、龙科 4 个品种从 6 月 28 日开始一直处于较高水平。密荚王 1 号、长荚王与小明绿 3 个品种节肢动物群落在 7 月 22 日达到高峰，并于 7 月 28 日下降。中号明绿在 7 月 4 日达到峰值，并一直持续到

7月28日，即7月28日节肢动物群落优势集中度最高的为中号明绿。

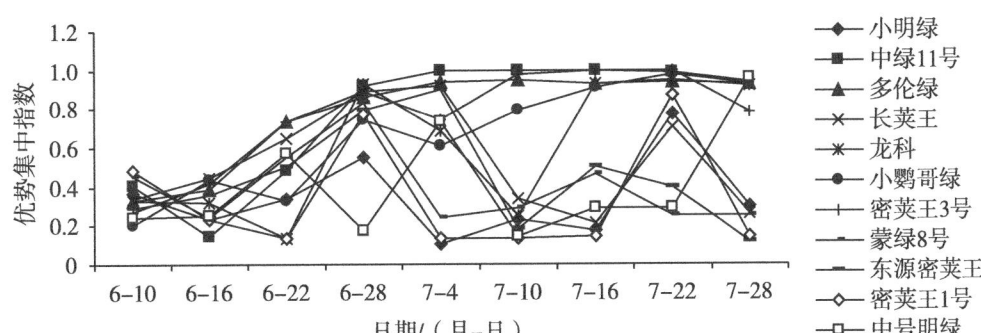

图1-2　绿豆不同品种田不同时期节肢动物群落优势集中指数动态

（七）绿豆不同品种田节肢动物群落均匀度指数动态

图1-3所示各品种节肢动物群落的均匀度随时间的变化趋势。6月10日所有品种的节肢动物群落均匀度均处于较高的数值，6月16日总体的均匀度呈下降趋势，但是比较集中，各品种之间变化趋势较小，均匀度指数最高的为蒙绿8号，最低的为长荚王，均匀度指数在0.6~1范围内波动。6月22日开始，各品种节肢动物群落均匀度变化趋势增大，均匀度最高的品种为密荚王1号，最低的为多伦绿，均匀度指数在0.2~1范围内波动。6月22—28日，除中号明绿均匀度指数大幅上升外，其他所有品种的均匀度均在大幅下降，均匀度指数最高的为中号明绿，最低的为龙科。主要是由于这时期蚜虫在各品种田间大量发生，影响了群落的均匀度。7月16—22日，各品种节肢动物群落均匀度指数总体上都呈下降趋势最高的为中号明绿，最低的为密荚王3号。到7月28日几乎所有品种田节肢动物群落均匀度指数都有提升，但中号明绿的节肢动物群落均匀度指数大幅度下降，即均匀度指数最高的为东源密荚王大于0.8，最低的为中号明绿小于0.1。

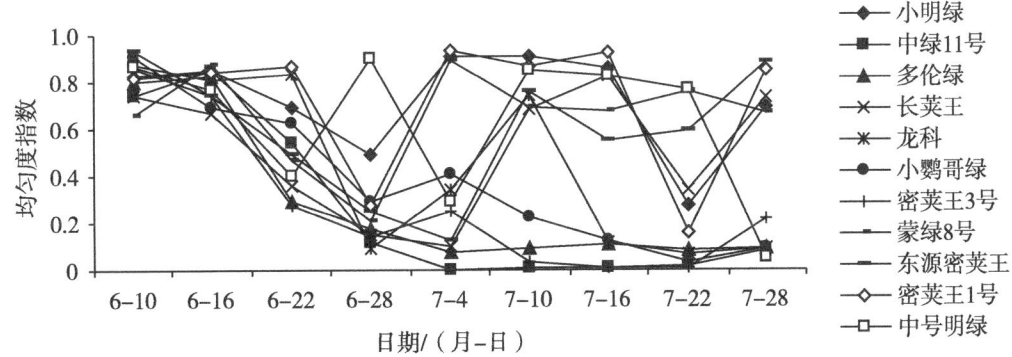

图1-3　绿豆不同品种田不同时期节肢动物群落均匀度动态

（八）绿豆不同品种田节肢动物群落个体数动态

图1-4所示不同品种绿豆田间节肢动物群落在不同时期的群落个体数变化趋势。

所有品种田节肢动物个体数发生趋势不完全相同，发生总量主要受豆蚜数量影响。在6月28日以前，所有品种田节肢动物群落个体数均保持较低水平，即各品种田节肢动物发生量较低且相差不大。6月28日节肢动物个体数最多的为密荚王3号，其次为龙科，两个品种的节肢动物总个体数均高于500头，个体数最少的为小明绿与中号明绿两个品种，个体数均在100头以下。7月4日大部分品种田节肢动物个体数开始增加，其中中绿11号的个体数剧增，升高至3 000头以上，达到最高值；而蒙绿8号与密荚王1号田的个体数则降至最低。7月10日中绿11号的节肢动物个体数继续增加，依然为当次调查最高，同时增加的品种还有密荚王3号，此阶段发生量较低的品种为小明绿、蒙绿8号、东源密荚王、密荚王1号与中号明绿，均为100头以下。7月16日，中绿11号和密荚王3号节肢动物个体数量出现下降趋势，但仍高于其他品种；蒙绿8号、东源密荚王、密荚王1号与中号明绿3个品种节肢动物个体数依然保持在较低水平。7月22日所有品种田节肢动物发生量均有提升，中绿11号、龙科、小鹦哥绿、密荚王3号4个品种均在7月22日节肢动物个体数量达到峰值，其中密荚王3号与中绿11号最为明显，相对较低的品种为蒙绿8号。7月28日绿豆已至成熟期，节肢动物个体数均有下降，但中绿11号的发生量突然增加。总之，小明绿、蒙绿8号及密荚王1号3个品种在整个生育期内节肢动物个体数始终较低。

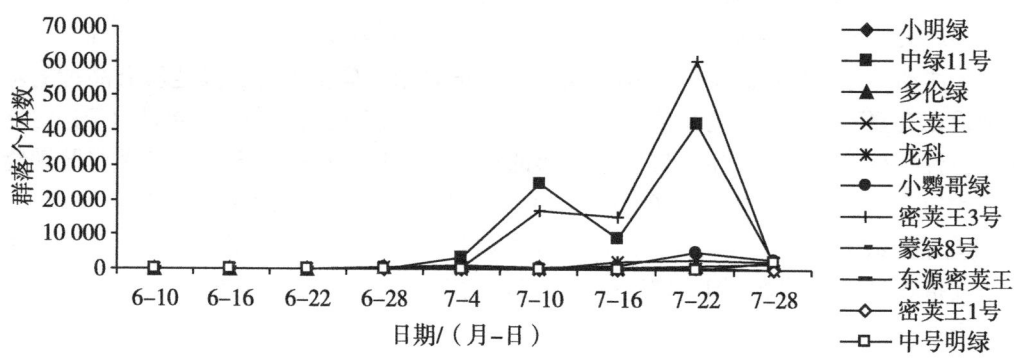

图1-4　绿豆不同品种田不同时期节肢动物群落个体数动态

三、结论与讨论

（一）绿豆不同品种田节肢动物群落组成

绿豆的品种不同，田间发生的节肢动物群落与各功能类群数量有明显差别，所以绿豆品种不同对其田间节肢动物群落的发生情况有很大影响。各品种田间发生节肢动物目数差异不大，但种类数相差较明显。在黎健龙等（2011）对不同茶树品种节肢动物多样性分析中就已发现有些品种害虫的种数、个体数较大，这些品种对害虫的抗性较弱，有些品种害虫的种数、个体数较小，对害虫抗性较强，与本试验所得结果一致。各品种间节肢动物发生总个体数差异明显，个体数主要取决于植食性优势种豆蚜。密荚王3号与中绿11号个体数极高且植食性优势种占比也最高，群落结构最不稳定，生态系统易受破坏；多伦绿、龙科与小鹦哥绿节肢动物发生个体数较高，而物种数也较低，群落结构较不稳定；长荚王、东源密荚王与中号明绿3个品种的节肢动物发生情况较稳定，小明绿个体数与物种数均处于较低水平，其自我调控能力良好，蒙绿8号与密荚王1号节肢动物个体数发生量较低、物种数较丰富，自我调控能力相对最强。

（二）绿豆不同品种田主要害虫与主要天敌的相对丰盛度动态

绿豆田的主要害虫为豆蚜，其天敌主要为瓢虫类与大草蛉。目标害虫数量的下降可通过种间关系直接影响群落的结构，进而影响群落稳定性。本试验中各品种田豆蚜发生情况虽有差异，但主要天敌的总体相对丰盛度随时间变化与豆蚜基本一致，说明天敌与害虫有明显的追随现象。小明绿、蒙绿8号及密荚王1号3个品种的天敌对害虫的调控作用最为明显。另外，一类瓢虫类天敌的相对丰盛度升高会伴随着大草蛉天敌的相对丰盛度降低，反之亦然，说明天敌之间存在着竞争关系。

（三）绿豆不同品种田节肢动物各功能群多样性特征

群落中节肢动物之间的相互联系、相互制约的内在机制，农田节肢动物群落"源"与"库"的关系，结构与功能的关系，以及它们的演替规律，为有效开展害虫生态调控提供了理论依据。而在绿豆田中节肢动物的种间相互作用主要在植食性类群与捕食性类群之间体现。中绿11号与密荚王3号的植食性节肢动物数量最大且明显高于其他品种，捕食性天敌在以上两品种中虽有一定的调控作用但不明显，控制害虫的能力较弱。其他品种植食性群落与捕食性群落相对数量适中。植食性群落个体数较低而捕食性群落个体数较高的品种为长荚王、蒙绿8号与中号明绿。以上3个品种田的节肢动物相互作用与制约能力较强。不同品种田节肢动物功能类群发生情况的差异说明了品种不同对其田间生物群落的稳定性有一定影响。

（四）绿豆不同品种田节肢动物群落多样性指标比较

不同品种绿豆田间节肢动物群落的多样性、优势集中度、均匀度、个体数的变化趋势在品种之间有较大差别。群落多样性指标的时间动态波动较大，这是由于气候可以影响昆虫自身的繁殖能力、活动和分布。群落多样性指数较高的品种为小明绿、蒙绿8号、东源密荚王与密荚王1号。说明在以上品种中节肢动物群落的物种数较高且无严重发生的优势种，群落稳定度较高。

群落多样性较高的品种田均匀度也较高，但优势集中度较低。中绿11号与密荚王3号，2个品种田节肢动物群落的多样性指数与均匀度指数极低，但优势集中指数极高，并在中后期表现最为明显。说明在这两个品种田中的节肢动物群落优势种数量随时间增长最为严重，且不受控制。因此，中绿11号与密荚王3号两个品种田节肢动物的自我调控能力最差。中号明绿在各个时期的节肢动物群落多样性指数均与其他品种存在明显的差异，尤其在后期其他品种优势集中度明显降低时，中号明绿的该指标大幅度上升。可能是由于其为晚熟品种，在大部分绿豆品种已至成熟期时它仍能保留绿叶，导致豆蚜等植食性昆虫发生迁移，此现象需进一步研究。而不同品种在各个时期的节肢动物群落多样性指数、优势集中指数与均匀度指数的变化趋势各不相同，也进一步说明了绿豆不同品种对其田间节肢动物发生有很大影响。

第三节　梧桐河农场红小豆田节肢动物群落结构调查

一、材料与方法

（一）试验方法

红小豆 *Vigna umbellata*（Thunb.）Ohwi et Ohashi 品种选取建红3号。

调查地点选择在梧桐河农场，选择环境条件及栽培管理措施一致的当地主栽品种红小豆种植田2块，每块种植田调查面积均为1 000 m^2。调查田块同常规管理，在其整个生育期内不施杀虫剂。在作物出苗至收获的生育期内，每7 d进行一次调查，不同田块调查结果分类记载，同时对节肢动物的种类和数量进行记录。

（二）调查取样方法

1. 网捕法

制作口径为45 cm，网深为50 cm，柄长为100 cm的扫网，在每块田块进行5点式调查取样，每点扫10网，每次可取50网。扫网捕获的标本用75%酒精保存，对节肢动物种类及数量进行准确记录（未知种类进行统一编号和记载，下同）。

2. 目测法

在各块田的对角线上选取5点，每点取50株，对植株上、中、下节肢动物的种类及数量进行分析记录。

3. 陷阱法

从播种开始，用直径为10 cm，深度为10~15 cm的圆形口罐头瓶埋于地下设一陷阱，每点处保持瓶口与地面平齐，地上部分可用杂草盖住。每7 d进行一次收集处理并记录。

4. 毒饵诱测法

毒饵用炒熟的豆饼、新鲜的马粪等拌90%晶体敌百虫（稀释1 000倍液），傍晚时，撒在根际间，3~5 d采集记录一次。

5. 拍打法

5点取样，用长1.1 m的塑料布铺于行间，两边各取2行，轻轻敲打植株，利用塑料布收集植株上掉落的节肢动物，详细记录节肢动物的种类和数量。

（三）鉴定方法

利用昆虫工具书，根据相关的参考资料进行种类鉴定。

二、结果与分析

（一）红小豆田节肢动物群落结构组成分析

田间调查结果见表1-10，结果显示，梧桐河农场红小豆田的节肢动物种类计有3纲10目39科65种，3纲分别为昆虫纲、蛛形纲和多足纲。其中植食性占5目20科35种，捕食性占6目11科21种，寄生性占1目2科2种，中性类群占3目7科7种。

梧桐河农场红小豆田的节肢动物中植食性主要种类有绿豆象 *Callosobruchus chinensis*、东北大黑鳃金龟 *Holotrichia diomphalia* Bates、黏虫 *Mythimna separata*、八字地老虎 *Agrotis cnigrum* Linnaeus、东方蝼蛄 *Gryllotalpa orientalis* Grolm、豆蚜 *Aphis craccivora* Koch、灰飞虱 *Laodeiphax striatellus*（Fall.），以黏虫 *Mythimna separata*、豆蚜 *Aphis craccivora* Koch 为主要防治对象。捕食性主要种类有龟纹瓢虫 *Dropylaea taponica*、缘姬蝽 *Reduridus ferus*、豆娘 *Agrion quadrigerum*、三突花蛛 *Misumenops tricuspidatus*。

表 1-10 梧桐河农场红小豆田节肢动物群落种类组成

纲	目	科	种名	取食类型
昆虫纲	鞘翅目	叶甲科	负泥虫1种 *O. tristis herbst* sp.	植食性
			斑萤叶甲 *Monolepta hieroglyphkca*	植食性
			黄曲条跳甲 *Phyllotrela vittata*（Fabricius）	植食性
			二条叶甲 *Monolepta nigrobilineata*	植食性
			斑鞘豆叶甲 *Monolepta hieroglyphkca*	植食性
		瓢甲科	龟纹瓢虫 *Propylea japonica*（Thunberg）	捕食性
			异色瓢虫 *Leis axyridis*	捕食性
			七星瓢虫 *Coccinella septempunctata*	捕食性
			十八星瓢虫 *Henosepilachna orientalis* Dieke	捕食性
			二十八星瓢虫 *Afidenta misera*	植食性
		豆象科	绿豆象 *Callosobruchus chinensis*	植食性
		金龟甲科	东北大黑鳃金龟 *Holotrichia diomphalia* Bates	植食性
			暗黑鳃金龟 *Holotrichia serobiculata* Brenske	植食性
			黑绒金龟 *M. orientalis* Motsch	植食性
		丽金龟科	豆黄丽金龟 *Popillia quadriguttata*	植食性
			四纹丽金龟 *Popillia quadriguttata* Fab.	植食性
		粪金龟科	蜣螂 *Geotrupidae*	中 性
		天牛科	沃黄拟天牛 *Thyestilla gebleri* Fald.	植食性
		步甲科	步甲1种 *Carabidae* sp.	捕食性
		埋葬甲	埋葬甲1种 *Silphidae* Latreille	中 性
		拟步甲科	拟步甲 *Opatrum subaratum* Fald.	植食性
		龙虱科	龙虱 *Cybister* sp.	中 性
	双翅目	家蝇科	家蝇1种 *Musca domestica* sp.	中 性
		果蝇科	果蝇 *Drosophila melanogaster*	中 性
		潜蝇科	潜蝇1种 *Agromyzidae* sp.	植食性
		食蚜蝇科	食蚜蝇1种 *Syrphidae* sp.	捕食性
		虻科	虻(成虫)1种 *Nematocera* sp.	中 性
	膜翅目	茧蜂科	黄小茧蜂 *Nasonia*	寄生性
		姬蜂科	茧蜂1种 *Ichneumon* sp.	寄生性
	脉翅目	草蛉科	草蛉 *Chrysopidae*	捕食性
	鳞翅目	夜蛾科	黏虫 *Mythimna separata*	植食性
			八字地老虎 *Agrotis cnigrum* Linnaeus	植食性
		灯蛾科	白雪灯蛾 *Spilosoma niveus* Menetries	植食性

续表

纲	目	科	种名	取食类型
昆虫纲	直翅目	蝗科	中华稻蝗 Oxya chinensis	植食性
		菱蝗科	日本菱蝗 Tetrix japonica（Bolirar）	植食性
		蝼蛄科	东方蝼蛄 Gryllotalpa orientalis Grolm	植食性
	半翅目	盲蝽科	苜蓿盲蝽 Adelphocoris lineolatus（Goeze）	植食性
			赤角盲蝽 Trigonotylus ruficornis Geoffroy.	植食性
			盲蝽1种 Trigonotylus sp.	植食性
		缘蝽科	点伊缘蝽 Aeschyntelus notatus Hsiao	植食性
			粟缘 Liorchyssus hyalinus（Fabricius）	植食性
			广腹同缘蝽 Homoeocerus dilatatus Hrvach	植食性
		蝽科	稻绿蝽 Nexara viridula	植食性
			斑须蝽 Dolycoris baccarum（Linnaeus）	植食性
		姬蝽科	暗色姬蝽 Nabis stenoferus	植食性
		红蝽科	地红蝽 Pyrrhocoris tibialis	中性
		蚜科	豆蚜 Aphis craccivora Koch	植食性
		叶蝉科	大青叶蝉 Cicadella viridis（Linne）	植食性
			六点叶蝉 Cicadella sexnotata	植食性
		飞虱科	白背飞虱 Sogatalla furcifera（Horvath）	植食性
			灰飞虱 Laodeiphax striatellus（Fall.）	植食性
	蜻蜓目	蜻科	黄蜻 Pantala flavescens	捕食性
		蟌科	豆娘 Agrion quadrigerum	捕食性
蛛形纲	蜘蛛目	蟹蛛科	草间花蛛 Agelena labyrinhica	捕食性
			毛蟹蛛 Heriaeus oblongus Simon	捕食性
			纹花蟹蛛 Xysticus striatipes L.	捕食性
			突花蛛 Misumenops tricuspidatus	捕食性
			丽羽蛛 Oxytila decorata Karch	捕食性
		蟹蛛科	蟹蛛1种 Thomisidae crabspider sp.	捕食性
		跳蛛科	跳蛛1种 Salticidae sp.	捕食性
		圆蛛科	黄褐新圆蛛1种 Araneidae sp.	捕食性
			圆蛛 Aranius cornutus	捕食性
		狼蛛科	中华狼蛛 Lycosa sinensis	捕食性
			豹蛛 Pardosa astrigera	捕食性
多足纲	蜈蚣目	蜈蚣科	蜈蚣 Scolopendra subspinipes	捕食性

（二）红小豆田节肢动物群落结构组成比例

通过田间调查结果分析表明，梧桐河农场红小豆田节肢动物群落结构构成中，各类群、目、科及物种间的比例存在较大差异（表1-11）。

在红小豆田节肢动物的10个目中，以鞘翅目所含的物种数最多，约占总数的33.8%，半翅目和蜘蛛目次之，分别为23.1%和16.9%，然后为双翅目，其他目的物种数所占比例相对较少。

在植食性、捕食性、寄生性和中性节肢动物 4 个类群中，植食性类群、捕食性和寄生性天敌类群、中性节肢动物类群种数占整个节肢动物群落的比例分别为 53.8% 和 35.4%、10.8%，由此可见植食性类群所占比例最大。

在植食性类群中，以鞘翅目和半翅目所占比例最大，分别为 14 种，约占整个红小豆田节肢动物群落的 43.0%，其次是鳞翅目和直翅目中植食性物种数较多。天敌昆虫分布在鞘翅目、双翅目、膜翅目（寄生）、蜻蜓目、蜘蛛目和蜈蚣目中，其种所占最大的是蜘蛛目为 16.9%，其次是鞘翅目为 7.7%。双翅目、鞘翅目在中性类群中科和种所占所占比例较大。

表 1-11 梧桐河农场红小豆田节肢动物结构比例

目	植食性				天敌类群				中性类群				总种数	比率/%
	科数	比率/%	种数	比率/%	科数	比率/%	种数	比率/%	科数	比率/%	种数	比率/%		
鞘翅目	7	17.9	14	21.5	2	5.1	5	7.7	3	7.7	—	4.6	22	33.8
双翅目	1	2.6	1	1.5	1	2.6	1	1.5	3	7.7	3	4.6	5	7.7
膜翅目	—	—	—	—	2	5.1	2	3.1	—	—	—	—	2	3.1
脉翅目	—	—	—	—	1	2.6	1	1.5	—	—	—	—	1	1.5
鳞翅目	2	5.1	3	4.6	—	—	—	—	—	—	—	—	3	4.6
直翅目	3	7.7	3	4.6	—	—	—	—	—	—	—	—	3	4.6
半翅目	7	17.9	14	21.5	—	—	—	—	1	2.6	1	1.5	15	23.1
蜻蜓目	—	—	—	—	2	5.1	2	3.1	—	—	—	—	2	3.1
蜘蛛目	—	—	—	—	4	10.3	11	16.9	—	—	—	—	6	9.2
蜈蚣目	—	—	—	—	1	2.6	1	1.5	—	—	—	—	1	1.5
合计	20	51.3	35	53.8	13	33.3	23	35.4	7	17.9	7	10.8	65	100

三、结论与讨论

调查结果显示梧桐河农场红小豆田的节肢动物群落由 3 纲 10 目 39 科 65 种组成，其中植食性占 5 目 20 科 35 种，捕食性占 6 目 11 科 21 种，寄生性占 1 目 2 科 2 种，中性类群占 3 目 7 科 7 种。植食性主要种类有绿豆象 Callosobruchus chinensis、东北大黑鳃金龟 Holotrichia diomphalia Bates、黏虫 Mythimna separata、八字地老虎 Agrotis cnigrum Linnaeus、东方蝼蛄 Gryllotalpa orientalis Grolm、豆蚜 Aphis craccivora Koch.、灰飞虱 Laodeiphax striatellus（Fall.），以黏虫 Mythimna separata、豆蚜 Aphis craccivora Koch. 为主要防治对象。捕食性主要种类有龟纹瓢虫 Dropylaea taponica、缘姬蝽 Reduridus ferus、豆娘 Agrion quadrigerum、三突花蛛 Misumenops tricuspidatus。

对梧桐河农场红小豆田节肢动物种类调查，在其 10 个目中，以鞘翅目占有 33.8% 的比例，所含的物种数最多，居于首位，其他按照所占比例大小依次为半翅目、蜘蛛目、双翅目、鳞翅目和直翅目，其他 8 个目的物种数相对较少。鞘翅目和半翅目在植食性类群中居于首位，其次为鳞翅目和直翅目。红小豆田害虫的主要防治对象为鞘翅目和半翅目昆虫，同时侧重鳞翅目和直翅目昆虫和其他次要害虫的防治。从个体数目来看，其中以鳞翅目的黏虫 Mythimna separata、半翅目的豆蚜 Aphis craccivora Koch 为最主要害虫。

在天敌中，所占比例较大的是鞘翅目和蜘蛛目，双翅目在中性类群所占比例最大。在红小豆田中，天敌可以对害虫种群起到一定的控制作用，中性类群作为捕食性天敌的食物来源而存在，因此对害虫实施化学防治时，应考虑选择杀虫范围窄的杀虫剂，达到保护鞘翅目的天敌和蜘蛛的目的，同时降低对中性昆虫毒杀影响，这样可利用害虫—天敌—中性类群之间关系对害虫实现生物防治，进而实现农业绿色、无污染、可持续的发展。

第四节 施肥对红小豆田节肢动物群落多样性影响研究

一、材料与方法

（一）供试肥料

尿素：N（46.4%）（河南心连心化学工业集团股份有限公司）；

磷肥：P_2O_5（64.0%）（云南云天国际化工有限公司）；

硫酸钾：K_2O（50.0%）（哈尔滨护农农业科技开发有限公司）。

（二）田间调查取样方法

于2014年选梧桐河农场环境条件及栽培管理措施一致的当地主栽品种（红小豆）种植田，设未施肥、常规施肥两种类型田，施肥田分为底肥、种肥、追肥3次施肥（肥料配比见表1-12）。6月上旬进行红小豆田播种。从出苗期开始计算，每隔7 d进行一次调查，共调查12次。调查取样方法同本章第三节。

表1-12 肥料配比情况 单位：kg/hm^2

处理	尿素（N）	重过磷酸钙（P_2O_5）	硫酸钾（K_2O）
无肥区	0	0	0
常规施肥区	50	100	50

（三）分析方法与数据处理

1. 群落结构特征和动态分析方法

群落的特征经常选择一些参数来进行数据分析，采用物种丰富度（S）、物种个体数量（N）、Shannon-Wiener的多样性指数（H'）、Berger-Parker的优势度指数（D）、Pielou均匀性指数（E）、Simpson优势集中性指数（C），以及采用极点排序法和系统聚类分析法来比较分析不同施肥处理对红小豆田节肢动物群落特征的影响。

2. 物种优势度等级及类群划分指标

物种的优势度划分，可以分为 5 个等级。具体划分标准为：$D>0.1$ 时确定为优势种，用 D（Dominant）表示；$0.05<D<0.1$ 时确定为丰盛种，用 A（Abundant）表示；$0.01<D<0.05$ 时确定为常见种，用 F（Frequent）表示；当 $0.001<D<0.01$ 时确定为偶见种，用 O（Occasional）表示；当 $D<0.001$ 时确定为稀少或罕见种，用 R（Rare）表示。

为进一步对群落组成及功能进行研究与讨论，将群落的物种按功能划分为天敌、害虫、中性类群 3 个类群。

二、结果与分析

（一）未施肥红小豆田节肢动物群落多样性分析

1. 群落结构特征

依据田间调查结果显示，梧桐河农场未施肥红小豆田节肢动物群落共计 3 纲 10 目 39 科 65 种，其中植食性由 5 目 20 科 35 种组成，捕食性由 6 目 11 科 21 种组成，寄生性由 1 目 2 科 2 种组成，中性类群由 3 目 7 科 7 种组成。害虫物种数占总物种数的比例最高，为 53.85%；其次为天敌、中性类群，所占比例分别为 35.38%、10.77%。三大类群的相对丰盛度也就是个体数量所占比例方面，害虫的个体数量最大，占群落总个体数的 87.87%；其次为中性类群，所占比例为 10.18%；天敌的丰盛度最低，仅占 1.95%（表 1-13）。

表 1-13 红小豆田节肢动物群落物种组成结构

类群	物种数		个体数	
	数量/种	比例/%	数量/头	比例/%
天敌	23	35.38	72	1.95
害虫	35	53.85	3 245	87.87
中性类群	7	10.77	376	10.18
总体	65	100.00	3 693	100.00

由群落的物种丰富度可知，害虫类群物种数最高，比天敌类群多出 12 种，比中性类群多出 28 种。从各个类群的个体数量可知，害虫以 87.87% 的比例处于明显优势，其个体数量可达天敌的 45 倍。害虫类群个体数量较高的原因可能是某些害虫个体数量过高引起的，这些个体过高的种类有黏虫（*Mythimna separata*）、豆蚜（*Aphis craccivora* Koch）。

2. 群落的优势度分析

梧桐河农场未施肥红小豆田节肢动物群落优势度等级见表 1-14。从群落类群丰盛度划分来看，天敌类群稀少种种类优势明显，其次为丰盛种、偶见种，优势种、常见种种类相对较少；害虫类群中，常见种种类优势明显，偶见种、丰盛种次之，优势种、稀少种种类较少；中性类群中，各等级间呈现较为均匀的分布趋势，优势种、丰盛种种类优势较为明显。就总体而言，常见种、偶见种、丰盛种种类居多，稀少种、优势种相对种类较少。

表 1-14　红小豆田群落类群优势度等级划分　　　　　　　　　　单位：种

类群	优势种数量	丰盛种数量	常见种数量	偶见种数量	稀少种数量	总体
天敌	3	4	4	4	8	23
害虫	4	7	13	9	2	35
中性类群	2	2	1	1	1	7
总体	8	13	16	14	9	65

3. 群落多样性

由表 1-15 可知，梧桐河农场红小豆田节肢动物群落总体的多样性指数、均匀性指数、优势集中性指数分别为 2.125 4、0.724 8、0.181 1。而天敌类群的多样性指数、均匀性指数均高于群落总体水平，分别为 2.452 8、0.987 6；但优势集中性指数 0.157 2 低于总体水平，表明天敌个体在物种间的分布相对均匀。害虫的多样性指数、均匀性指数分别为 1.788 3、0.541 8，处于总体水平以下，而优势集中性指数 0.207 4 高于总体水平，表明害虫优势种的种群数量占有较大比例，个体在物种间的分布不均匀。中性类群的多样性指数处于总体水平以下，均匀性指数、优势集中性指数在总体水平之上，说明中性类群个体数量能够较为均匀的分布在物种之间。

表 1-15　红小豆田节肢动物群落多样性特征

类　群	多样性指数（H'）	均匀性指数（E）	优势集中性指数（C）
天敌	2.452 8	0.987 6	0.157 2
害虫	1.542 6	0.652 3	0.207 4
中性类群	0.957 3	0.794 1	0.331 2
总体	2.125 4	0.724 8	0.181 1

4. 群落的结构动态

（1）未施肥红小豆田节肢动物群落的物种丰盛度动态分析

未施肥红小豆田节肢动物群落物种丰富度的变化趋势如图 1-5 所示，物种总体在 6 月中后期增长迅速，在 7 月中期趋于平稳，于 7 月末达到物种丰富度的顶峰，后急速下降，在 8 月末期至 9 月初趋于平缓，于 9 月末降至最低。害虫类群则于 6 月初期物种增多，至末期趋于平稳，于 7 月初期增长迅速至 7 月末期至最高值，后急速下降，至 9 月中旬降至最低。天敌类群物种于 6 月中后期迅速增加，在 7 月中旬增至顶峰持续至 7 月末期，之后种类迅速下降，至 8 月末期降到最低值。中性类群物种无明显变化趋势。害虫的物种丰富度跟随整个群落的物种丰富度变化，两者趋势类似，这可能是因为害虫的种类在整个群落中比例较高而造成的。

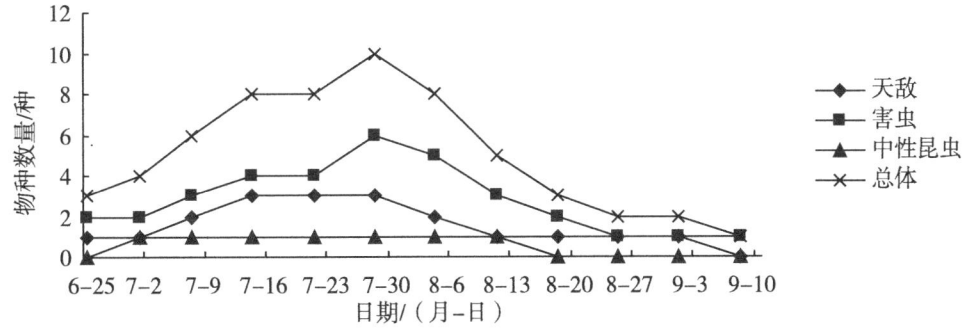

图1-5　未施肥红小豆田节肢动物群落物种丰盛度动态

（2）未施肥红小豆田节肢动物群落丰盛度（个体数量）动态

群落节肢动物物种的个体数量见图1-6，因为害虫的个体数量较高，天敌和中性类群的丰盛度变化幅度显得较小，6月中旬起，害虫类群的个体数量逐渐增多，个体数量增长迅速和增长幅度较大，于7月中旬增长缓慢，至8月初期到达顶峰，随后个体数量急速下降，8月中旬害虫类群的个体数量减少到约为其最高峰值的50%。天敌的个体数量在整个红小豆田中一直较少，中性类群的个体数量呈缓慢式增长再缓慢式减少。害虫的物种丰盛度与群落的物种丰盛度能够保持相同的变化趋势和变化幅度，说明害虫的田间物种丰盛度动态某种程度上可以反映整体的群落动态，这可能是因为害虫的种类在整个群落中比例较高而造成的。

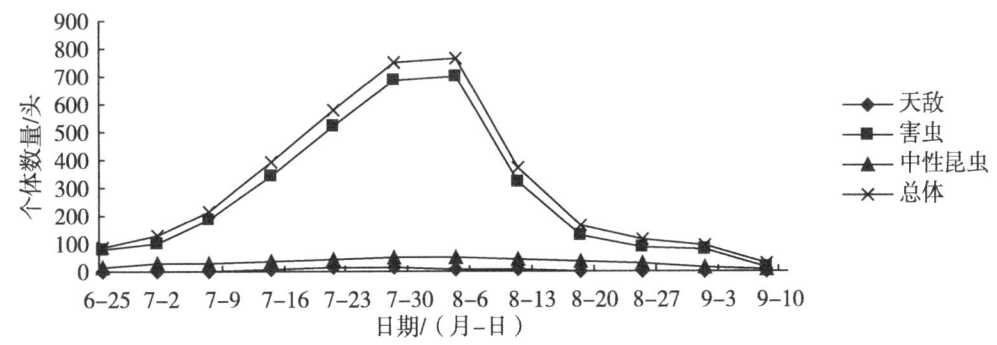

图1-6　未施肥红小豆田节肢动物群落个体丰盛度动态

（3）未施肥红小豆田节肢动物群落多样性动态

由图1-7、图1-8、图1-9可知，在红小豆的整个生育期内，害虫的多样性指数一直高于中性类群。均匀性指数和优势集中性指数则明显低于天敌和中性类群。与天敌和中性类群相比，害虫的多样性指数、均匀性指数和优势度集中性指数波动范围不大，说明害虫的个体数量在物种间进行分布不均匀，优势集中度低，群落稳定性比较好。天敌和中性类群在后期趋于稳定，这种变化与各类群优势种种群数量的消长动态有一定的相关性。

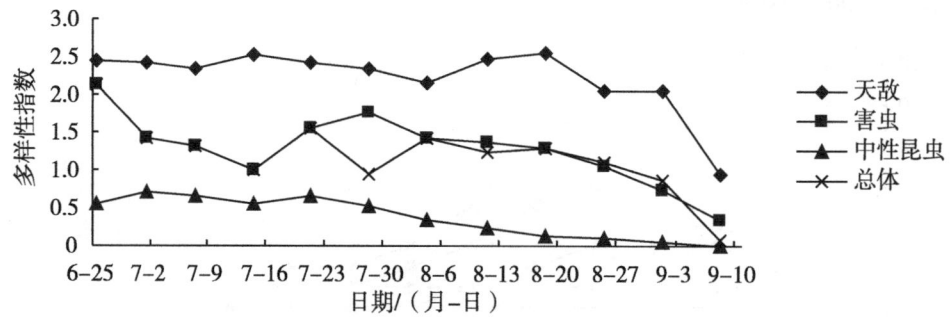

图1-7 未施肥红小豆田节肢动物群落多样性指数

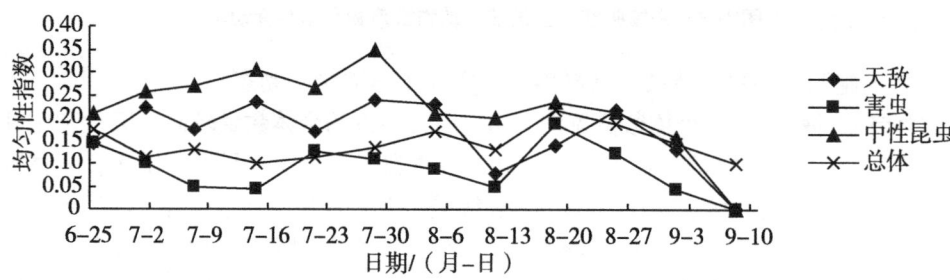

图1-8 未施肥红小豆田节肢动物群落均匀性指数

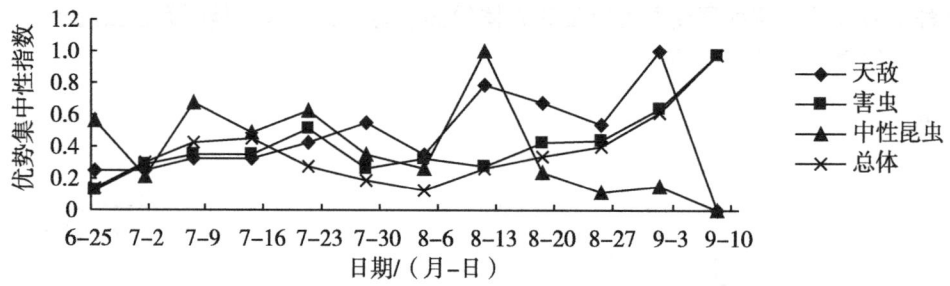

图1-9 未施肥红小豆田节肢动物群落优势集中性指数

(二) 常规施肥处理的红小豆田节肢动物群落多样性分析

1. 常规施肥处理和未施肥红小豆田节肢动物群落的组成结构比较

施肥处理影响了红小豆田的节肢动物群落的组成结构和多样性特征，结果见表1-16。未施肥红小豆田天敌、害虫、中性类群和群落整体物种数量分别是23种、35种、7种和65种，而常规施肥红小豆田天敌、害虫、中性类群和群落整体物种数量分别是17种、30种、6种和53种，群落整体物种数较未施肥田减少了12种。可见，常规施肥后的小豆田的各个类群都比未施肥的物种种数有所降低，物种下降原因可能是因为肥料改变了土壤及植株周围的环境状态，部分节肢动物物种不喜肥料，致使各个类群物种数均有所下降。

表 1-16 常规施肥与未施肥红小豆田节肢动物群落物种数比较　　　单位：种

类群	未施肥田物种数	常规施肥物种数
天敌	23	17
害虫	35	30
中性类群	7	6
群落整体	65	53

观察群落的个体数量可知，不同施肥处理对节肢动物群落的个体数量影响较大，结果如表 1-17 所示。未施肥红小豆田天敌和中性类群的个体数量分别是 72.14 头和 376.26 头，而常规施肥红小豆田天敌、中型类群物种个体数均有所下降，分别是 70.25 头和 257.15 头。而未施肥红小豆田害虫个体数是 3 245.54 头，常规施肥田害虫个体数增加明显为 3 547.69 头。其原因可能施肥后作物营养充足，长势良好，使得叶片植株肥大，促使害虫数目增加。常规施肥红小豆田因为害虫个体数量增加显著，所以导致群落整体个体数量也有所增加。

表 1-17 常规施肥与未施肥红小豆田节肢动物群落个体数　　　单位：头

类群	未施肥田个体数	常规施肥田个体数
天敌	72.14±4.21a	70.25±1.09a
害虫	3 245.54±69.56bB	3 547.69±95.42aA
中性类群	376.26±5.41aA	257.15±18.30bB
群落整体	3 693.94±70.42bA	3 875.09±116.61aA

注：未施肥田与施肥田的节肢动物类群之间进行差异比较。不同小写字母表示在 5% 水平上显著差异，不同大写字母表示在 1% 水平上显著差异，下同。

2. 常规施肥处理和未施肥红小豆田节肢动物群落多样性比较

由表 1-18 可知，常规施肥红小豆田与未施肥红小豆田天敌类群多样性指数分别为 1.287 5 和 0.635 8，差异达到极显著水平；群落整体的多样性指数分别为 1.838 3 和 1.755 3，但是差异不显著。常规施肥红小豆田与未施肥红小豆田中性类群多样性指数分别为 0.635 4 和 0.675 4，害虫类群多样性指数分别为 1.574 8 和 1.578 5，相比稍有下降，但是差异不显著。

表 1-18 常规施肥处理和未施肥红小豆田节肢动物多样性指数比较

类群	未施肥多样性指数	常规施肥多样性指数
天敌	0.635 8±0.011 2bB	1.287 5±0.111 4aA
害虫	1.578 5±0.511 4a	1.574 8±0.100 3a
中性类群	0.675 4±0.044 8a	0.635 4±0.089 6a
群落整体	1.755 3±0.091 0a	1.838 2±0.102 3a

由表 1-19 可以看出红小豆常规施肥与未施肥田天敌类群均匀性指数分别为 0.925 8 和 0.568 4，上升达到极显著水平；害虫类群均匀性指数分别为 0.662 7 和 0.532 4、群落整体的均匀性指数分别为 0.636 0 和 0.576 5，稍有上升但差异不显著；而中性类群的均匀性指数分别是 0.594 8 和 0.942 7，并在 0.01 水平上极显著下降。

表 1-19　常规施肥处理和未施肥红小豆田节肢动物均匀性指数比较

类群	未施肥均匀性指数	常规施肥均匀性指数
天敌	0.568 4±0.051 1bB	0.925 8±0.042 1aA
害虫	0.532 4±0.051 2aA	0.662 7±0.076 2aA
中性类群	0.942 7±0.050 5aB	0.594 8±0.061 7aA
群落整体	0.576 5±0.032 4aA	0.636 0±0.099 8aA

由表 1-20 可以看出，未施肥红小豆田天敌、害虫、中性类群和群落整体的优势集中性指数分别为 0.362 2、0.313 7、0.539 2 和 0.230 1，常规施肥优势集中性指数分别为 0.306 1、0.271 1、0.524 2 和 0.169 9，既常规施肥红小豆田的优势集中性指数均有所下降，害虫类群和群落整体优势集中性指数在 0.05 水平差异显著，其他类群并无显著性差异。

总之，梧桐河农场红小豆田未施肥与常规施肥处理间的群落多样性指数、均匀性指数均表现为常规施肥红小豆田＞未施肥红小豆田。优势集中性指数为未施肥红小豆田＞常规施肥红小豆田。

表 1-20　常规施肥处理和未施肥红小豆田节肢动物优势集中性指数比较

类群	未施肥优势集中性指数	常规施肥优势集中性指数
天敌	0.362 2±0.025 4aA	0.306 1±0.019 8aA
害虫	0.313 7±0.025 2aA	0.271 1±0.021 4bA
中性类群	0.539 2±0.053 8a	0.524 2±0.046 1a
群落整体	0.230 1±0.079 2aA	0.169 9±0.041 4bA

三、结论与讨论

对梧桐河农场红小豆田节肢动物群落多样性分析，常规施肥红小豆田节肢动物总物种数 53 种，未施肥红小豆田节肢动物总物种数为 65 种，其中常规施肥的红小豆田节肢动物的天敌、害虫和中性各个类群都比未施肥红小豆田的物种种数有所降低。经过施肥处理的红小豆田天敌、中性类群及群落整体的个体数目都呈现下降趋势，但是害虫的个体数目却呈现增加趋势。

梧桐河农场红小豆田未施肥与常规施肥处理间的群落参数的多样性指数、均匀性指数均表现为常规施肥红小豆田＞未施肥红小豆田。优势集中性指数为未施肥红小豆田＞常规施肥红小豆田。

通过对红小豆整个生育期的调查分析，梧桐河农场未施肥的节肢动物群落中的植食性物种（害虫）的丰盛度一直高于中性物种和捕食寄生性物种（天敌）的丰盛度，中位物种、天敌的丰盛度随时间变化趋势不明显，主要是因为这些动物的自然死亡率较低，而植食性物种的丰盛度在生育期内呈现较大的波动趋势。施肥处理对物种数、个体数、害虫物种数、天敌物种数和中性物种数都有明显的影响。可以看出红小豆田的害虫群落并不是孤立存在的，它与天敌间有相互制约的关系，肥料控制了天敌和中性物种，且使害虫数量增加，影响了群落的稳定性与生态平衡，并容易导致害虫再猖獗。

第五节 施肥对芸豆田节肢动物影响的研究

芸豆适宜在温带和热带高海拔地区种植，比较耐冷喜光。原产美洲的墨西哥和阿根廷，中国在16世纪末开始引种栽培。黑龙江省处于温带，资源比较丰富，适合芸豆的种植。芸豆是中国主要的杂粮作物之一，在全国的种植面积较大。黑龙江省是中国重要的芸豆生产省份，也是全国出口芸豆最多的省份，每年出口芸豆量约占全国的50%。虫害是影响芸豆作物产量的主要原因之一。随着人口数量的快速增加，耕地越来越少，施肥是获得作物高产的途径之一。化肥的施用，虽然为作物提供了充足的养分，但长期的积累效应使农田生态体系处于严重的失衡状态，群落多样性恶化，减弱了农田生态系统自身的调控作用，使芸豆害虫为害越发猖獗。

通过对农田生态系统中节肢动物群落的研究，可以从植物—害虫—天敌三者的相互作用关系进行害虫治理，为科学的控制害虫提供理论的依据。前人研究了长期施肥对黄淮海平原农田中土壤节肢动物的影响，施肥对稻田、棉田节肢动物群落结构的影响。为了解不同肥料处理对芸豆田节肢动物群落的影响，更好地对芸豆田害虫进行有效控制，课题组在黑龙江省嫩江县九三管理局植保站芸豆试验田进行试验，将芸豆田节肢动物群落按照植食性、捕食性、中性群体进行划分，调查分析不同肥料处理下芸豆田节肢动物的目数、科数、种数、所占总数百分比、优势集中性指数、多样性指数和均匀度的特点，掌握不同肥料处理对芸豆田节肢动物群落的影响情况，为芸豆田害虫综合防治提供技术支持，并为农田土壤生态系统稳定性和粮食安全生产提供一定的理论依据。

一、材料与方法

（一）调查地点

黑龙江省嫩江县九三管理局植保站（整个生育期不施杀虫剂）。

（二）试验方法

本次试验设计14种肥料配比处理。肥料配比处理分别是 $N_0P_0K_0$、$N_0P_2K_2$、$N_1P_2K_2$、$N_2P_0K_2$、$N_2P_1K_2$、$N_2P_2K_2$、$N_2P_3K_2$、$N_2P_2K_0$、$N_2P_2K_1$、$N_2P_2K_3$、$N_3P_2K_2$、$N_1P_1K_2$、$N_1P_2K_1$、$N_2P_1K_1$，其中 $N_0P_0K_0$ 为对照，每个处理设置3次重复。14种肥料是在芸豆播种时施用，即为种肥。肥料配比如表1-21所示。

表 1-21　施肥方案与施肥量　　　　　　　　　　　　　　　单位：kg/hm^2

处理	N	P_2O_5	K_2O	处理	N	P_2O_5	K_2O
$N_0P_0K_0$	0	0	0	$N_2P_2K_0$	27.0	69.0	0
$N_0P_2K_2$	0	69.0	22.50	$N_2P_2K_1$	27.0	69.0	11.25
$N_1P_2K_2$	13.5	69.0	22.50	$N_2P_2K_3$	27.0	69.0	33.75
$N_2P_0K_2$	27.0	0	22.50	$N_3P_2K_2$	40.5	69.0	22.50
$N_2P_1K_2$	27.0	34.5	22.50	$N_1P_2K_2$	13.5	34.5	22.50
$N_2P_2K_2$	27.0	69.0	22.50	$N_1P_2K_1$	13.5	69.0	11.25
$N_2P_3K_2$	27.0	103.5	22.50	$N_2P_1K_1$	27.0	34.5	11.25

（三）调查时间

从芸豆出苗开始至收获前每 10 d 调查一次，雨天顺延。

（四）调查和鉴定方法

同第一章第一节。

（五）数据处理

群落多样性，优势集中性指数，均匀度等计算方法同第一章第二节。

二、结果与分析

（一）不同施肥处理芸豆田节肢动物组成成分比较

由表 1-22 可以看出，在 14 种肥料处理下的芸豆间节肢动物群落组成成分在昆虫纲的目之间不存在差异，都为 8 个目。在节肢动物科数间的比较中，对照组 $N_0P_0K_0$、$N_1P_2K_2$、$N_2P_1K_2$、$N_2P_2K_1$ 为 19 个科，$N_2P_1K_1$ 为 17 个科，其余处理均为 18 个科。在节肢动物种数间的比较中，种数最多的是 $N_0P_0K_0$、$N_1P_2K_2$、$N_2P_1K_2$、$N_2P_2K_1$ 处理，种数为 25 种；种数最少的是 $N_2P_1K_1$ 处理，种数为 23 种；其余处理均为 24 种。

在节肢动物个体数量的比较中，个体数最多的是 $N_0P_0K_0$ 处理，个体数为 405 头，个体数最少的为 $N_2P_1K_2$ 处理，个体数为 334 头，$N_0P_0K_0$ 处理与 $N_2P_1K_2$ 处理间差异显著。

表 1-22　不同施肥处理芸豆田节肢动物组成成分比较

处理	目	科	种数	个体数量/头
$N_0P_0K_0$	8	19	25	405a
$N_0P_2K_2$	8	18	24	357b
$N_1P_2K_2$	8	19	25	346bc
$N_2P_0K_2$	8	18	24	351bc
$N_2P_1K_2$	8	19	25	334c
$N_2P_2K_2$	8	18	24	363b
$N_2P_3K_2$	8	18	24	379a
$N_2P_1K_1$	8	18	24	353bc

续表

处理	目	科	种数	个体数量/头
$N_2P_2K_1$	8	19	25	350bc
$N_2P_2K_3$	8	18	24	387a
$N_3P_2K_2$	8	18	24	394a
$N_1P_2K_2$	8	18	24	357b
$N_1P_2K_1$	8	18	24	348bc
$N_2P_1K_1$	8	17	23	348bc

(二) 不同施肥处理下芸豆田节肢动物群落组成结构比例

各处理的节肢动物中,鞘翅目有 4 科;各处理的节肢动物脉翅目、双翅目、鳞翅目、蜻蜓目和蜘蛛目科数均为 1 科;半翅目中各处理的节肢动物科数均为 3 科;$N_0P_0K_0$ 处理直翅目节肢动物科数最多是 8 个科,其次是 $N_0P_2K_2$、$N_2P_0K_2$、$N_2P_2K_2$、$N_2P_2K_3$ 处理,科数是 7 个科,其余科数是 6 个科。

各处理节肢动物中鞘翅目个体数最多的是 $N_3P_2K_2$ 处理,个体数为 33.4 头,其次是 $N_2P_2K_3$、$N_2P_3K_2$、$N_0P_0K_0$ 处理,个体数分别为 33 头、32.6 头、32.6 头,个体数最少的处理是 $N_2P_1K_2$,个体数为 29.4 头。直翅目中节肢动物个体数最多的是 $N_0P_0K_0$ 处理,个体数为 18.8 头,其次是 $N_3P_2K_2$ 处理,个体数为 17.6 头,个体数最少的是 $N_1P_2K_1$ 处理,个体数为 13.4 头。半翅目中各处理的节肢动物个体数最多的是 $N_2P_2K_3$,个体数为 14.6 头,其次为 $N_2P_3K_2$、$N_0P_0K_0$、$N_3P_2K_2$ 处理,个体数分别为 14.4 头、14.2 头、14 头,个体数最少的是 $N_2P_0K_2$ 处理,个体数为 12.4 头。鳞翅目中各处理的节肢动物个体数最多的是 $N_3P_2K_2$ 处理,个体数为 9.2 头,个体数最少的是 $N_2P_2K_1$,个体数为 5.8 头。各处理中其他目个体数量均低于 3 头(表 1-23)。

表 1-23 不同施肥处理芸豆田节肢动物群落组成结构比例

目	处理	科数	占例/%	个体数/头	占例/%
鞘翅目	$N_0P_0K_0$	4	21.05	32.6	8.05
	$N_0P_2K_2$	4	22.22	30.4	8.52
	$N_1P_2K_2$	4	21.05	29.8	8.61
	$N_2P_0K_2$	4	22.22	31.0	8.83
	$N_2P_1K_2$	4	21.05	29.4	8.80
	$N_2P_2K_2$	4	22.22	30.2	8.32
	$N_2P_3K_2$	4	22.22	32.6	8.60
	$N_2P_1K_1$	4	22.22	30.6	8.67
	$N_2P_2K_1$	4	21.05	30.8	8.80
	$N_2P_2K_3$	4	22.22	33.0	8.53
	$N_3P_2K_2$	4	22.22	33.4	8.48
	$N_1P_2K_2$	4	22.22	30.4	8.52
	$N_1P_2K_1$	4	22.22	29.6	8.51
	$N_2P_1K_1$	4	23.53	30.2	8.68

续表

目	处理	科数	占例/%	个体数/头	占例/%
脉翅目	$N_0P_0K_0$	1	5.26	1.8	0.44
	$N_0P_2K_2$	1	5.56	1.4	0.39
	$N_1P_2K_2$	1	5.26	1.2	0.35
	$N_2P_0K_2$	1	5.56	1.4	0.40
	$N_2P_1K_2$	1	5.26	1.0	0.30
	$N_2P_2K_2$	1	5.56	1.2	0.33
	$N_2P_3K_2$	1	5.56	1.0	0.26
	$N_2P_1K_1$	1	5.56	0.8	0.23
	$N_2P_2K_1$	1	5.26	1.0	0.29
	$N_2P_2K_3$	1	5.56	1.2	0.31
	$N_3P_2K_2$	1	5.56	1.0	0.25
	$N_1P_2K_2$	1	5.56	1.0	0.28
	$N_1P_2K_1$	1	5.56	1.2	0.34
	$N_2P_1K_1$	1	5.88	1.6	0.46
双翅目	$N_0P_0K_0$	1	5.26	2.2	0.54
	$N_0P_2K_2$	1	5.56	1.6	0.45
	$N_1P_2K_2$	1	5.26	1.4	0.40
	$N_2P_0K_2$	1	5.56	1.6	0.46
	$N_2P_1K_2$	1	5.26	1.2	0.36
	$N_2P_2K_2$	1	5.56	1.4	0.39
	$N_2P_3K_2$	1	5.56	1.2	0.32
	$N_2P_1K_1$	1	5.56	1.2	0.34
	$N_2P_2K_1$	1	5.26	1.6	0.46
	$N_2P_2K_3$	1	5.56	1.4	0.36
	$N_3P_2K_2$	1	5.56	1.2	0.30
	$N_1P_2K_2$	1	5.56	1.2	0.34
	$N_1P_2K_1$	1	5.56	1.4	0.40
	$N_2P_1K_1$	1	5.88	1.8	0.52
直翅目	$N_0P_0K_0$	8	42.11	18.8	4.64
	$N_0P_2K_2$	7	38.89	16.4	4.59
	$N_1P_2K_2$	6	31.58	15.0	4.34
	$N_2P_0K_2$	7	38.89	14.4	4.10
	$N_2P_1K_2$	6	31.58	13.6	4.07
	$N_2P_2K_2$	7	38.89	16.6	4.57
	$N_2P_3K_2$	6	33.33	16.4	4.33
	$N_2P_1K_1$	6	33.33	15.2	4.31
	$N_2P_2K_1$	6	31.58	15.4	4.40
	$N_2P_2K_3$	7	38.89	16.4	4.24
	$N_3P_2K_2$	6	33.33	17.6	4.47
	$N_1P_2K_2$	6	33.33	14.4	4.03
	$N_1P_2K_1$	6	33.33	13.4	3.85
	$N_2P_1K_1$	6	35.29	14.2	4.08

续表

目	处理	科数	占例/%	个体数/头	占例/%
蜻蜓目	$N_0P_0K_0$	1	5.26	1.8	0.44
	$N_0P_2K_2$	1	5.56	1.4	0.39
	$N_1P_2K_2$	1	5.26	1.6	0.46
	$N_2P_0K_2$	1	5.56	1.4	0.40
	$N_2P_1K_2$	1	5.26	1.6	0.48
	$N_2P_2K_2$	1	5.56	1.4	0.39
	$N_2P_3K_2$	1	5.56	1.4	0.37
	$N_2P_1K_1$	1	5.56	1.6	0.45
	$N_2P_2K_1$	1	5.26	1.4	0.40
	$N_2P_2K_3$	1	5.56	1.2	0.31
	$N_3P_2K_2$	1	5.56	1.4	0.36
	$N_1P_2K_2$	1	5.56	1.2	0.34
	$N_1P_2K_1$	1	5.56	1.4	0.40
	$N_2P_1K_1$	1	5.88	1.2	0.34
半翅目	$N_0P_0K_0$	3	15.79	14.2	3.51
	$N_0P_2K_2$	3	16.67	13.0	3.64
	$N_1P_2K_2$	3	15.79	12.8	3.70
	$N_2P_0K_2$	3	16.67	12.4	3.53
	$N_2P_1K_2$	3	15.79	12.6	3.77
	$N_2P_2K_2$	3	16.67	13.6	3.75
	$N_2P_3K_2$	3	16.67	14.4	3.80
	$N_2P_1K_1$	3	16.67	13.0	3.68
	$N_2P_2K_1$	3	15.79	12.8	3.66
	$N_2P_2K_3$	3	16.67	14.6	3.77
	$N_3P_2K_2$	3	16.67	14.0	3.55
	$N_1P_2K_2$	3	16.67	13.6	3.81
	$N_1P_2K_1$	3	16.67	13.0	3.74
	$N_2P_1K_1$	3	17.65	12.8	3.68
鳞翅目	$N_0P_0K_0$	1	5.26	8.4	2.07
	$N_0P_2K_2$	1	5.56	6.4	1.79
	$N_1P_2K_2$	1	5.26	6.8	1.97
	$N_2P_0K_2$	1	5.56	7.0	1.99
	$N_2P_1K_2$	1	5.26	6.8	2.04
	$N_2P_2K_2$	1	5.56	8.0	2.20
	$N_2P_3K_2$	1	5.56	6.8	1.79
	$N_2P_1K_1$	1	5.56	5.8	1.64
	$N_2P_2K_1$	1	5.26	8.4	2.40
	$N_2P_2K_3$	1	5.56	9.2	2.38
	$N_3P_2K_2$	1	5.56	8.4	2.13
	$N_1P_2K_2$	1	5.56	8.6	2.41
	$N_1P_2K_1$	1	5.56	6.8	1.95
	$N_2P_1K_1$	1	5.88	6.8	1.95

续表

目	处理	科数	占例/%	个体数/头	占例/%
蜘蛛目	$N_0P_0K_0$	1	5.26	1.2	0.30
	$N_0P_2K_2$	1	5.56	0.8	0.22
	$N_1P_2K_2$	1	5.26	0.6	0.17
	$N_2P_0K_2$	1	5.56	1.0	0.28
	$N_2P_1K_2$	1	5.26	1.2	0.36
	$N_2P_2K_2$	1	5.56	1.4	0.39
	$N_2P_3K_2$	1	5.56	0.8	0.21
	$N_2P_1K_1$	1	5.56	1.2	0.34
	$N_2P_2K_1$	1	5.26	0.8	0.23
	$N_2P_2K_3$	1	5.56	1.2	0.31
	$N_3P_2K_2$	1	5.56	1.0	0.25
	$N_1P_2K_2$	1	5.56	1.2	0.34
	$N_1P_2K_1$	1	5.56	1.0	0.29
	$N_2P_1K_1$	1	5.88	1.0	0.29

(三) 不同施肥处理芸豆田节肢动物各功能群组成特征

由表1-24可以看出, 在14种肥料处理下的田间节肢动物植食性类群中, 个体数最多的是 $N_0P_0K_0$ 214头占比52.84%, 其次为 $N_3P_2K_2$ 203头占比51.52%, $N_2P_3K_2$ 199头占比52.52%, 其他处理植食性个体数量在162~197头, 占比在48.50%~52.07%。捕食性节肢动物类群中, 个体数最多的是 $N_3P_2K_2$ 187头, 占比5.56%, 其次是 $N_0P_0K_0$ 183头占比5.26%, $N_2P_2K_3$ 182头占比5.56%。其余处理捕食性节肢动物个体数量在163~177头。中性节肢动物类群中, 个体数最多的处理是 $N_2P_1K_2$ 和 $N_1P_2K_2$ 处理各9头, 个体数量最少的是 $N_2P_3K_2$ 处理, 仅有3头, 其余处理中性节肢动物数量在4~8头。可见, 不同肥料处理芸豆田节肢动物各功能群组成中, 植食性节肢动物个体数量所占比例均最高, 然后是捕食性类群, 最后是中性类群。

(四) 不同施肥处理芸豆田节肢动物功能群多样性指数比较

由表1-25可以看出, 不同施肥处理芸豆田, 节肢动物群落植食性类群的优势集中性指数最大的是 $N_0P_0K_0$ 处理, 数值为0.2792, 最小的是 $N_2P_1K_2$ 处理, 数值为0.2304。各个处理之间优势集中性指数差异不显著。多样性指数最大的是 $N_2P_1K_2$ 处理, 数值为0.7340, 其次是 $N_2P_0K_2$、$N_2P_2K_1$ 数值分别为0.7133、0.7046, 多样性指数最少的是 $N_0P_0K_0$ 处理, 数值为0.6379, 与 $N_2P_1K_2$、$N_2P_0K_2$、$N_2P_1K_1$、$N_2P_2K_1$、$N_1P_2K_2$、$N_2P_1K_1$ 差异显著, 但是与其他处理差异不显著。均匀度最大的是 $N_2P_1K_1$ 处理为0.2725, 最小的是 $N_0P_0K_0$ 处理为0.2356, 各个处理间差异不显著。

捕食性类群的优势集中性指数最大的是 $N_2P_0K_2$ 处理, 数值为0.2401, 最小的是 $N_0P_0K_0$ 处理, 数值为0.2042, 各处理间差异不显著。多样性指数最大是 $N_0P_0K_0$ 处理, 数值为0.7943, 其次是 $N_0P_2K_2$、$N_1P_2K_2$、$N_2P_2K_2$、$N_2P_3K_2$、$N_2P_2K_3$、$N_3P_2K_2$、$N_1P_2K_2$、$N_1P_2K_1$ 处理, 数值为0.7537、0.7527、0.7644、0.7614、0.7544、

表 1-24 不同施肥处理苦豆田节肢动物各功能群组成特征

处理	植食性						捕食性						中性					
	科数	比率/%	种数	比率/%	个体数	比率/%	科数	比率/%	种数	比率/%	个体数	比率/%	科数	比率/%	种数	比率/%	个体数	比率/%
$N_0P_0K_0$	12	63.11	15	60.00	214	52.84	6	31.58	9	36.00	183	45.19	1	5.26	1	4.00	8	1.98
$N_0P_2K_2$	11	61.11	14	58.33	182	50.98	6	33.33	9	37.50	168	47.06	1	5.56	1	4.17	7	1.96
$N_1P_2K_2$	12	63.11	15	60.00	177	51.16	6	31.58	9	36.00	163	47.11	1	5.26	1	4.00	6	1.73
$N_2P_0K_2$	11	61.11	15	62.50	172	49.00	6	33.33	8	33.33	172	49.00	1	5.56	1	4.17	7	1.99
$N_2P_1K_2$	12	63.11	15	60.00	162	48.50	6	31.58	9	36.00	163	48.80	1	5.26	1	4.00	9	2.69
$N_2P_2K_2$	11	61.11	14	58.33	189	52.07	6	33.33	9	37.50	169	46.56	1	5.56	1	4.17	5	1.38
$N_2P_3K_2$	11	61.11	15	62.50	199	52.51	6	33.33	8	33.33	177	46.70	1	5.56	1	4.17	3	0.79
$N_2P_1K_1$	11	61.11	14	58.33	176	49.86	6	33.33	9	37.50	169	47.88	1	5.26	1	4.17	8	2.27
$N_2P_2K_1$	12	63.11	14	56.00	173	49.43	6	31.58	8	33.33	170	48.58	1	5.56	1	4.00	7	2.00
$N_2P_2K_3$	11	61.11	15	62.50	197	50.90	6	33.33	9	37.50	182	47.03	1	5.26	1	4.17	8	2.07
$N_3P_2K_2$	11	61.11	14	58.33	203	51.52	6	33.33	9	37.50	187	47.46	1	5.56	1	4.17	4	1.02
$N_1P_2K_2$	11	61.11	14	58.33	180	50.42	6	33.33	9	37.50	168	47.06	1	5.56	1	4.17	9	2.52
$N_1P_2K_1$	11	61.11	14	58.33	179	51.44	6	33.33	9	37.50	164	47.13	1	5.56	1	4.17	5	1.44
$N_2P_1K_1$	10	58.82	13	56.52	173	49.71	6	35.29	9	39.13	169	48.56	1	5.88	1	4.35	6	1.72

0.745 3、0.753 7、0.752 3，差异不显著；多样性指数最小的是 $N_2P_0K_2$ 处理，数值为 0.713 3，与 $N_2P_0K_2$、$N2P_1K_2$、$N_2P_2K_1$、$N_2P_1K_1$ 处理间差异不显著，但是与多样性指数最大的处理之间差异显著。均匀度最大的是 $N_2P_3K_2$ 处理，数值为 0.366 2，最小的是 $N_2P_1K_2$ 处理，数值为 0.326 5，各处理间无显著差异。

中性类群的优势集中性指数、多样性指数、均匀度各处理间都不存在显著差异。

从节肢动物群落多样性总体特征分析，由表 1-26 可以看出在 14 种肥料处理的芸豆田中，节肢动物的优势集中性指数最小是 $N_2P_1K_2$ 处理，数值为 0.299 0，最大的是 $N_0P_0K_0$ 处理，数值为 0.347 0，各处理间差异不显著。节肢动物群落总体多样性指数最大的是 $N_2P_1K_2$ 处理，数值为 1.174 4，其次是 $N_2P_0K_2$、$N_2P_2K_1$ 处理，数值分别 1.141 3、1.127 4，$N_2P_1K_2$、$N_2P_0K_2$、$N_2P_2K_1$ 处理间差异不显著。其次是 $N_0P_2K_2$、$N_1P_2K_2$、$N_2P_1K_1$、$N_2P_2K_3$、$N_1P_2K_2$、$N_2P_1K_1$ 处理，数值分别为 1.077 9、1.072 3、1.113 6、1.080 5、1.095 7、1.118 4，他们之间差异不显著，但是与 $N_2P_1K_2$、$N_2P_0K_2$、$N_2P_2K_1$ 处理间差异显著；然后是 $N_2P_2K_2$、$N_2P_3K_2$、$N_3P_2K_2$、$N_1P_2K_1$ 处理，数值分别为 1.044 2、0.039 8、1.061 1、1.063 7，彼此间差异不显著，但是与 $N_2P_1K_2$、$N_2P_0K_2$、$N_2P_2K_1$ 及 $N_0P_2K_2$、$N_2P_1K_1$、$N_2P_2K_3$、$N_1P_2K_2$、$N_2P_1K_1$ 差异显著；多样性指数数值最小的是 $N_0P_0K_0$ 处理，数值为 1.020 6，与 $N_2P_2K_2$、$N_2P_3K_2$ 处理之间差异不显著，与其他处理之间差异显著。芸豆田节肢动物群落总体的均匀度最大的处理为 $N_2P_1K_2$，数值是 0.364 8，最小的为 $N_0P_0K_0$，数值为 0.317 1，各处理间均匀度差异不显著。

表 1-25 不同施肥处理芸豆田节肢动物功能群多样性指数比较

类群	处理	优势集中性指数	多样性指数	均匀度
植食性	$N_0P_0K_0$	0.279 2	0.637 9b	0.235 6
	$N_0P_2K_2$	0.259 9	0.673 7b	0.255 3
	$N_1P_2K_2$	0.261 7	0.670 2b	0.247 5
	$N_2P_0K_2$	0.240 1	0.713 3a	0.263 4
	$N_2P_1K_2$	0.230 4	0.734 0a	0.271 0
	$N_2P_2K_2$	0.271 1	0.652 6b	0.247 3
	$N_2P_3K_2$	0.272 6	0.649 9b	0.240 0
	$N_2P_1K_1$	0.248 6	0.696 0a	0.263 7
	$N_2P_2K_1$	0.244 3	0.704 6a	0.267 0
	$N_2P_2K_3$	0.259 1	0.675 3b	0.249 4
	$N_3P_2K_2$	0.265 4	0.663 2b	0.251 3
	$N_1P_2K_2$	0.254 2	0.684 8a	0.259 5
	$N_1P_2K_1$	0.264 6	0.664 8b	0.251 9
	$N_2P_1K_1$	0.247 1	0.699 0a	0.272 5

续表

类群	处理	优势集中性指数	多样性指数	均匀度
捕食性	$N_0P_0K_0$	0.204 2	0.794 3a	0.361 5
	$N_0P_2K_2$	0.221 5	0.753 7a	0.343 0
	$N_1P_2K_2$	0.221 9	0.752 7a	0.342 6
	$N_2P_0K_2$	0.240 1	0.713 3b	0.343 0
	$N_2P_1K_2$	0.238 1	0.717 4b	0.326 5
	$N_2P_2K_2$	0.216 8	0.764 4a	0.347 9
	$N_2P_3K_2$	0.218 1	0.761 4a	0.366 2
	$N_2P_1K_1$	0.229 2	0.736 5b	0.335 2
	$N_2P_2K_1$	0.236 0	0.722 0b	0.328 6
	$N_2P_2K_3$	0.221 2	0.754 4a	0.362 8
	$N_3P_2K_2$	0.225 2	0.745 3a	0.339 2
	$N_1P_2K_2$	0.221 5	0.753 7a	0.343 0
	$N_1P_2K_1$	0.222 1	0.752 3a	0.342 4
	$N_2P_1K_1$	0.235 8	0.722 4b	0.328 8
中性	$N_0P_0K_0$	1	0a	0
	$N_0P_2K_2$	1	0a	0
	$N_1P_2K_2$	1	0a	0
	$N_2P_0K_2$	1	0a	0
	$N_2P_1K_2$	1	0a	0
	$N_2P_2K_2$	1	0a	0
	$N_2P_3K_2$	1	0a	0
	$N_2P_1K_1$	1	0a	0
	$N_2P_2K_1$	1	0a	0
	$N_2P_2K_3$	1	0a	0
	$N_3P_2K_2$	1	0a	0
	$N_1P_2K_2$	1	0a	0
	$N_1P_2K_1$	1	0a	0
	$N_2P_1K_1$	1	0a	0

表1-26 不同施肥处理芸豆田节肢动物多样性指数比较

处理	优势集中性指数	多样性指数	均匀度
$N_0P_0K_0$	0.347 0	1.020 6d	0.317 1
$N_0P_2K_2$	0.316 9	1.077 9b	0.339 2
$N_1P_2K_2$	0.315 1	1.072 3bc	0.333 1
$N_2P_0K_2$	0.311 6	1.141 3a	0.359 1
$N_2P_1K_2$	0.299 0	1.174 4a	0.364 8
$N_2P_2K_2$	0.306 3	1.044 2cd	0.328 6
$N_2P_3K_2$	0.305 0	1.061 1c	0.333 9

续表

处理	优势集中性指数	多样性指数	均匀度
$N_2P_1K_1$	0.328 0	1.113 6b	0.350 4
$N_2P_2K_1$	0.332 3	1.127 4a	0.350 2
$N_2P_2K_3$	0.317 7	1.080 5b	0.340 0
$N_3P_2K_2$	0.336 7	1.039 8cd	0.327 2
$N_1P_2K_2$	0.322 4	1.095 7b	0.344 8
$N_1P_2K_1$	0.312 4	1.063 7c	0.334 7
$N_2P_1K_1$	0.329 5	1.118 4b	0.356 7

三、结论与讨论

14种肥料处理的芸豆田中节肢动物数量最少的是$N_2P_1K_2$处理，最多的是对照组$N_0P_0K_0$处理，这两种处理间差异显著。说明$N_2P_1K_2$处理对节肢动物数量影响最大。芸豆田群落整体的均匀度和优势集中性指数在各个肥料处理之间不存在显著差异，多样性指数之间存在差异，最大的是$N_2P_1K_2$处理，而最小的是对照组$N_0P_0K_0$处理，说明施肥处理促进作物的生长发育，也有利于节肢动物的发生，有利于生物多样性的增加。但是不合理的肥料处理，也会增加害虫的为害，例如$N_3P_2K_2$处理增加植食性节肢动物的数量和比例，降低群落多样性指数和群落均匀度。

肥料的不合理使用是影响作物产量、导致害虫为害的因素之一。目前有关芸豆施肥对芸豆田节肢动物群落的影响研究较为缺乏。已有报道都是对纯施氮肥对其他作物节肢动物和害虫的研究。本研究首次对氮磷钾肥配比施用下的芸豆节肢动物群落结构特征进行了系统的研究。初步研究掌握了不同氮磷钾使用量下对芸豆田节肢动物群落结构及多样性指数的影响。此研究可为黑龙江省芸豆的安全生产提供理论依据。

第六节　黑龙江省蝗虫种类及其天敌多样性调查研究

黑龙江省是我国10个拥有草原的省份之一。黑龙江省草地面积433万hm^2，蝗虫每年平均发生面积为133万hm^2，成灾面积为66万~87万hm^2。近几年，由于黑龙江省西部常年气候干旱，冬季气温偏高等原因，蝗虫在黑龙江省西部农牧地带的发生率逐年上升，虫口密度达到300~500头/m^2，甚至更高，严重影响农牧业生产的发展。通过田间调查发现，食用豆田蝗虫发生的种类和数量有逐年上升的趋势，蝗虫的为害也成为制约其产量的主要因子之一。因此，有效控制蝗灾的暴发势在必行。物种多样性是生物多样性的重要组成部分，对维系生态系统平衡起着至关重要的作用。掌握优势种蝗虫的种群动态和蝗虫的物种多样性是防治蝗虫的核心问题。许多学者研究了不同生态系统中蝗虫的发生为害及物种多样性的特点。但由于黑龙江省特殊的地理环境，相关研究内容相对较少。因此，调查研究黑龙江省西部地区蝗虫、天敌种群的种类组成及多样性特点，掌握蝗虫及天敌种群多样性及分布情况，对于维系作物田生态平衡控制蝗虫大面积暴发起着关键性的作用。

一、材料与方法

(一) 蝗虫种类调查

1. 调查地点

为了能比较全面地了解黑龙江省蝗虫种类情况，选择了黑龙江省大庆、依安、肇源、肇州、杜尔伯特、绥化、龙江、甘南、林甸、双城若干区域为蝗虫种类的普查地点。

2. 调查时间

在每年的 5—10 月，每月调查一次，普查蝗虫的种类，并统计数量；系统调查地点选择黑龙江省大庆市红岗区、肇源和林甸 3 个地点，在蝗虫发生期 5—10 月进行调查，每 5 d 调查一次。

3. 调查方法

采用网捕法（扫网口径 45 cm，网深 50 cm，柄长 100 cm），每个调查地块随机取 5 点，每点 10 m²，每点 10 个网复，共计 50 网（一个来回为一网复）。同时，以不定点的随机查看作为种类的补充调查。记录蝗虫的种类及数量，未知种类首先进行编号，统计数量后带回室内进行鉴定。

4. 鉴定方法

利用相关的分类图书、图谱、专著或检索等书籍进行核对。确定无误时定名。对于不能确定的种类，请相关专家鉴定。

(二) 天敌种类调查方法

在蝗虫种类调查中，同时进行天敌种类和数量调查。对于捕食性天敌，每个调查地块随机选取 10~15 点，每点查 1 m²，除采用捕虫网进行取样，还根据目测法补充确定。寄生性天敌根据调查时的寄生数量和寄生率情况进行统计，春季和秋季挖掘蝗卵进行调查卵寄生性天敌。统计出各种天敌在 5—10 月的消长规律。

(三) 计算公式及数据处理

1. 物种优势度指数

采用 Berge-Parker (1974) 优势度指数，计算公式如下。

$$d = N_i/N$$

式中，d 为优势度指数，N_i 为优势种群数量，N 为群落中全部物种种群数量。

2. 物种丰富度 (Species richness)

本试验对于丰富度的统计直接用样方内物种数目 (S)。

3. 物种多样性指数 Shannon-Wiener 信息多样性指数 (H′)

Shannon-Wiener (1963) 多样性指数计算公式如下。

$$H' = EP_i \cdot \ln P_i$$

式中，$P_i = N_i/N$；N_i 为第 i 种的个体数；N 为样地中所有物种的总个体数；S 为样地中物种数。

4. Pielou 均匀度指数（Indexes of Evenness）

种群的均匀度（Evenness）采用 Pielou（1969）提出的均匀度指数（J）计算公式如下。

$$J = H'/H'\max \text{（其中 } H'\max = \ln S\text{）} \text{ 或 } J = -EP_i \ln P_i / ns$$

式中，P_i 为第 i 种生物的个体数占生物总数的比例；S 为丰富度即生物种类的总数；N_i 为群落中第 i 种生物的个体数量；N 为群落中各物种 i 的数量的总和。

试验中所有采集数据主要应用 SPSS 数据分析软件进行分析。

二、结果与分析

（一）蝗虫及天敌种类组成

2010—2014 年对黑龙江省西部地区草原蝗虫及其天敌种类进行调查，5 年期间共采集蝗虫样本 16 065 头，天敌样本 23 680 头。蝗虫种类共有 18 种，隶属于 8 科。其中，斑翅蝗科 8 种，分别为亚洲飞蝗、轮纹异痂蝗、亚洲小车蝗、黄胫小车蝗、大垫尖翅蝗、小垫尖翅蝗、赤翅蝗、疣蝗；网翅蝗科 2 种，分别是宽翅曲背蝗和白边雏蝗；斑腿蝗科 2 种，分别是中华稻蝗和短星翅蝗；锥头蝗科 1 种为短额负蝗；槌角蝗科毛足棒角蝗、北京棒角蝗 2 种，剑角蝗科中华剑角蝗 1 种，菱蝗科日本菱蝗 1 种，癞蝗科笨蝗 1 种。可见斑翅蝗科蝗虫种类最多（表 1-27）。

表 1-27 黑龙江省西部地区蝗虫种类组成

种名	拉丁学名	科
亚洲飞蝗	*Locusta migratoria*	斑翅蝗科
轮纹异痂蝗	*Br. tuberculatum dilutum*	斑翅蝗科
亚洲小车蝗	*Oedaleus asiaticus*	斑翅蝗科
黄胫小车蝗	*Oedaleus infernalis*	斑翅蝗科
大垫尖翅蝗	*Epacromius coerulipes*	斑翅蝗科
小垫尖翅蝗	*Epacromius tergestinus*	斑翅蝗科
赤翅蝗	*Celes skalozubovi*	斑翅蝗科
疣蝗	*Trilophidia annulata*	斑翅蝗科
宽翅曲背蝗	*Pararcyptera microptera*	网翅蝗科
白边雏蝗	*Chorthippus albomarginatus*	网翅蝗科
短星翅蝗	*Calliptamus abbreviatus*	斑腿蝗科
中华稻蝗	*Oxya chinensis*	斑腿蝗科
毛足棒角蝗	*Dasyhippus barbipes*	槌角蝗科
北京棒角蝗	*Dasyhippus peipingensis*	槌角蝗科
短额负蝗	*Atractomorpha sinensis*	锥头蝗科
中华剑角蝗	*Acrida cinerea*	剑角蝗科
日本菱蝗	*Tetrix japonicus*	菱蝗科（蚱科）
笨蝗	*Haplotropis brunneriana*	癞蝗科

蝗虫天敌共有14种，其中捕食蝗虫的昆虫有6种，分别是虎甲、步甲、螳螂、螽斯和捕食蝗卵的斑芫菁，捕食蝗虫的蜘蛛有6种，分别是星豹蛛、草间小黑蛛、三突花蛛、横纹金蛛、大腹园蛛和一种新园蛛。寄生蝗虫的天敌有2种，分别是一种麻蝇和一种绒螨（表1-28）。除了表中列出的天敌外，还有喜鹊、乌鸦、麻雀、家燕、金腰燕、云雀、雉鸡、普通燕鸻、红隼和大鸨等鸟类也是蝗虫的捕食性天敌。

表1-28 黑龙江省西部地区蝗虫天敌种类

物种种类	拉丁学名	取食虫态
麻蝇科 蝇1种	*Sarcophagidae* sp.	寄生成虫
虎甲科 虎甲1种	*Cicindela* sp.	捕食若虫、成虫
斑芫菁 斑芫菁1种	*Mylabris* sp.	取食蝗卵
步甲科 金星步甲	*Calosoma chinense*	捕食若虫、成虫
螳螂科 中华大刀螂	*Paratenodera sinensis*	捕食若虫、成虫
螽斯科 螽斯2种	*Tettigonioidea*. ssp.	捕食若虫、成虫
狼蛛科 星豹蛛	*Pardosa astrigera*	捕食若虫、成虫
微蛛科 草间小黑蛛	*Erigonidium graminicolum*	捕食若虫、成虫
蟹蛛科 三突花蛛	*Misumenopos tricuspidata*	捕食若虫、成虫
园蛛科 横纹金蛛	*Argiope bruennichi*	捕食若虫、成虫
园蛛科 大腹园蛛	*Araneus ventricosus*	捕食若虫、成虫
园蛛科 新园蛛1种	*Neoscona* sp.	捕食若虫、成虫
绒螨科 绒螨	*Trombidiidae* sp.	寄生若虫、成虫

（二）蝗虫及天敌种群的优势度指数

对黑龙江省西部草原蝗虫及天敌种群的发生情况进行调查分析，由表1-29可以看出，5月发生的蝗虫种类有笨蝗、中华稻蝗、短星翅蝗、宽翅曲背蝗、毛足棒角蝗、北京棒角蝗、黄胫小车蝗、亚洲小车蝗8种，优势度指数最高的是宽翅曲背蝗，优势度指数为0.4110，之后随着月份的变化宽翅曲背蝗的优势度逐渐降低。进入6月以后，蝗虫种类及数量逐渐增多，7月、8月达到最高峰18种，轮纹异痂蝗和白边雏蝗发生数量较少，在7月、8月仅少量发现。6月、7月、8月黄胫小车蝗、大垫尖翅蝗优势度指数最高，分别为0.1582、0.1519、0.1993、0.1969、0.1568、0.1659。进入9月，蝗虫种类和数量开始下降，10月仅有疣蝗、短额负蝗、大垫尖翅蝗、黄胫小车蝗和亚洲小车蝗5种。9月、10月黄胫小车蝗和大垫尖翅蝗仍处于优势地位，其优势度指数分别为0.2623、0.2842和0.3143、0.3429。总之，6—10月，黄胫小车蝗、大垫尖翅蝗优势度指数均高于其他种类，大垫尖翅蝗发生较晚，在9月和10月优势度指数相对较高。

由表1-30看出，5月蝗虫的天敌有捕食性的昆虫和蜘蛛发生，但是数量少，优势度指数最高的是斑芫菁。进入6月后天敌种类和数量剧增，10月种类和数量骤降。6—10月优势度指数高的物种均是三突花蛛和大腹园蛛。寄生性天敌优势度指数偏低。

表 1-29　蝗虫种群的优势度指数

物种种类	5月	6月	7月	8月	9月	10月
亚洲飞蝗	0	0.006 3	0.009 9	0.015 9	0.021 9	0
黄胫小车蝗	0.068 5	0.158 2	0.199 3	0.156 8	0.262 3	0.314 3
亚洲小车蝗	0.034 2	0.072 8	0.066 4	0.088 6	0.109 3	0.085 7
大垫尖翅蝗	0	0.151 9	0.196 9	0.165 9	0.284 2	0.342 9
小垫尖翅蝗	0	0.023 2	0.017 8	0.025 7	0.018 0	0
赤翅蝗	0	0.003 2	0.016 6	0.022 7	0.016 4	0
疣蝗	0	0.012 7	0.042 7	0.052 4	0.038 3	0.057 1
轮纹异痂蝗	0	0.015 8	0.021 3	0.020 5	0	0
宽翅曲背蝗	0.410 9	0.101 3	0.075 9	0.050 0	0.010 9	0
中华稻蝗	0.164 4	0.151 9	0.109 1	0.097 7	0.016 4	0
白边雏蝗	0	0	0.023 7	0.022 7	0.021 9	0
短星翅蝗	0.068 5	0.041 1	0.030 8	0.031 8	0.065 6	0
毛足棒角蝗	0.109 6	0.094 9	0.034 4	0.011 4	0	0
北京棒角蝗	0.017 1	0.005 5	0.006 2	0.004 1	0	0
中华剑角蝗	0	0.000 1	0.018 9	0.038 6	0.010 9	0
短额负蝗	0	0.028 5	0.068 8	0.111 4	0.082 0	0.200 0
笨蝗	0.089 0	0.022 2	0.021 4	0.022 7	0	0
日本菱蝗	0	0.082 3	0.023 7	0.040 9	0.027 3	0

表 1-30　蝗虫天敌种群的优势度指数

物种种类	5月	6月	7月	8月	9月	10月
一种寄生蝇	0	0.015 9	0.018 3	0.039 5	0.013 7	0
虎甲	0.097 6	0.026 5	0.043 2	0.022 9	0.018 3	0
斑芫菁	0.243 9	0.053 0	0.074 6	0.038 3	0.018 3	0
金星步甲	0.073 2	0.022 9	0.023 6	0.016 6	0.013 7	0
中华大刀螂	0	0.026 5	0.026 2	0.049 8	0.09 61	0.144 9
螽斯	0.219 5	0.047 7	0.048 5	0.034 4	0.011 4	0
星豹蛛	0.048 8	0.159 0	0.14 27	0.139 0	0.137 3	0.159 4
草间小黑蛛	0.024 4	0.113 0	0.083 8	0.081 6	0.096 1	0.144 9
三突花蛛	0.292 7	0.199 6	0.147 9	0.150 5	0.352 4	0.492 8
横纹金蛛	0	0.051 2	0.038 0	0.039 5	0.032 0	0
大腹园蛛	0	0.151 9	0.154 5	0.176 0	0.054 1	0.057 9
新园蛛	0	0.079 5	0.068 1	0.058 7	0.064 1	0
绒螨	0	0.053 0	0.130 9	0.153 1	0.091 5	0

（三）蝗虫优势种群数量动态变化

蝗虫种群随时间的动态变化如图 1-10。5—10 月，黄胫小车蝗发生数量一直最多且在 8 月发生数量达到所有物种最高值为 84 头。中华稻蝗和宽翅曲背蝗发生时间较早，7 月均达到最多数量，分别为 50 头和 27 头，8 月末数量明显减少。大垫尖翅蝗发生相对比较稳定，而亚洲小车蝗的种群数量均在 8 月有明显上升且达到最高值 39 头。短额负蝗发生较晚，6 月末出现，8 月末发生数量最高。10 月初天气转冷，随着草原杂草的枯萎，蝗虫种类、数量骤减。一般在背风、向阳的草原地带还有一些蝗虫存在。

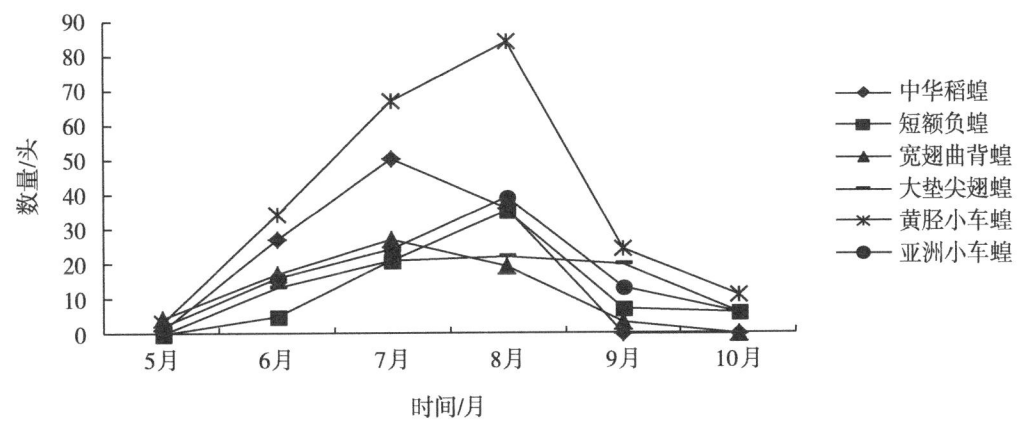

图 1-10　大庆地区蝗虫优势种发生动态

（四）蝗虫及天敌种群多样性分析

对黑龙江省西部蝗虫的种群多样性、丰富度、均匀度和优势集中性指数等进行统计分析，发现种群的多样性和物种丰富度、优势度、均匀度有着紧密的联系。5—7月，随着季节的变化，物种丰富度不断增加，种群多样性也越来越大。7 月和 8 月蝗虫的种类、个体数量达到最高值，多样性指数均高于其他月份，所以 7 月和 8 月是蝗虫发生高峰期。5 月的丰富度比 10 月的丰富度略大，10 月种群优势度高于 5 月，10 月相对 5 月多样性低、均匀度差，同时，也低于其他月份。致使物种的均匀度最低（表 1-31）。

天敌发生情况与蝗虫相似，5 月和 10 月物种少，多样性指数低。6—9 月，天敌种类和数量先增多后下降，多样性指数和均匀度也呈现先增加后下降的趋势（表 1-32）。可见，7 月、8 月蝗虫发生数量多，天敌数量也多，天敌与害虫的发生趋势较一致，相互跟随。

表 1-31　蝗虫种群多样性指数

时间	丰富度 (S)	总数 (N)	优势度 (D)	多样性 (H')	均匀度 (J)	优势集中性指数
5 月	8	18	0.410 9	1.672 1	0.804 1	0.226 7
6 月	16	158	0.158 2	2.293 3	0.827 1	0.108 5
7 月	18	420	0.199 3	2.429 0	0.840 4	0.112 4
8 月	18	440	0.165 9	2.516 2	0.870 5	0.094 3

续表

时间	丰富度(S)	总数(N)	优势度(D)	多样性(H')	均匀度(J)	优势集中性指数
9月	14	92	0.284 2	1.962 8	0.743 8	0.176 8
10月	5	18	0.342 9	0.941 4	0.584 9	0.266 9

表1-32 蝗虫天敌种群多样性指数

时间	丰富度(S)	总数(N)	优势度(D)	多样性(H')	均匀度(J)	优势集中性指数
5月	7	21	0.243 9	1.692 9	0.870 0	0.211 2
6月	13	566	0.199 6	2.301 9	0.897 4	0.120 0
7月	13	764	0.154 5	2.362 9	0.921 2	0.107 7
8月	13	784	0.176 0	2.323 6	0.905 9	0.115 6
9月	13	92	0.352 4	2.070 3	0.807 1	0.179 2
10月	5	7	0.492 8	1.366 4	0.849 0	0.313 6

三、结论与讨论

（一）结论

蝗虫种类调查研究是蝗虫物种多样性研究中最基础、最核心的内容。根据近几年的调查结果发现黑龙江省蝗虫共计18种，其中黄胫小车蝗、亚洲小车蝗、大垫尖翅蝗、中华稻蝗、宽翅曲背蝗、短额负蝗为优势种，亚洲小车蝗和大垫尖翅蝗发生为害持续时间较长，发生数量大，是黑龙江省蝗虫的主要为害种群。亚洲飞蝗2009年在黑龙江省大发生后，近几年发生数量少，仅在个别地方零星存在。蝗虫天敌种类较多，调查节肢动物天敌种类共计14种。调查结果对于黑龙江省蝗虫的治理和维护草原生态平衡具有重要指导意义。

（二）讨论

目前全世界范围内已报道的蝗虫有9科，2 261属，10 136种，我国记载并鉴定的蝗总科昆虫有8科，234属，862种（含亚种）。在黑龙江省，共整理和发现蝗虫84种，它们分别隶属于6科32属，但是时间和地区不同，蝗虫种类发生也不相同。近些年黑龙江省增加很多新种蝗虫，2000年赵岩等对黑龙江省内新种蝗虫的分布进行统计，一共发现新种14种，即五常翘尾蝗、镜泊湖翘尾蝗、宁安翘尾蝗、尾山无翅蝗、红足跃度蝗、长须跃度蝗、绿跃度蝗、牡丹江跃度蝗、克山康蝗、额左旗雏蝗、克山雏蝗、水边异爪蝗、黑龙江金色蝗和佳木斯金色蝗，在本文的调查中均没有发现，主要是由于不同地区蝗虫种群分布存在一定的差异。周艳丽在2005—2006年调查中发现黑龙江省西部主要为害种有8种，它们是中华稻蝗、毛足棒角蝗、宽翅曲背蝗、大垫尖翅蝗、亚洲小车蝗、宽须蚁蝗、轮纹痂蝗、白边雏蝗，而本试验在大庆地区发现的18种蝗虫中没有宽须蚁蝗，其他 7 种均有。对黑龙江省杜蒙草地蝗虫的调查中发现，中华稻蝗、毛足棒角蝗、宽翅曲背蝗和大垫尖翅蝗为主要发生种类，另在杜蒙地区发现红翅皱膝蝗、条纹鸣蝗和狭翅雏蝗、鼓翅皱膝蝗和葱草绿蝗，在本试验的调查中，并没有发现这几种蝗虫，可能是调查具体地点有差异，导致蝗虫种类不同；也可能这几种蝗虫不是优势种，发生数量少，调查时没有发现。

王哲玮在 2011—2012 年对黑龙江省西部草原蝗虫群落动态研究中，在黑龙江省西部草原早发生型蝗虫有中华稻蝗、宽翅曲背蝗、毛足棒角蝗和宽须蚁蝗，晚发生型有大垫尖翅蝗、笨蝗、亚洲小车蝗、黄胫小车蝗等 11 种，并随着季节的转换、温度变化，蝗虫科、属、种类数量以及个体数量呈现逐渐增多或减少的变化规律。蝗虫种群动态是蝗虫种群生态学研究的核心，对其变化规律的研究在有效预测和防治蝗灾的发生方面具有重要的理论和应用价值。本研究发现中华稻蝗、宽翅曲背蝗发生较早，前期发生数量较大；短额负蝗发生较晚，后期发生数量相对较多。亚洲小车蝗和大垫尖翅蝗 5 月末发生，持续时间较长，发生数量大，是黑龙江省西部地区蝗虫的主要为害种群。黑龙江省西部地区 7 月、8 月蝗虫物种丰富度最高，且蝗虫种群多样性指数明显升高。在此研究基础上，以后将对黑龙江省优势种蝗虫的发生动态、与植被的生态关系进行系统的调查研究。关于蝗虫天敌的研究，在国外学者 Kiinke l D Herculais 经过对非洲阿尔及利亚的蝗虫及天敌的研究后，将蝗虫天敌划分为捕食性、寄生性和病原物三类。我国报道的对蝗虫有抑制作用的天敌有昆虫、菌类、蜘蛛、线虫、鸟类、蛙类、蛇等。国外已有较详细报道的蝗虫天敌昆虫种类近 10 种，国内已报道的各类蝗虫的天敌昆虫种类超过 70 种。近些年我国已有很多地区选择用天敌防治蝗虫，例如，飞蝗黑卵蜂是以东亚飞蝗为主要寄主的寄生蜂；在内蒙古、青海、新疆等地先后成功开展了利用粉红椋鸟、牧鸡、生防菌等防治草原蝗虫，取得了不错的防治效果。天敌控制蝗虫虽然不如化学防治来的快速有效，但是对于控制蝗虫大面积暴发起着关键的作用。黑龙江省地域广阔，蝗虫的天敌资源丰富。天敌对抑制蝗虫种群数量、减少群集和群集种群的增长速度、维护营养链平衡起到非常重要的作用。

掌握优势种蝗虫的种群动态是防治蝗虫的核心问题。物种多样性是生物多样性的重要组成部分，掌握蝗虫种群多样性及分布情况，对于维系生态平衡控制蝗虫大面积暴发起着关键性的作用。因此，研究蝗虫种群多样性对蝗虫种群的动态变化能进行有效的监测，并为蝗区环境条件的改造提供必要的理论依据。试验由于在有限的调查地点和时间对蝗虫进行田间种群调查，调查结果存在误差和局限性，因此蝗虫的发生种类及蝗虫不同种群的发生规律等仍需进一步调查研究。

第二章 食用豆田豆蚜发生特点研究

第一节 豆蚜发生动态调查

近年来，豆蚜（*Aphis craccivora* Koch）的发生越来越重，对红小豆的产量影响很大，为了明确豆蚜的发生规律，在红小豆的生长期，对豆蚜的发生期及发生数量进行了调查，以其为豆蚜的防治提供依据。

一、试验方法

（一）调查方法

从红小豆出苗开始调查直至成熟前，采用5点取样，每点20株，3 d调查一次，记录调查日期及植株上的豆蚜的数量。

（二）调查地点

黑龙江八一农垦大学实验基地（大庆）红小豆植株区（种植面积约0.2 hm^2）。

（三）数据分析方法

豆蚜发生程度分为6级，分级标准如下。

0级（无发生）：0；
1级（轻发生）：$0 < X \leqslant 10$；
2级（中等偏轻发生）：$10 < X \leqslant 50$；
3级（中等发生）：$50 < X \leqslant 100$；
4级（中等偏重发生）：$100 < X \leqslant 200$；
5级（大发生）：$X > 200$。

被害率及被害指数的计算方法如下。

$$被害率（\%）= 被害株数/调查总数 \times 100$$

$$被害指数（\%）= \frac{\sum（各级值 \times 相应株数）}{总株数 \times 最高级值} \times 100$$

二、结果与分析

（一）红小豆田豆蚜田间发生数量动态

由表2-1可知，豆蚜数量随时间的变化是先增加后下降的趋势。在6月12—25日，单株蚜量剧增，6月25日时，增加到平均5.15头/株，103头/百株。之后豆蚜数量逐渐下降，到7月14日下降到平均0.15头/株。

(二) 红小豆田豆蚜为害情况

豆蚜在红小豆田的为害情况用植株被害率和为害指数来表示。由表2-1可知，红小豆被害率随着时间的延长被害率随之增加，豆蚜短期内迅速扩散，到6月25日红小豆的被害率达到最高为63%。

被害指数随时间呈上升趋势，6月12—25日，被害指数在0~40.7，即在6月25日被害指数达到最大，之后又下降。自6月28日至7月14日被害指数在35.8~26.7波动。

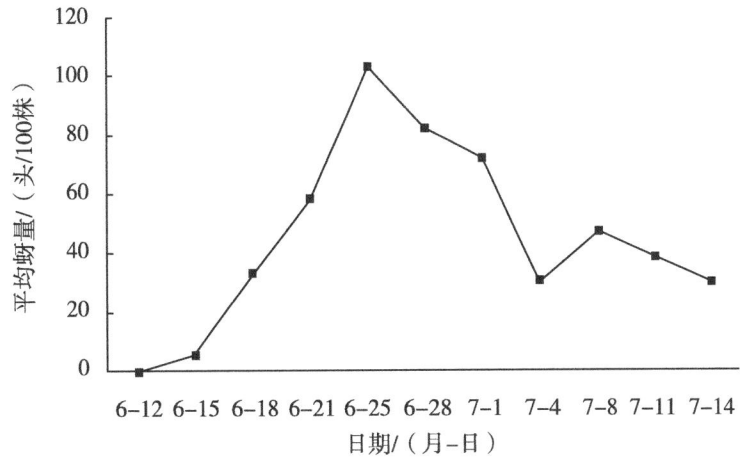

图 2-1 豆蚜的田间发生动态

表 2-1 红小豆被害情况

调查日期	单株蚜量/(头/株)	红小豆被害率/%	红小豆被害指数
6-12	0	0	0
6-15	0.28	11	11.0
6-18	1.67	26	22.3
6-21	2.95	46	31.7
6-25	5.15	63	40.7
6-28	4.11	—	32.7
7-1	3.61	—	35.8
7-4	1.55	—	28.2
7-8	2.37	—	33.7
7-11	1.92	—	26.7
7-14	0.15	—	30.5

三、结论与讨论

豆蚜在红小豆田的发生规律是先升后降，苗期发生轻，生长中期发生重，6月25日左右豆蚜发生数量达到顶峰，由于7月雨水较大，之后豆蚜数量逐渐减少，因此，大庆豆蚜的重点防治期在6月下旬至7月上旬。豆蚜发生受气候影响很大，各地因气候条件不同，豆蚜的发生情况也不尽相同，因此应根据各地的具体情况确定防治时期。

第二节 温度对豆蚜生长发育及繁殖影响研究

温度是对昆虫的生长发育、繁殖、代谢速率等生命活动变化产生影响的最显著因子。据相关报道，因全球气候变暖，季节变化差异大而增大了昆虫的繁殖率，并为越冬提供条件。同时，这些变化也让害虫具备更有利的生存条件，使作物受害面积加重。

豆蚜是为害杂豆的主要害虫之一，近几年随着杂豆种植面积的推广、种植方式的改变以及化学农药的施用等因素影响，豆蚜为害出现逐年加重的趋势。本研究设置5个不同温度，观察豆蚜的生长发育和繁殖情况，探究温度对豆蚜的生长发育和繁殖的影响，为豆蚜的综合治理提供科学依据。

一、材料与方法

（一）供试虫源

在黑龙江八一农垦大学试验田采集豆蚜，并移接到室内进行盆栽饲养，繁殖3代做试验虫源。

（二）试验材料

恒温箱调至 L：D = 16 h：8 h 相对湿度为75%的条件下，设定5个温度分别为25 ℃、28 ℃、30 ℃、35 ℃和室温，在培养皿底部平铺稍湿润的滤纸，然后放入与培养皿底部大小一致的绿豆苗。每个温度下放置3组处理，每组处理为10个培养皿，每个培养皿中接入1头豆蚜1龄若虫。每天记录豆蚜的蜕皮次数、蜕皮时间、产蚜量及是否有死亡和死亡时间等（绿豆幼苗和滤纸每8 h更换一次，保证叶片新鲜）。

（三）数据分析

统计豆蚜的各虫龄存活率、死亡率、发育历期、寿命及产蚜量。数据使用Microsoft Excel 2003、SPSS 19.0进行处理。

二、结果与分析

（一）不同温度下豆蚜各虫龄存活率

由表2-2可知，豆蚜1龄若虫在5个温度下的存活率分别为：室温和28 ℃时存活率最高可达到100%，25 ℃和30 ℃也达到90%以上，而35 ℃的存活率仅为60%并与其他温度的存活率有极显著差异。2龄若虫时室温和28 ℃存活率100%，25 ℃和30 ℃达到 80% 以上，而 35 ℃ 在 2 龄时存活率仅为 56%。当若虫至 3 龄时 35 ℃ 的存活率有所上升但仍与其余温度存在极显著差异。当若虫至 4 龄时，28 ℃ 与 30 ℃ 之间无差异但与 25 ℃ 呈显著差异，而与 35 ℃ 为极显著差异；由此可知，豆蚜的存活率是随温度的上升而变大，当达到最适温度时存活率值为最大，但达到最大存活率后反会随温度的上升而下降。可见当温度为 28 ℃、30 ℃ 时是蚜虫的最适温度范围，而 35 ℃ 时，各龄若虫存活率均较低，对豆蚜的生长发育不利。

表 2-2 不同温度下豆蚜各虫龄存活率　　　　　　　　　　　　单位：%

温度/℃	1 龄若虫	2 龄若虫	3 龄若虫	4 龄若虫
室温	100±0.00aA	100±0.00aA	93±0.07aA	86±0.13abA
25	97±0.03aA	86±0.02abA	84±0.02aA	70±0.26bB
28	100±0.00aA	100±0.00aA	87±0.12aA	92±0.08aA
30	93±0.07aA	89±0.13bB	88±0.11aA	91±0.09aA
35	60±0.32bB	56±0.34cC	70±0.26bB	43±0.40cC

注：表中数据为平均值±标准差，同一行数据后有相同小写字母表示经 SSR 法多重比较后差异不显著（$P \geqslant 0.05$），相同大写字母表示极不显著（$P \geqslant 0.01$），下同。

（二）不同温度下豆蚜的发育历期

由表 2-3 可知：在 5 个不同温度中：2 龄时 25 ℃、28 ℃、30 ℃、35 ℃ 和室温 5 个温度下豆蚜历期分别为 1.53 d、1.08 d、1.30 d、1.48 d 和 1.23 d，28 ℃、30 ℃ 和室温三者为差异不显著，而与 35 ℃ 成极显著差异；3 龄时 25 ℃、28 ℃、30 ℃、35 ℃ 和室温 5 个温度下豆蚜历期分别为 1.30 d、1.06 d、0.82 d、1.36 d 和 0.90 d，室温与 28 ℃ 和 30 ℃ 之间显著差异而与 25 ℃ 和 35 ℃ 呈极显著差异；4 龄时 25 ℃、28 ℃、30 ℃、35 ℃ 和室温 5 个温度下豆蚜历期分别为 1.17 d、1.04 d、0.95 d、1.23 d 和 0.91 d，室温与 28 ℃ 和 30 ℃ 之间显著差异而与 25 ℃ 和 35 ℃ 呈极显著差异；5 龄时 25 ℃、28 ℃、30 ℃、35 ℃ 和室温 5 个温度下豆蚜历期分别为 1.27 d、1.29 d、1.19 d、1.46 d 和 1.00 d，28 ℃、25 ℃ 和 30 ℃ 之间差异显著而与室温和 35 ℃ 呈极显著差异；6 龄时 25 ℃、28 ℃、30 ℃、35 ℃ 和室温 5 个温度下豆蚜历期分别为 1.57 d、1.25 d、1.25 d、1.69 d 和 0.83 d，28 ℃ 和 30 ℃ 之间无差异而与 25 ℃ 和 35 ℃ 呈极显著差异。由此数据我们可看出，豆蚜随温度的上升从而缩减了龄期的天数，但随温度升高龄期缩短到一定天数时反而温度升高龄期增长。

表 2-3 不同温度下豆蚜的发育历期　　　　　　　　　　　　单位：d

温度/℃	2 龄	3 龄	4 龄	5 龄	6 龄
室温	1.23±0.30bcBC	0.90±0.31bcBC	0.91±0.48bC	1.00±0.40cC	0.83±0.24cC
25	1.53±0.86aA	1.30±0.60aA	1.17±0.50aAB	1.27±0.59bB	1.57±0.79aA
28	1.08±0.27cC	1.06±0.62bB	1.04±0.4bBC	1.29±0.56bAB	1.25±0.50bB
30	1.30±0.58bcB	0.82±0.25cC	0.95±0.67bcBC	1.19±0.59bB	1.25±0.75bB
35	1.48±0.51aA	1.36±0.24aA	1.23±0.45aA	1.46±0.46aA	1.69±0.37aA

(三) 不同温度下豆蚜寿命及产蚜量

由表 2-4 可见：豆蚜的生殖前期多为 25 ℃ 时 5.80 d，最少为 35 ℃ 时 3.57 d。而生殖期在 28 ℃ 条件下可达到最大值 5.32 d，35 ℃ 条件在生殖期最短为 2.14 d。在 25 ℃、28 ℃、30 ℃、35 ℃ 和室温 5 个温度下的产蚜量分别为 8.08 头、27.28 头、26.07 头、6.00 头和 28.57 头。28 ℃、30 ℃ 与 25 ℃、35 ℃ 呈极显著差异，产蚜量是随温度的升高而增加，在 28 ℃ 和 30 ℃ 时达到最大而后随温度升高呈下降趋势。25 ℃、28 ℃、30 ℃、35 ℃ 和室温 5 个温度下绿豆蚜的寿命分别为 7.24 d、9.44 d、8.55 d、5.14 d 和 8.33 d，28 ℃ 与其他温度存在差异。在 28 ℃ 豆蚜寿命最长。

表 2-4 不同温度下豆蚜成虫寿命和产蚜量

温度/℃	虫数/头	生殖前期/d	生殖期/d	成虫期/d	产蚜量/头	全代/d
室温	30	4.40±0.50bB	4.30±2.04abAB	4.30±2.04abAB	28.57±14.60aA	8.33±1.88abAB
25	30	5.80±1.12aA	3.32±2.02bcBC	3.03±1.74bcBC	8.08±6.49bB	7.24±2.15bB
28	30	4.60±0.71bB	5.32±3.21aA	5.12±3.81aA	27.28±22.08aB	9.44±3.36aA
30	30	4.59±1.12bB	4.33±1.64abAB	4.30±1.46abAB	26.07±11.97aA	8.55±1.58abAB
35	30	3.57±0.51cC	2.14±0.86cC	1.93±0.83cC	6.00±4.76bB	5.14±0.87cC

(四) 不同温度下豆蚜死亡率

由图 2-2 可知：35 ℃ 比 25 ℃、28 ℃、30 ℃ 和室温的死亡速度快，先达到豆蚜的 50% 死亡，且与其他温度相比其寿命最短。其他 4 个温度下，豆蚜的死亡情况趋势一致。因此，35 ℃ 下不利于豆蚜的生长发育。

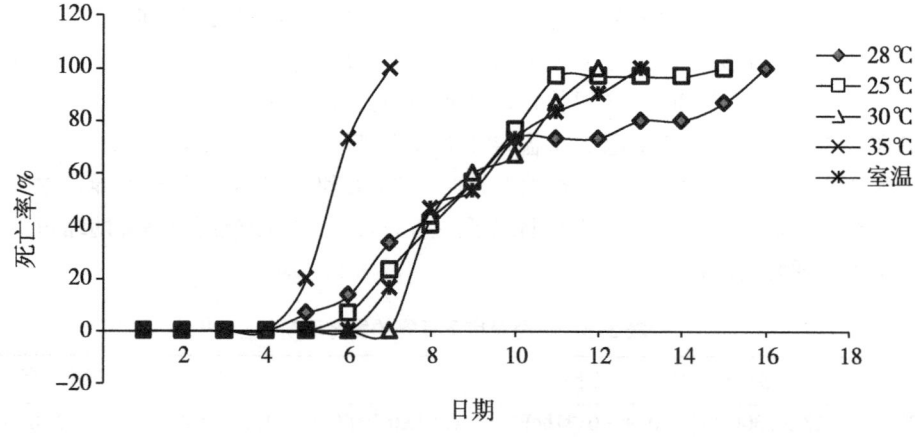

图 2-2 不同温度下的豆蚜死亡率

(五) 豆蚜在不同温度下的生育情况

由表 2-5 可知，在 25 ℃、28 ℃、30 ℃ 和室温下豆蚜 1~3 龄的存活率无明显差异，但在豆蚜 4~5 龄时 25 ℃下豆蚜的存活率降至 70%与其他温度存在差异。而 35 ℃下豆蚜的存活率在 1~4 龄若虫期间都与其他温度存在明显差异。28 ℃和 30 ℃适宜豆蚜的生长发育，35 ℃不利于豆蚜的生长发育。

表 2-5　不同温度下的豆蚜存活数量及存活率

发育期	室温	25 ℃	28 ℃	30 ℃	35 ℃
若蚜量/头	30	30	30	30	30
1 龄若虫/头	30	29	30	28	18
1 龄若虫存活率/%	100	97	100	93	60
2 龄若虫/头	30	25	30	25	10
2 龄若虫存活率/%	100	86	100	89	56
3 龄若虫/头	28	21	26	22	7
3 龄若虫存活率/%	93	84	87	88	70
4 龄若虫/头	24	15	22	20	3
4 龄若虫存活率/%	86	70	92	91	43
成虫/头	24	11	22	19	1
成虫存活率/%	100	73	100	95	33

三、结论与讨论

本试验通过对 5 个温度梯度（25 ℃、28 ℃、30 ℃、35 ℃和室温）下的豆蚜的存活率、产蚜量、发育历期及寿命等生命参数的观察，进一步了解了温度对豆蚜生长发育的影响情况。

温度是对蚜虫生长发育影响比较显著的因素，试验结果表明：在一定温度范围内，豆蚜的存活率和产蚜率是随温度的上升而变大，发育历期缩短。28 ℃和 30 ℃时存活率达到最大；产蚜量也是在 28 ℃、30 ℃时达到最大值，随后随温度升高呈下降趋势；豆蚜的发育历期在 28 ℃条件下可长达 16 d。由此可知，温度对豆蚜的生长发育、繁殖和存活率等生命参数影响都很大，本试验明确 28 ℃是豆蚜生长发育、繁殖和存活的最适温度。

第三章 绿豆对豆蚜的抗性鉴定及抗性机制研究

第一节 绿豆对豆蚜抗虫性研究概况

一、研究的目的与意义

绿豆在我国有 2 000 多年的栽培历史，是我国重要的杂粮作物之一，2017 年全国的种植面积达到 5.0×10^5 hm² 左右，黑龙江省的种植面积达到 4.7×10^4 hm²。近年来，为适应黑龙江省农业结构调整，绿豆产业迅速发展，种植面积还在逐渐扩大。

随着绿豆面积增加，种植年限的延长，绿豆田虫害的发生也随之增多，害虫发生的种类与发生情况也在不断变化，控制害虫的为害对提高绿豆产量具有重要的意义。根据多年对黑龙江寒地绿豆害虫的调查研究已了解了黑龙江省绿豆田害虫的发生情况，明确了主要害虫为豆蚜（*Aphis craccivora* Koch），且为害日趋加重。当前，虽然对豆蚜的防治比较重视，但只是初步掌握了豆蚜的化学防治措施。农药的大量不合理使用导致了"3R"现象的产生，杀死害虫的同时也杀死了害虫的天敌，使害虫失去了自然控制作用，使主要害虫再猖獗、次要害虫上升为主要害虫，不利于害虫的长期控制。因此，根据生产需求和人民生活水平的需要，对豆蚜进行绿色防控势在必行。

目前，利用植物的抗虫性来防治害虫已成为国内外最积极、最有效、最经济的防治措施。通过选育抗虫品种来防治病虫害，既可以有效地降低对环境的污染维持生态平衡，又可以减少农产品的药物残留，具有显著的经济效益、生态效益以及社会效益。因此，根据黑龙江寒地绿豆不同品种对豆蚜在生物学、生态学、生理等方面的抗性进行系统研究，可为建立适合黑龙江寒地绿色绿豆生产的虫害的可持续控制技术体系提供理论依据。

目前国内抗蚜性的研究涉及小麦、玉米、大豆、棉花及瓜类等多种作物，但关于绿豆品种抗蚜方面的研究尚未见报道。本研究拟选用黑龙江省常规种植的绿豆品种为材料，通过人工接虫和室内绿豆不同品种豆蚜实验种群生命表的建立，评价绿豆品种的抗性；并研究豆蚜为害抗感绿豆品种后，绿豆植株和豆蚜的抗性反应，明确绿豆抗蚜机理，从而对绿豆品种进行抗性评价，为绿豆抗蚜品种的选育提供理论依据，对降低农药的使用量减少环境污染有重大意义。

二、豆蚜的发生及为害特点

豆蚜（*Aphis craccivora* Koch.），隶属于昆虫纲（Insecta）、半翅目（Hemiptera）、蚜科（Aphididae），俗称腻虫或蜜虫。豆蚜别名苜蓿蚜、花生蚜，其寄主植物种类多，包括枸杞、花生、锦鸡儿、苜蓿、槐树、蚕豆、豌豆、绿豆等多种植物。

豆蚜为害绿豆时，以成虫和若虫集中在心叶和幼嫩的叶背面为害，受害后的植株多表现为叶片卷缩、植株矮小变形、生长缓慢或停滞，严重时造成枯叶，从而影响绿豆的产量，豆蚜还可传播病毒病，使绿豆减产 20%～30%，重者超过 50%。

环境条件对豆蚜的发生和繁殖影响较大，温湿度、降雨和天敌是影响豆蚜发生和繁殖的重要因素。温度 20～30 ℃，空气湿度在 50%～80%，有利于豆蚜的发生；而 25 ℃ 温度和 72%相对湿度是豆蚜种群数量增长的理论最佳温湿度组合。另有研究表明豆蚜在不同寄主植物上，对于高温的敏感性是不同的，当温度适宜时蚜虫的发生为害程度也与其取食的寄主植物的种类及营养价值高低有关。

三、植物抗虫性研究进展

植物与植食性昆虫在长期的协同进化过程中，双方形成了多种适应自身生长发育的生理生化机制。寄主植物对于昆虫的取食自身产生一系列的防御反应，即植物的抗虫性的产生，而昆虫取食寄主植物后昆虫也产生了相应的应激反应，引起昆虫体内的相应酶系活性发生变化。

（一）植物抗虫性分类

植物的抗虫性是植物对某些昆虫的种群所产生的损害具有避免或恢复能力。对于植物抗虫性的认识，许多学者从不同的角度出发对植物抗虫性进行了分类。1888 年 Stahl 将抗虫性分为物理抗性和化学抗性。1951 年 Painter 从植物抗虫作用机制的角度出发提出了植物抗虫三机制，即抗生性、耐害性和不选择性。Kogan 和 Panda 将植物抗虫性按决定抗性的因子分为生态抗性和遗传抗性。朱麟（1999）研究认为，抗虫性分为物理抗性、化学抗性、诱导抗性和扩展抗性四大类。植株抗虫机制较为复杂，不同的植物、同种植物不同的品种，对于害虫的抗性机制可能不同，目前，被世界上大多数学者所接受，并在抗虫性的研究和利用工作中应用的分类方法为 Painter 在 1951 年提出的抗虫三机制。

1. 不选择性

不选择性又称为排趋性或者忌避性。主要表现在植株的形态特征和组织结构特性等不适宜害虫的取食定殖，或者植株释放出挥发性趋避物质，驱赶昆虫的取食或产卵，从而导致昆虫不选择或不取食该植物。Handley et al.（2005）研究指出，随着植物叶片表面毛状体密度的减小，昆虫产卵偏好性也不断增强，而腺毛越稠密，着卵量就越多，受害也就越重；Yencho et al.（1994）研究发现，野生马铃薯的叶片分泌物可以趋避马铃薯甲虫的取食，另外二十八星瓢虫产卵时，对马铃薯叶片的形状具有选择性。

2. 抗生性

抗生性是作物遭受害虫为害后表现出来的一种抗虫机制，是由植物体内的生理生化物质的含量决定的。植物体内的营养物质是植食性昆虫的营养来源，当植物体内的营养物质不能满足昆虫的需求或者植物体含有某种有毒物质，害虫取食后导致生长发育迟缓、寿命缩短、生殖力减弱等，导致昆虫死亡率增加。如 Nasr et al.（2009）研究发现，当小麦品种受蚜害后，抗虫品种可溶糖的下降幅度小；王琛柱等（1997）研究发现，植株体内的棉酚和单宁能够影响昆虫的肠蛋白酶活性，降低昆虫的消化能力；Li et al.（2014）研究发现，次生代谢物乌头酸和芦竹碱也是小麦防御蚜虫的重要物质。

3. 耐害性

植物的耐害性是植物被昆虫为害后植物本身产生的一种增值和补偿能力，也是植物的一种防御策略。自 1937 年 Snelling 首次注意到高粱对美洲谷长蝽的耐虫性以来，越来越多植物品种被发现存在昆虫为害的耐害性。俞晓平等（1993）将植物的耐害性分为生长势、植物补偿生长、受伤补偿以及营养供需四种形式。昆虫学家们为了正确评价植物的耐虫性，应用了不同指标进行研究，例如功能植物损失指数或耐虫指数，产量损失率，植株存活率，根系抗拉力、根体积、根干质量和根受害级别，植株的生理生化指标和害虫的种群发展。

（二）植物抗虫性对昆虫体内酶活性的影响

植食性昆虫取食寄主后，植物所产生的有毒物质会随之进入体内参与昆虫体内生理代谢活动，进而影响昆虫的生理过程，其中主要影响昆虫体内的消化酶和解毒酶的活性。

1. 植物对昆虫体内消化酶的影响

寄主植物体内的糖、蛋白质和氨基酸等化合物是昆虫自身生长发育和繁殖的重要营养物质。当植食性昆虫取食寄主植物后，需要在各种消化酶的催化分解下才能消化吸收供机体利用，而蛋白酶、脂肪酶和淀粉酶是昆虫体内重要的消化酶，但不同寄主植物或相同寄主的不同品种（系）含有的营养物质含量不同，从而导致昆虫摄取的化学物质不同，最终影响昆虫体内消化酶的活性。其中，蛋白酶可以协助刺吸式昆虫刺穿植物细胞壁并对食物进行体外消化；淀粉酶是昆虫摄取寄主植物中淀粉，并最终将其消化水解为单糖为昆虫生存繁殖等提供主要能量的重要的酶系之一，而昆虫体内的脂肪酶在脂质的获得、储存和运用中有重要的作用，同时也是昆虫进行生长发育、繁殖、防御病原体、氧化应激和信息素信号的基础。

目前关于抗虫品种对昆虫消化酶的影响研究已有许多报道，如棉铃虫、分月扇舟蛾、家蚕、舞毒蛾、油松毛虫、小菜蛾、豌豆蚜、草地螟等的消化酶活性会对寄主抗性产生反应。

2. 植物对昆虫体内解毒酶的影响

昆虫取食有毒的寄主植物后，体内解毒酶产生变化也是昆虫对植物主要的防御机制之一，其中，羧酸酯酶、谷胱甘肽硫转移酶和乙酰胆碱酯酶是昆虫体内主要的解毒酶。其中，羧酸酯酶在昆虫对抵抗杀虫剂和次生有毒物质中有重要作用，使昆虫产生代谢抗性并与寄主植物的适应能力的强弱有关；谷胱甘肽硫转移酶的作用是催化外来难溶于水或者疏水性强的有害物质的亲电子集团与还原性谷胱甘肽的疏基偶联，增加其疏水性使其易于穿越细胞膜，最终被降解排出体外，从而达到解毒的目的；乙酰胆碱酯酶是生物体神经传导中的关键性酶之一，其主要功能是在神经突触处，快速水解乙酰胆碱生成胆碱和乙酸，终止神经冲动的传递。

昆虫体内的解毒酶是昆虫进行正常生命活动及繁殖的重要酶系。近年来，关于寄主植物对昆虫体内解毒酶活性的影响已有大量研究，如不同寄主植物或同一寄主不同品种对蚜虫类和蝗虫等体内消化酶和解毒酶活性影响已见报道。

四、抗虫性鉴定方法研究进展

植物抗虫性鉴定是抗虫研究的基础，其准确性和标准性将直接影响种植的筛选、遗传研究、品种选育等学科的发展。植物抗蚜品种的鉴定和筛选国内外学者提出了不同的评价标准。其中，主要的鉴定方法包括田间抗性鉴定、网室接虫抗性鉴定、室内接虫鉴定和间接鉴定法4种鉴定方法；而应用较多的评价标准包括蚜量比值、蚜情指数和模糊识别法等。

（一）抗虫性鉴定方法

田间自然鉴定法指通过田间自然条件下调查不同品种上害虫种群数量，然后比较抗性差异。此种方法是在田间自然条件下进行，鉴定结果更符合实际情况，应用较为广泛，但该方法易受地域、天气等环境因素的影响，导致抗性鉴定结果重复性不好。

网室接虫鉴定法是通过植株幼苗进行抗性鉴定，也是目前鉴别新品种抗虫性差异常用方法之一。但此种方法叶片分级没有统一标准，各研究者分级标准不一，导致鉴定结果差异，影响鉴定结果比较和鉴定信息借鉴交流。

室内鉴定法指通过室内饲养组建实验种群生命表，比较世代发育历期、存活率、产卵量、内禀增长率等种群生命参数来鉴定植株抗性强弱。室内饲养组建生命表技术能准确反映寄主植株对害虫生长发育和繁殖的影响，且容易操作，因此，在不明确不同品种抗虫性差异情况下，生命表技术对抗性评价及机制研究起了重要作用。

间接鉴定法：此种方法主要与抗性机制有关，根据鉴定与抗虫性相关因子（营养成分、组织结构、次生代谢物质等）来间接判定抗性差异。

（二）抗蚜性评价标准

1. 蚜量比值法

蚜量比值法指在蚜虫大发生时，对全株蚜虫数量进行调查，根据蚜量比值法结合5个分级标准按计算公式得出抗性程度。抗性级别见表3-1。蚜量比值计算方法如下。

蚜量比值＝某材料蚜量÷全部观察材料的平均蚜量

表3-1　抗性级别划分

抗蚜性级别	蚜量比值
高抗（HR）	0.00~0.25
抗（R）	0.26~0.50
中抗（MR）	0.51~0.75
感（S）	0.76~1.25
高感（HS）	>1.25

2. 蚜情指数

蚜情指数法指在田间自然感蚜的条件下，进行随机调查记录各株的蚜量，并根据蚜虫数目分成 5 个级别，然后统计各级的隶属频数 n_i，蚜情指数的计算公式如下。

$$\text{蚜情指数} = \sum_{i=1}^{5} \frac{n_i(i-1)}{\max(i-1)N}$$

其中，n_i 是第 i 个的频数，N 为调查总数。

3. 模糊识别法

模糊识别法指在蚜虫大面积发生时调查植株上的蚜虫数量，采用两次分级方法进行抗性鉴定（表 3-2）。首先应用 Painter 分级标准，将各品种蚜虫级别的众数与所有品种的蚜虫级别平均数的比值进行分级；之后，用各品种重复鉴定抗性级别最高者（I）与全部品种级别的平均数（i）的比值（健康植株比例 I/i），进行抗蚜等级划分。计算公式如下。

健康植株比例 = 各品种重复鉴定抗性级别最高者 ÷ 全部观测品种级别的平均数

表 3-2 模糊识别法（健康植株数所占比例）抗性级别划分

等级	抗性程度	抗性植株数占比
1	高抗（HR）	＞50%
2	抗虫（R）	31%~50%
3	中抗（MR）	16%~30%
4	低抗（LR）	6%~15%
5	感虫（S）	＜5%

五、昆虫种群生命表与植物抗虫性

自从 Morris et al.（1954）首次应用生命表技术研究云山卷叶蛾自然种群动态以来，生命表技术逐渐成为评价作物抗虫性的重要手段之一。其中，害虫种群生命参数是研究昆虫种群生态学特征及数量动态的重要手段，可系统地了解害虫种群动态变化和生长发育等生物学特性，也可作为一项评价害虫适应性和作物抗虫性的重要指标，对植株的抗虫性研究以及害虫综合治理更有着非常重要的理论指导意义。目前，国内外关于实验种群生命表参数与寄主品种抗虫性的关系的研究已有很多。张彬等（2015）通过对西花蓟马在不同花生品种上的实验种群生命表组建，筛选出了抗西花蓟马的花生品种；何超等（2017）通过对井上蛀果斑螟在不同石榴品种上种群生命表的建立，筛选出了适宜井上蛀果斑螟生长发育和繁殖的石榴品种；苟玉萍等（2015）通过对异迟眼蕈蚊在不同百合科寄主上实验种群生命表的建立，初步筛选出抗异迟眼蕈蚊的韭菜品种；Züst et al.（2016）和 Nalam et al.（2019）对植物与蚜虫之间的相互作用，以及植株的防御所产生相应的抗生物质，从而影响蚜虫的取食、生长、繁殖和发育等方面进行了综述；Zhang et al.（2016）研究发现，寄主植物影响蚜虫体内的一种为蚜虫提供几种必需的氨基酸的专性共生菌 *Buchnera aphidlcola*，从而影响蚜虫的生长发育；Ghorbanian et al.（2019）通过对桃蚜和其寄生蜂在不同辣椒品种上内凛增长率的比较筛选出抗桃蚜辣椒品种。

第二节 抗、感豆蚜绿豆品种的筛选

一、材料与方法

(一) 试验材料

1. 供试绿豆品种及来源

选黑龙江省常规种植的23个绿豆品种为供试材料：其中密荚王1号、密荚王3号、小鹦哥绿、吉引1号、河引毛绿豆、河引黄绿豆、河引2号、内蒙古引小绿豆由大庆瑞泽丰农业科技有限公司提供。长荚王、中杂绿13、绿丰2号、大明绿2号、9160、吉绿7号、布鲁克绿1号、白绿8号由黑龙江省农业科学院佳木斯分院提供。小明绿、中号明绿、中绿11号、蒙绿8号、东源密荚王、龙科、多伦绿9109购买自黑龙江省齐齐哈尔市种子商店。

2. 供试虫源

虫源采自黑龙江八一农垦大学试验田，在实验室内于绿豆品种小明绿（感虫品种）上进行繁殖，繁殖多代进行纯化用于试验，经分子鉴定绿豆田发生的蚜虫为豆蚜（*Aphis craccivora* Koch）。

(二) 试验方法

1. 室内苗期绿豆不同品种抗蚜性初步筛选

将供试的23个绿豆品种种于花盆中，每品种4盆集中放置，出苗整齐后进行间苗，每盆15株健壮绿豆幼苗。出苗15 d后接虫，每株5头豆蚜，接虫后每天调查一次单株虫量，单株蚜量50头以下按绝对量计数，50头以上按目测法估计，调查至幼苗死亡为止，统计分析不同品种的单株平均蚜量。

2. 绿豆不同品种抗蚜性鉴定方法

将试验初步筛选的9个绿豆品种种于花盆中，每品种4盆集中放置，待出苗后进行间苗，每盆留15株健康绿豆幼苗。待出苗30 d后，进行接虫。每株接种15头蚜虫进行试验，并在接种后每3 d调查一次豆蚜的数量，调查直至植株出现80%死亡。单株蚜量50头以下按绝对量计数，50头以上按目测法估计，取蚜量最多的一天，统计分析不同品种的蚜量比值。抗性级别划分标准见表3-3。蚜量比值计算方法如下。

蚜量比值=某材料蚜量÷全部观察材料的平均蚜量

表3-3 抗性级别划分标准

抗蚜性级别	蚜量比值
高抗（HR）	0.00~0.25
抗（R）	0.26~0.50
中抗（MR）	0.51~0.75
感（S）	0.76~1.25

续表

抗蚜性级别	蚜量比值
高感（HS）	>1.25

3. 绿豆不同品种豆蚜实验种群生命表研究方法

恒温箱调至 L：D=16 h：8 h，温度 25 ℃，相对湿度 65%±5%的条件下，在培养皿底部平铺稍湿润的滤纸，滤纸上方放入不同品种的绿豆幼苗，接上无翅雌成蚜，在蚜虫产下第一个若虫（F_1）时将成虫挑出，观察若虫的生长发育情况至 F_3 代蚜虫全部死亡。每个品种重复 3 次，每个重复 20 头蚜虫。每天定时记录蚜虫的蜕皮次数、产蚜量及存活率等情况。在观察期间每 3 d 换一次不同绿豆品种的幼苗以供蚜虫取食的一致性。

数据处理方法：根据试验数据建立试验种群生殖力生命表，计算种群动态参数

$$R_0 = \sum l_x m_x; \quad T = \sum x l_x m_x / R_0; \quad r_m = \ln R_0 / T; \quad \lambda = e^{r_m}; \quad t = \ln 2 / r_m$$

式中，x 为特定年龄（以 d 为单位的时间间隔），l_x 为特定年龄的存活率，m_x 为在 x 期间内平均每雌虫产若蚜数；R_0 为种群净增殖率，T 为平均世代周期，r_m 为内禀增长率，λ 为周限增长率，t 为种群加倍时间。

（三）数据处理

试验数据应用 Microsoft Excel 2016 进行数据统计，SPSS 19.0 软件进行方差分析，采用 Duncan 法进行差异显著性分析。

二、结果分析

（一）抗、感豆蚜绿豆品种的筛选鉴定

1. 绿豆品种抗蚜性初步筛选

接虫后调查发现，15 d 后绿豆苗陆续死亡，且在调查第 15 天时发现蚜虫的数量达到最高峰，因此，以第 15 天时的蚜虫数量和植株死亡率作为统计结果。由表 3-4 可知，供试 23 个绿豆品种上的平均单株蚜量和蚜量比值间差异显著，其数值大小顺序为：密荚王 1 号＞大明绿 2 号＞白绿 8 号＞内蒙古引小绿豆＞吉引 1 号＞多伦绿 9109＞河引毛绿豆＞河引 2 号＞河引黄绿豆＞小明绿＞龙科＞绿丰 2 号＞蒙绿 8 号＞中号明绿＞9160＞吉绿 17＞密荚王 3 号＞布鲁克绿 1 号＞东源密荚王＞中绿 11 号＞长荚王＞中杂绿 13。接虫 15 d 后绿豆不同品种的植株存活率表现为：密荚王 1 号、白绿 8 号、大明绿 2 号和内蒙古引小绿豆的植株存活率低于 40%；中杂绿 13、长荚王、中杂绿 11 和布鲁克绿 1 号的植株存活率大于 80%；其余品种的植株存活率在 41%~80%。

表 3-4 豆蚜为害下绿豆不同品种受害情况统计结果

品种	平均单株蚜量	植株存活率/%	蚜量比值
密荚王 1 号	238.00±4.78aA	18.18	1.86±0.04aA
白绿 8 号	230.33±13.33aA	18.18	1.80±0.06aA

续表

品种	平均单株蚜量	植株存活率/%	蚜量比值
大明绿2号	175.67±14.67bB	16.67	1.37±0.04bB
内蒙古引小绿豆	157.67±9.67cC	28.57	1.23±0.03cC
吉引1号	151.67±3.67cdCD	40.00	1.19±0.02cdCD
多伦绿9109	144.00±14.67deCDE	43.75	1.13±0.02deCDE
河引毛绿豆	143.00±13.33deDE	50.00	1.12±0.05deCDE
河引2号	139.00±8.62eDEF	56.25	1.09±0.02eDEF
河引黄绿豆	136.00±9.67efEFG	60.00	1.06±0.01efEFG
小明绿	126.00±10.00fgFGH	73.33	0.98±0.04fgFGH
龙科	125.00±14.78gFGH	64.29	0.98±0.01fgFGH
绿丰2号	124.33±4.33gFGH	70.00	0.97±0.02gGH
蒙绿8号	122.33±7.33gGH	76.47	0.96±0.01gGH
东源密荚王	122.33±3.33gGH	50.00	0.96±0.03gGH
9160	121.00±16.00gGH	68.75	0.95±0.02gGH
吉绿17	120.00±1.73gH	75.00	0.94±0.04gH
小鹦哥绿	119.00±4.00gH	69.23	0.93±0.02gH
密荚王3号	117.00±3.00gH	75.00	0.91±0.02gH
布鲁克绿1号	117.00±9.67gH	81.82	0.91±0.01gH
中号明绿	89.33±21.33hI	75.00	0.70±0.01hI
中绿11号	54.33±3.33iJ	86.67	0.42±0.01iJ
长荚王	49.00±8.62iJ	93.33	0.38±0.04iJ
中杂绿13	21.00±14.78jK	100.00	0.16±0.01jK

注：表中数据为均值±标准误；同列数据后不同小写字母代表差异显著（$P<0.05$，Duncan新复极差法），不同大写字母代表差异极显著（$P<0.01$，Duncan新复极差法），下同。表中平均单株蚜量、植株存活率及蚜量比值为接虫15 d后的调查数值。

根据农业生产中绿豆品种的种植面积和豆蚜在不同绿豆品种上的发生数量，初步筛选出的9个绿豆品种作为下一步绿豆抗蚜性鉴定和抗性机制研究的供试材料。包括3个蚜虫发生量较多的品种：白绿8号、大明绿2号和密荚王1号；3个发生量少的品种：中杂绿13、长荚王和中绿11号；3个中间型品种：小明绿、东源密荚王和龙科。

2. 绿豆不同品种抗蚜性鉴定

由表3-5绿豆不同品种上的蚜量比值可知，中杂绿13品种的蚜量比最低为0.07，为高抗品种（<0.25），长荚王品种和中绿11号的蚜量比值为0.49和0.45，为抗虫品种（0.25~0.5），东源密荚王的蚜量比值为0.69，为中抗品种（0.5~0.75）；品种小明绿和龙科的蚜量比值为0.93和0.85，为感虫品种（0.75~1.25）；密荚王1号、大明绿2号和白绿8号品种的蚜量比值分别为1.37、1.37和3.17，为高感虫品种（>1.25）。

表 3-5 绿豆不同品种蚜量比值

品种	蚜量比值	抗性级别
中杂绿 13	0.07	高抗
长荚王	0.49	抗
中绿 11 号	0.45	抗
东源密荚王	0.69	中抗
小明绿	0.93	感
龙科	0.85	感
密荚王 1 号	1.37	高感
大明绿 2 号	1.37	高感
白绿 8 号	3.17	高感

(二) 利用种群生命表技术评价绿豆品种对豆蚜的抗性

1. 不同绿豆品种对豆蚜子代繁殖参数的影响

由表 3-6、表 3-7、表 3-8 可知，豆蚜的繁殖参数在同一世代不同绿豆品种间，豆蚜的繁殖参数存在显著差异。豆蚜的繁殖参数在 F_1 代各绿豆品种上没有显现的规律但到 F_2 代时，豆蚜的繁殖参数在大明绿 2 号品种上最大，而在长荚王和中杂绿 13 品种上最小，且大明绿 2 号与长荚王和中杂绿 13 品种间存在极显著差异；而在 F_3 代，豆蚜的繁殖参数均在长荚王最小，其次为中杂绿 13，且长荚王与中杂绿 13 品种间不存在显著差异但与其他品种间均存在极显著差异。

表 3-6 不同绿豆品种上豆蚜 F_1 代繁殖参数的比较

品种	繁殖力 F	产仔天数/d	成虫寿命/d
小明绿	39.18±1.96abAB	7.41±0.82abcAB	13.47±0.94abcABC
中绿 11 号	50.67±3.85aAB	7.44±0.93abcAB	13.50±0.85abcABC
东源密荚王	47.80±3.62aAB	7.75±0.93abcAB	14.00±0.91abABC
密荚王 1 号	48.67±3.28aAB	9.94±1.44aA	15.56±1.41aA
龙科	28.41±2.17bAB	5.55±0.63cB	11.36±0.64bcBC
长荚王	34.88±2.36abAB	5.97±0.84bcB	10.83±1.01cC
中杂绿 13	26.90±2.04bB	5.73±0.75cB	11.86±0.80bcABC
大明绿 2 号	51.83±3.13aA	9.00±0.91abAB	15.06±1.02aAB
白绿 8 号	42.80±3.57abAB	8.15±1.19abcAB	14.50±1.07abABC

表 3-7 不同绿豆品种上豆蚜 F_2 代繁殖参数的比较

品种	繁殖力 F	产仔天数/d	成虫寿命/d
小明绿	44.59±2.86abA	8.82±1.26aA	14.35±1.18aA
中绿 11 号	36.27±3.34bcAB	6.36±0.98abAB	12.18±0.88abcAB

续表

品种	繁殖力 F	产仔天数/d	成虫寿命/d
东源密荚王	42.83±2.61abA	7.61±1.05aAB	13.83±0.94aA
密荚王1号	40.00±2.65abAB	7.85±0.99aAB	13.75±1.03aA
龙科	33.88±2.35bcAB	6.71±0.75abAB	12.41±0.8abAB
长荚王	21.21±1.98cB	4.03±0.77bB	9.50±0.88cB
中杂绿13	21.13±1.98cB	5.97±0.97abAB	10.62±0.89bcAB
大明绿2号	54.10±2.62aA	8.85±0.91aA	14.40±0.84aA
白绿8号	40.00±2.71abAB	7.10±0.89abAB	12.70±0.83abAB

表 3-8　不同绿豆品种上豆蚜 F_3 代繁殖参数的比较

品种	繁殖力 F	产仔天数/d	成虫寿命/d
小明绿	50.96±2.30abA	9.13±0.79abA	14.88±0.79abA
中绿11号	41.94±2.93abA	7.24±0.82bAB	13.59±0.92abA
东源密荚王	51.94±2.96abA	10.29±1.27aA	16.24±1.29aA
密荚王1号	55.64±3.14aA	8.82±0.85abA	15.09±0.78abA
龙科	38.37±3.35bAB	7.20±0.97bAB	13.10±1.01bAB
长荚王	17.87±2.13cC	2.94±0.71cC	9.59±0.96cB
中杂绿13	20.53±2.13cBC	4.37±0.96cBC	12.72±0.91bAB
大明绿2号	52.67±2.13abA	8.06±0.59abA	14.06±0.65abA
白绿8号	39.13±1.94abAB	7.44±0.71bAB	13.38±0.82abA

豆蚜的繁殖参数在同一品种不同世代间，豆蚜的繁殖参数存在显著差异。豆蚜繁殖力 F，在小明绿、东源密荚王、密荚王1号、龙科和大明绿2号品种随世代的增加繁殖力上升，在中绿11号、中杂绿13和白绿8号品种上繁殖力下降趋势小，而在长荚王品种上豆蚜的繁殖力 F 下降趋势达49%。豆蚜的产仔天数在小明绿、东源密荚王、龙科品种上逐渐增长，而在中绿11号、密荚王1号、中杂绿13、大明绿2号和白绿8号品种上豆蚜的产仔天数随世代增加有所缩短，但在长荚王品种上缩短51%。成虫寿命在小明绿、中绿11号、东源密荚王、龙科和中杂绿13品种上豆蚜寿命有所延长，而在密荚王1号、长荚王、大明绿2号和白绿8号品种上有所缩短。

由上可知，不同的绿豆品种对豆蚜的繁殖力和产仔天数影响较大，其中长荚王品种和中杂绿13品种对豆蚜的繁殖力和产仔天数有较大的影响，且品种对豆蚜的影响随豆蚜逐代传递给子代，但不同绿豆品种对于豆蚜成虫寿命的影响差异不显著。

2. 不同绿豆品种对豆蚜子代参数的影响

豆蚜在不同绿豆品种上的种群特定年龄存活率（l_x）和净生殖力曲线（$l_x m_x$）如图 3-1 和图 3-2 所示。由图 3-1 可知，豆蚜在密荚王1号、长荚王、大明绿2号和白绿8号品种上的存活时间随世代逐渐缩短；在小明绿、东源密荚王、龙科和中杂绿13品种上的存活时间随世代有所延长,而在中绿 11 号品种上随世代先缩短后延长。豆蚜在不同绿豆品种上的不同存活率 l_x 通过对比 F_1 代和 F_3 代发现,在小明绿、东源密荚王、密荚王 1 号和龙科品种上,豆蚜的存活率随世代的增加而上升,在中绿 11 号、大明绿 2 号和白绿 8 号品种上豆蚜的存活率基本不变,而在长荚王和中杂绿 13 品种上豆蚜的存活率随世代增加而逐渐降低。

由图 3-2 可知,豆蚜在不同绿豆品种上连续三代的净生殖力曲线,对比同一品种不同世代发现,各品种峰值出现的时间没有明显变化,但各品种均随着世代的增加净生殖力高峰点下降,尤其在长荚王和中杂绿 13 品种上净生殖力最高点到 F_3 代降低了 53% 和 59.5%;另外,在同一世代不同品种间对比发现长荚王和中杂绿 13 品种的峰值均较其他品种低。

由上可知,不同绿豆品种对豆蚜的存活和繁殖有显著影响,且绿豆不同品种对豆蚜的影响可随豆蚜传递给后代;长荚王和中杂绿 13 品种的最高峰值均随世代的增加显著下降,下降达 50% 以上。

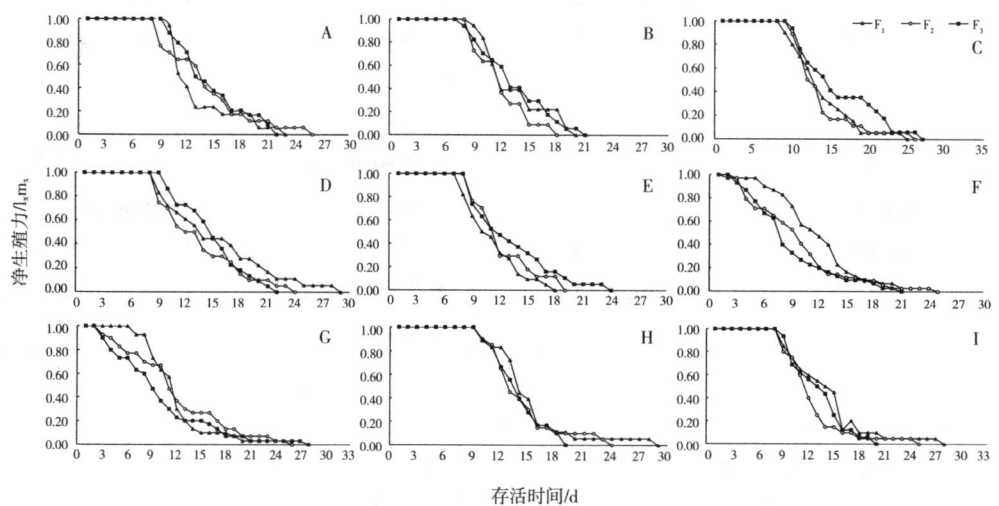

图 3-1 豆蚜在不同绿豆品种上连续三代的存活率曲线

注:A 为小明绿;B 为中绿 11 号;C 为东源密荚王;D 为密荚王 1 号;E 为龙科;F 为长荚王;G 为中杂绿 13;H 为大明绿 2 号;I 为白绿 8 号;下同。

3. 不同绿豆品种对豆蚜子代生命参数的影响

由表 3-9、表 3-10、表 3-11 可知,不同绿豆品种对豆蚜种群生命参数的影响,在同一世代不同绿豆品种间,豆蚜的繁殖参数存在显著差异。在 F_1 代,豆蚜在各品种上的参数没有明显的规律。但在 F_2 和 F_3 代,豆蚜的净增殖率、内禀增长率和周限增长率在大明绿 2 号最大,其次为密荚王 1 号;在长荚王品种上最小,其次为中杂绿 13 品种,且长荚王与中杂绿 13 品种间不存在显著差异,大明绿 2 号与密荚王 1 号间不存在显著差异;但它们间存在极显著差异;种群加倍时间在长荚王品种上最长,其次为中杂绿 13 品种,而在大明绿 2 号品种上最小,大明绿 2 号与长荚王和中杂绿 13 间存在极显著差异;平均世代在各品种间不存在显著差异。

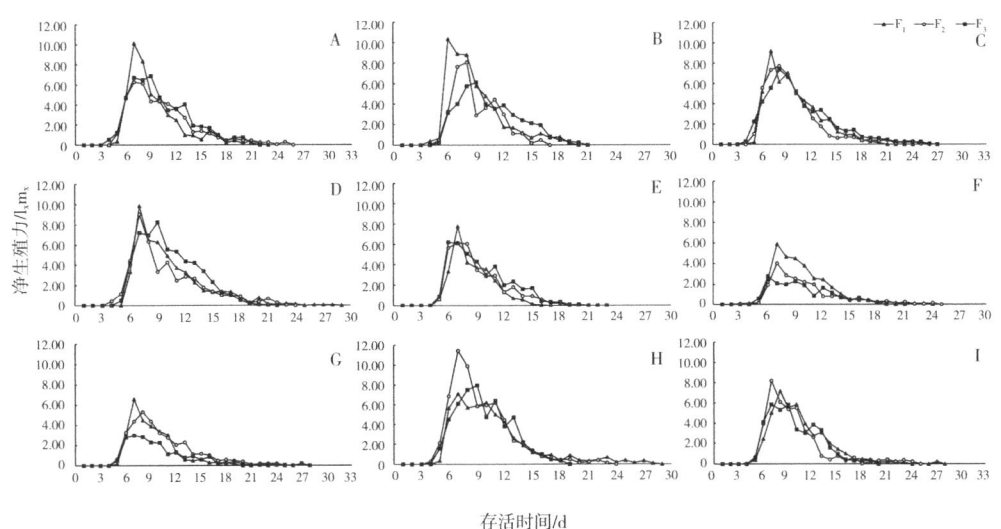

图 3-2 豆蚜在不同绿豆品种上连续三代的净增值力曲线

表 3-9 豆蚜在不同绿豆品种上 F_1 代种群生命表参数

品种	净增殖率 (R_0)	平均世代周期 (T, d)	内禀增长率 (r_m)	周限增长率 (λ)	种群加倍时间 (t, d)
小明绿	39.18±1.96abAB	9.56±0.07cBCD	0.39±0.01bcAB	1.47±0.01abAB	1.79±0.03bcAB
中绿11号	50.67±3.85aAB	8.86±0.07deDE	0.44±0.02aA	1.55±0.02aA	1.60±0.06cB
东源密荚王	47.80±3.62aAB	9.78±0.03bcABC	0.39±0.01bAB	1.48±0.01aAB	1.76±0.03bcAB
密荚王1号	48.67±3.28aAB	10.27±0.19abAB	0.38±0.00bcB	1.46±0.00abAB	1.84±0.01abAB
龙科	28.41±2.17bAB	8.54±0.02eE	0.39±0.01bcAB	1.48±0.02abAB	1.79±0.06bcAB
长荚王	34.88±2.36abAB	9.81±0.16bcABC	0.35±0.02cB	1.42±0.03abAB	2.04±0.12aA
中杂绿13	26.90±2.04bB	9.20±0.42cdCDE	0.36±0.02bcB	1.44±0.04abAB	1.94±0.14abA
大明绿2号	51.83±3.13aA	10.59±0.30aA	0.37±0.01bcB	1.34±0.11bB	1.86±0.04abAB
白绿8号	42.80±3.57abAB	10.29±0.11abAB	0.36±0.00bcB	1.44±0.00abAB	1.91±0.01abA

同一品种不同世代间，豆蚜的种群生命参数存在着显著差异。净增殖率 R_0 在小明绿、东源密荚王、密荚王1号、龙科和大明绿2号品种上随世代增加有上升趋势，而在中绿11号、长荚王、中杂绿13和白绿8号品种上随世代的增加有下降趋势，其中在长荚王品种上豆蚜的净增殖率下降达50%；平均世代周期在世代间差异不显著；内禀增长率、周限增长率和种群加倍时间在长荚王、中杂绿13和中绿11号品种上存在随世代增加有明显下降的趋势。由上可知，不同的绿豆品种随世代的增加对豆蚜的种群参数存在着显著影响，其中长荚王、中杂绿13和中绿11号对豆蚜的影响随豆蚜逐代传递给

子代。

表 3-10　豆蚜在不同绿豆品种上 F_2 代种群生命表参数

品种	净增殖率 (R_0)	平均世代周期 (T, d)	内禀增长率 (r_m)	周限增长率 (λ)	种群加倍时间 (t, d)
小明绿	44.59±2.86abA	10.16±0.34abA	0.37±0.01abcABC	1.45±0.01abcABC	1.86±0.04cBC
中绿11号	36.27±3.34bcAB	9.02±0.01abA	0.40±0.00abAB	1.49±0abAB	1.74±0.01cC
东源密荚王	42.83±2.61abA	9.93±0.20abA	0.38±0.02abcAB	1.46±0.02abcAB	1.83±0.08cBC
密荚王1号	40.00±2.65abAB	10.43±0.20aA	0.36±0.01bcdABC	1.43±0.01bcdABC	1.95±0.05bcABC
龙科	33.88±2.35bcAB	8.95±0.23bA	0.39±0.00abAB	1.48±0.00abAB	1.77±0.01cBC
长荚王	21.21±1.98cB	9.89±0.73abA	0.31±0.01dC	1.37±0.02dC	2.25±0.10aA
中杂绿13	21.13±1.98cB	10.41±0.58aA	0.34±0.03cdBC	1.40±0.04cdBC	2.14±0.15abAB
大明绿2号	54.10±2.62aA	9.76±0.14abA	0.41±0.01aA	1.51±0.01aA	1.68±0.03cC
白绿8号	40.00±2.71abAB	9.58±0.42abA	0.39±0.02abAB	1.48±0.03abAB	1.81±0.10cBC

表 3-11　豆蚜在不同绿豆品种上 F_3 代种群生命表参数

品种	净增殖率 (R_0)	平均世代周期 (T, d)	内禀增长率 (r_m)	周限增长率 (λ)	种群加倍时间 (t, d)
小明绿	50.96±2.3abA	10.22±0.41aA	0.39±0.02aAB	1.48±0.03aAB	1.80±0.09bB
中绿11号	41.94±2.93abA	10.19±0.76aA	0.37±0.02aAB	1.45±0.03aAB	1.89±0.10bB
东源密荚王	51.94±2.96abA	10.58±0.66aA	0.38±0.03aAB	1.47±0.04aAB	1.87±0.15bB
密荚王1号	55.64±3.14aA	10.26±0.03aA	0.39±0.02aAB	1.47±0.02aAB	1.80±0.08bB
龙科	38.37±3.35bAB	9.47±0.17aA	0.38±0.03aAB	1.47±0.03aAB	1.83±0.10bB
长荚王	17.87±2.13cC	10.01±0.62aA	0.29±0.03bB	1.34±0.04bB	2.55±0.33aA
中杂绿13	20.53±2.13cBC	9.77±0.36aA	0.30±0.01bB	1.35±0.01bB	2.32±0.07aAB
大明绿2号	52.67±2.13abA	9.75±0.55aA	0.41±0.02aA	1.51±0.03aA	1.70±0.09bB
白绿8号	39.13±1.94abAB	9.70±0.66aA	0.39±0.03aAB	1.47±0.04aAB	1.83±0.13bB

三、结论与讨论

(一) 结论

通过蚜量比值法和绿豆不同品种豆蚜实验种群生命表法从 23 个适合黑龙江省种植的绿豆品种中评价绿豆的抗蚜性，综合分析结果表明，中杂绿 13 为高抗蚜品种，长荚王品种和中绿 11 号为抗蚜品种，东源密荚王为中抗蚜品种，品种小明绿和龙科为感蚜品种，密荚王 1 号、大明绿 2 号和白绿 8 号品种为高感蚜品种。

(二) 讨论

1. 绿豆品种抗蚜性鉴定

抗虫性鉴定是作物抗虫研究的基础。目前主要的鉴定方法包括田间自然鉴定法、网室接虫鉴定法、室内鉴定法和间接鉴定法。田间自然鉴定法的鉴定结果更符合实际情况，但田间控制气候条件比较困难，且气候条件尤其是降雨对蚜虫的影响很大。室内鉴定法是通过室内饲养组建实验种群生命表。间接鉴定法主要与抗性机制有关，根据抗虫性相关因子来间接判定抗性。而网室接虫鉴定法是对幼苗抗性鉴定，是目前比较常用的方法之一，但分级标准不统一影响鉴定结果。

目前国内对于作物的抗蚜性的研究主要涉及小麦、玉米、大豆、棉花及瓜类等，但关于绿豆品种抗蚜方面的研究尚未见报道，因此对于绿豆上蚜虫的发生级别的划分没有明确的标准，而通过蚜量比值法可以避免这一问题。很多研究利用蚜量比值法对不同作物进行了抗性评价。本研究在2018年和2019年均进行了绿豆不同品种的田间调查，在7月、8月时即蚜虫大发生时由于降水量突然增加致使本试验的田间数据不完整，但总体趋势与网室接虫法得出的结果基本一致。因此，本试验采用网室接虫法并通过计算蚜量比值法对绿豆不同品种进行抗蚜性鉴定结果是可靠的，另外，本研究并通过室内组建绿豆不同品种上豆蚜的实验种群生命表进行再次鉴定，从而确定绿豆品种的抗蚜性。

2. 利用种群生命表技术评价绿豆品种对豆蚜的抗性

前人研究表明，较短的发育时间和较大的繁殖能力能反映出昆虫对特定寄主的适应性。因此，植食性昆虫的存活率和较短的繁育历期可作为衡量昆虫与寄主适合度的重要指标。本试验研究结果表明，豆蚜在不同绿豆品种上的繁殖力 F 和产仔天数均在长荚王和中杂绿13品种上最低，且随着世代的增加而逐渐降低，但成虫寿命不存在显著差异。另外，通过对比不同绿豆品种对豆蚜子代存活繁殖曲线的影响发现，豆蚜的存活率在中杂绿13和长荚王品种上随世代逐渐降低，且产蚜峰值均较其他品种上的低并随世代逐渐降低。

生命表是研究昆虫种群数量变动机制的重要方法，其涉及的参数如发育历期、寿命、繁殖力、内禀增长率、净增殖率和世代周期等可以在不同侧面评价昆虫对寄主植物的适应性。其中内禀增长率（r_m）表示豆蚜对寄主植物的适应度和嗜食性。内禀增长率 r_m 作为一个综合性指标，是描述种群增殖能力的一个重要的生命表参数，可作为鉴定品种抗性的指标。在本试验以内禀增长率 r_m 为抗性指标，9个供试品种对豆蚜的抗性大小依次为长荚王＞中杂绿13＞中杂绿11号＞东源密荚王（龙科）＞小明绿（白绿8号和密荚王1号）＞大明绿2号，且豆蚜内禀增长率 r_m 在大明绿2号品种与长荚王和中杂绿13品种之间存极显著差异，由此说明，长荚王和中杂绿13绿豆品种不利于豆蚜的生长发育及繁殖，为抗豆蚜品种；而大明绿2号品种适宜豆蚜的生长，是感虫品种。

本试验以内禀增长率为抗性评价指标，比较豆蚜3代的各种群生命参数的变化发现，长荚王和中杂绿13品种对豆蚜 F_3 代的影响较 F_1 代更加明显，说明抗虫品种对豆蚜的影响可由豆蚜传递给子代，具有代际间的累加效应。

第三节　豆蚜对绿豆不同品种的取食选择性研究

一、材料与方法

（一）嗅觉试验方法

植株挥发性物质提取：将9个不同绿豆品种植株的上部、中部和下部的叶片均进行剪取进行混合，混合后取5 g剪碎置于具塞锥形瓶中，加入20 mL正己烷，避光处理放入通风橱中萃取4 h。萃取后过滤，将滤纸片置于过滤液中浸泡用于后续试验。

（二）供试昆虫

挑选大小一致的豆蚜无翅成虫50头，饥饿处理24 h后，用于试验。

（三）豆蚜嗅觉反应测定

采用改装自制的12臂嗅觉仪进行试验。嗅觉仪由空气压缩机、空气过滤器（内装活性炭）、流量计、味源瓶、对照瓶、12臂仪（12个区）、灯箱几部分组成。

测定豆蚜的嗅觉时，将处理好的滤纸片置于味源瓶中，对照为正己烷处理的滤纸片。试验时将1头豆蚜用毛笔轻轻放到嗅觉仪中心，60 s后观察豆蚜的位置。为避免昆虫的趋光性对试验结果的影响，试验完全在暗室内进行，将嗅觉仪放置于灯箱上使光照均匀。每10头蚜虫为一组重复，试验重复3次。

（四）豆蚜在绿豆不同品种上的取食量测定方法

试验采用检测蚜虫分泌的蜜露量的方法间接测定蚜虫的取食量，以水：琼脂＝100∶1制成培养基，倒入塑料杯中，待其凝固后，将不同品种的豆叶圆片贴于塑料杯表面，再将豆蚜成虫接在豆叶圆片上，每杯5头，将塑料杯倒置在parafilm膜上，蜜露即掉在parafilm膜上。豆蚜取食24 h、48 h后用已称重的滤纸条从parafilm膜上吸取蜜露，进行称重。试验在25 ℃下进行。每个品种重复30次。

（五）数据处理

试验数据应用Microsoft Excel 2016进行数据统计，SPSS 19.0软件进行方差分析，采用Duncan法进行差异显著性分析。

二、结果与分析

（一）豆蚜对绿豆不同抗性品种的嗅觉反应

由表3-12可知，豆蚜对品种密荚王1号绿豆品种选择次数最多为2次，其次为对品种白绿8号的选择为1.67次，和对小明绿和大明绿2号选择1.33次。豆蚜对中绿11号和中杂绿13品种的选择次数最少仅为0.33次。豆蚜对密荚王1号的选择次数与选择中绿11号和中杂绿13品种间的选择次数间存在显著差异。说明豆蚜对感虫品种密荚王1号选择性强，而对抗虫品种中绿11号和中杂绿13选择性弱。

表 3-12　豆蚜成虫对不同绿豆品种的嗅觉反应

品种	豆蚜选择次数
小明绿	1.33±0.33abA
中绿 11 号	0.33±0.33bA
东源密荚王	0.67±0.67abA
密荚王 1 号	2.00±0.58aA
龙科	0.67±0.33abA
长荚王	0.67±0.33abA
中杂绿 13	0.33±0.33bA
大明绿 2 号	1.33±0.33abA
白绿 8 号	1.67±0.33abA
对照	1.00±0.58abA

（二）豆蚜在绿豆不同抗性品种的取食量测定

豆蚜取食各绿豆不同品种后产生的蜜露量见表 3-13。在 24 h 时，豆蚜在感虫品种密荚王 1 号品种上的蜜露量最高为 13.40 mg，其次为大明绿 2 号品种上的蜜露量为 12.20 mg；最少的为抗虫品种中绿 11 号，分泌的蜜露量为 6.60 g，其次为中杂绿 13 上的蜜露量为 7.20 mg；中绿 11 号和中杂绿 13 与密荚王 1 号品种间的蜜露量间存在极显著差异；在 48 h 时，豆蚜在感虫品种密荚王 1 号上的蜜露量最高为 15.60 mg，其次为感虫品种大明绿 2 号上的蜜露量，为 14.30 mg；在抗虫品种中杂绿 13 上的蜜露量最少为 9.30 mg，其次为中绿 11 号上的蜜露量为 9.40 mg；中绿 11 号和中杂绿 13 与密荚王 1 号品种间的蜜露量间存在极显著差异。说明感虫绿豆品种密荚王 1 号和大明绿 2 号适宜豆蚜的取食，而抗虫品种中杂绿 13 和中绿 11 号不利于豆蚜的取食。

表 3-13　豆蚜取食不同绿豆品种后的蜜露量　　　　　　　　单位：mg

品种	24 h	48 h
小明绿	9.90±1.70bcABC	11.50±1.60bcAB
中绿 11 号	6.60±0.60cC	9.40±1.04cB
东源密荚王	9.70±0.90bcABC	10.70±1.10bcAB
密荚王 1 号	13.40±1.30aA	15.60±1.50aA
龙科	9.40±1.00bcABC	10.40±1.00bcAB
长荚王	8.70±0.80bcBC	10.30±1.30bcAB
中杂绿 13	7.20±1.20cC	9.30±1.20cB
大明绿 2 号	12.20±0.80abAB	14.30±1.10abAB
白绿 8 号	10.20±1.30abcABC	12.50±1.20abcAB

三、结论与讨论

通过嗅觉试验和取食量试验发现，豆蚜对感虫品种密荚王 1 号的选择性强，且取食量大；而对抗虫品种中绿 11 号和中杂绿 13 品种的选择性弱，取食量小，这说明抗虫品种对豆蚜的抗性机制为不选择性。

有研究表明，植物的化学信息如挥发性或非挥发性物质对昆虫引起的嗅觉反应，影响昆虫的寄主选择、产卵、取食等行为活动，是一个影响昆虫定向的因素。经过对豆蚜进行绿豆不同品种的嗅觉反应试验表明，豆蚜对感虫品种密荚王 1 号的选择性强，而对于抗虫品种中绿 11 号和中杂绿 13 的选择性弱，说明，本试验抗虫品种对豆蚜的抗蚜机制为不选择性。另外，刘欢等（2019）的研究表明，寄主植物的不同生育期对害虫的取食和产卵等行为影响不同；贾小俭等（2017）研究发现，不同品种的植物挥发性物质的种类和含量不同，不同的植物挥发物影响昆虫的行为反应。

有研究表明，害虫取食后的蜜露量可作为品种抗性评价的方法，即害虫取食抗虫品种后的蜜露量显著低于取食感虫品种的蜜露量。本试验结果表明，豆蚜在感虫品种上取食量极显著高于在抗虫品种上的，证明了密荚王 1 号品种对豆蚜有引诱作用利于豆蚜的取食为感虫品种，中杂绿 13 品种对豆蚜有较强的驱避作用不利于豆蚜的取食为抗虫品种。但本试验未研究不同生育期绿豆品种对豆蚜的取食选择的影响，因此，本试验需进一步研究不同绿豆品种各生育期对豆蚜的引诱和取食的影响，并分析不同绿豆品种植物挥发性物质的种类及含量，为绿豆品种抗虫性机制研究提供理论依据。

第四节 绿豆形态抗性和生理生化抗性机制研究

一、材料与方法

（一）叶片大小的测定方法

取绿豆植株上部、中部和下部叶片，测量其叶长和叶宽（取得的叶片部位相同）。每次重复每部位各取 3 片叶子。试验重复 3 次。

（二）绿豆不同品种植株茸毛密度的测定方法

叶片茸毛密度测定：取绿豆植株上部、中部和下部叶片，在叶片主脉两侧距中脉基部 2/5 处用打孔器切取 1 块面积为 $1.0\ cm^2$ 的叶片，于解剖镜下统计叶片背面的茸毛数。每次重复每部位各取 3 个不同叶片进行测定。试验重复 3 次。

植株茎茸毛密度测定：取绿豆植株上部、中部和下部茎，每部位茎长取 1 cm（接近叶柄处取 1 cm），保证取得的茎长及位置的一致性，于解剖镜下统计植株的茎茸毛数，每绿豆品种每部位取 3 段茎进行测定。试验重复 3 次。

（三）植株叶片的蜡质含量测定方法

绿豆植株的上部、中部和下部的叶片均进行剪取进行混合，随机选取各品种叶片，剪碎称取 4.0 g 放入烧杯中。加入 60 mL 氯仿浸泡 1 min，将提取液过滤至已称重的烧杯中，放入通风橱中至氯仿挥发完毕再次称重。试验设 4 次重复。叶片蜡质含量计算公式如下。

$$叶片蜡质含量 = W_2 - W_1$$

式中，W_1 为称量前烧杯的质量（g），W_2 为氯仿挥发完毕后的烧杯质量（g）。

（四）豆蚜胁迫下绿豆抗、感品种植株生理生化指标测定方法

1. 取样方法

将供试的 2 个绿豆品种（抗虫和感虫）进行盆栽种植，分别在绿豆植株的苗期、分枝期、初花期和结荚期进行接虫。每时期、每供试品种种植 8 盆，其中 4 盆接虫，4 盆为对照组（不接虫）。20 头/株进行接虫，在接虫的 3 d、5 d、7 d 后剪取被害植株的茎和叶，混合均匀于液氮保存备用，用于测定植株体内的生理生化指标。测定时将被害植株茎和叶片按 1∶1 混合用于生理生化指标的测定。试验重复 4 次。

2. 生理生化指标测定方法

生理指标（叶绿素、可溶性蛋白质、可溶性糖、游离脯氨酸）和生化指标（POD、SOD、CAT）测定方法：叶绿素含量测定采用混合液浸提法，可溶性糖含量采用蒽酮比色法测定，可溶性蛋白含量采用考马斯亮蓝 G250 染色法测定，游离脯氨酸含量采用酸性水合茚三酮比色法测定，过氧化物酶（Peroxidase，POD）活性采用愈创木酚法，过氧化氢酶（Catalase，CAT）活性采用过氧化氢法测定，超氧化物歧化酶（Superoxide Dismutase，SOD）活性测定采用氮蓝四唑法测定。

（五）数据处理

试验数据应用 Microsoft Excel 2016 进行数据统计，SPSS 19.0 软件进行方差分析，采用 Duncan 法进行差异显著性分析。

二、结果与分析

（一）植株形态指标和营养物质与抗蚜性的相关性分析

1. 绿豆植株体内营养物质与绿豆抗蚜性的相关分析

以 9 个不同绿豆品种的蚜量比值为因变量（Y），其相应的绿豆植株体内的营养物质为自变量（X）进行相关性分析，计算出其回归方程，结果见表 3-14。由表 3-14 结果显示，绿豆品种的蚜量比值与绿豆植株体内的可溶性蛋白质含量呈中度正线性相关（$r^2=0.43$，$P>0.05$）；与可溶性糖含量和游离脯氨酸含量呈负线性关系，其中与可溶性糖含量间存在显著负线性关系（$r^2=0.61$，$P<0.05$），与游离脯氨酸含量间存在极显著负线性关系（$r^2=0.64$，$P<0.01$）。说明，植株体内的可溶性糖含量和游离脯氨酸与抗蚜性呈正相关，即绿豆品种的抗蚜性高，其可溶性糖含量和游离脯氨酸含量越高。

以 9 个绿豆品种的蚜量比值为因变量（Y），其相应的绿豆植株的形态指标为自变量（X）进行相关性分析，结果见表 3-15。由表 3-15 结果表明，绿豆品种的蚜量比值与植株叶片蜡质、中部叶背茸毛密度、上中部茎茸毛密度和中部叶片大小呈负线性关系，其中与植株中部叶片的长和宽间呈极显著负线性关系（$r^2=0.66$，$P<0.01$）；与叶片蜡质、中部叶背茸毛密度和上中部茎茸毛密度间呈显著负线性关系（$0.45<r^2<0.55$，$P<0.05$）。说明，植株叶片的蜡质含量、中部叶背茸毛密度、上中部茎茸毛密度和中部叶片大小与绿豆抗蚜性呈正相关，即绿豆植株叶片蜡质含量越高、中部叶背茸毛密度越大、中部叶片的长和宽越长、上中部茎茸毛密度越高绿豆品种抗蚜性越高。

表3-14 绿豆植株的营养物质与绿豆抗性的相关性分析

指标	小明绿	中绿11号	密荚王1号	东源密荚王	龙科	长荚王	中杂绿13	大明绿2号	白绿8号	回归方程	F值	P值	R^2
可溶性糖含量/%	1.06	2.16	1.77	1.02	1.16	2.00	2.95	1.04	0.66	$y=2.52-0.96x$	11.16	$P<0.05$	0.61
可溶性蛋白质/(mg/gFW)	4.50	2.08	2.70	4.11	3.75	2.50	1.86	2.79	4.29	$y=-0.86+0.60x$	5.40	0.05	0.43
游离脯氨酸（mg/g）	1.40	1.30	1.10	1.10	1.50	1.30	1.80	1.20	0.80	$y=4.31-2\,560.49x$	12.41	$P<0.01$	0.64

表3-15 绿豆植株的形态指标与绿豆抗性的相关分析

指标	小明绿	中绿11号	密荚王1号	东源密荚王	龙科	长荚王	中杂绿13	大明绿2号	白绿8号	回归方程	F值	P值	R^2
叶片蜡质/mg	2.07	2.63	2.47	2.23	2.37	2.60	2.80	2.20	2.10	$y=7.27-2\,610.59x$	8.59	$P<0.05$	0.55
上部叶背茸毛密度/cm²	236.33	63.67	243.00	138.00	253.67	236.67	80.67	134.00	211.00	$y=0.52+0.002\,9x$	0.43	0.53	0.06
中部叶背茸毛密度/cm²	63.67	91.00	47.00	49.33	50.00	79.00	127.00	49.33	34.33	$y=2.51-0.02x$	7.37	$P<0.05$	0.51
下部叶背茸毛密度/cm²	81.00	58.33	92.33	60.67	57.67	47.00	79.33	59.33	72.33	$y=0.95+0.001\,3x$	0.003\,2	0.96	0.000\,5
上部茎茸毛密度/cm	260.50	400.00	286.50	214.50	263.00	511.00	534.00	250.50	223.00	$y=2.65-0.004\,9x$	5.67	$P<0.05$	0.45
中部茎茸毛密度/cm	110.00	124.00	116.50	108.50	114.00	134.00	169.00	108.00	102.00	$y=4.66-0.03x$	6.03	$P<0.05$	0.46
下部茎茸毛密度/cm	19.00	36.00	27.50	36.00	48.00	58.00	85.50	49.00	60.50	$y=1.06-0.000\,4x$	0	0.98	0
上部叶长/cm	5.10	6.47	5.03	5.90	5.43	4.57	6.80	6.07	4.17	$y=4.29-0.59x$	3.41	0.11	0.33
上部叶宽/cm	3.60	4.23	3.60	3.47	3.67	2.97	4.13	4.10	2.83	$y=4.90-1.06x$	3.57	0.10	0.34
中部叶长/cm	8.93	9.27	8.33	7.73	8.90	10.40	9.50	8.40	7.17	$y=7.69-0.76x$	13.70	$P<0.01$	0.66
中部叶宽/cm	6.70	5.83	6.13	5.13	6.40	6.83	6.27	5.17	4.40	$y=6.32-0.89x$	13.56	$P<0.01$	0.66
下部叶长/cm	7.53	5.13	5.70	5.77	6.53	5.90	4.93	6.47	5.83	$y=-0.36+0.24x$	0.30	0.60	0.04
下部叶宽/cm	4.57	2.93	3.10	3.17	3.40	3.13	2.60	3.57	2.93	$y=0.83+0.06x$	0.01	0.92	0.001\,6

2. 绿豆不同抗性品种的形态指标与绿豆抗蚜性的相关分析

绿豆植株的形态指标与绿豆抗性的相关性分析见表 3-15。

(二) 绿豆抗、感品种对豆蚜胁迫的生理生化应答机制

1. 豆蚜胁迫下抗、感绿豆品种不同生育期叶绿素含量的变化

由图 3-3 可知,豆蚜为害后抗、感绿豆品种苗期植株体内的叶绿素含量变化趋势,即随着豆蚜为害时间的延长而逐渐下降。为害 3 d 时,抗、感品种间及与未受害前的叶绿素含量的差异均不显著。为害 5 d 时,抗、感绿豆品种体内的叶绿素含量均下降,其中感虫品种下降 7.66%,抗虫品种下降 2.55%,但品种间差异不显著,而与未受害前存在显著差异。为害 7 d 时,感虫品种叶绿素含量下降 16.01%,与未受害前存在显著差异,而抗虫品种下降 7.40%,与未受害前差异不显著;且抗、感绿豆品种受害后品种间差异不显著。

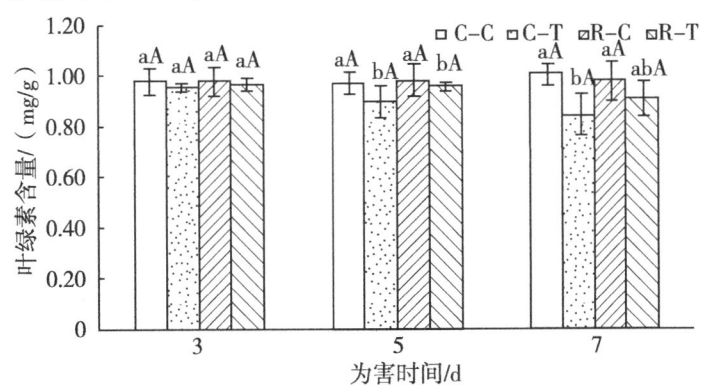

图 3-3 豆蚜取食抗感绿豆品种苗期植株体内叶绿素含量变化

注:C-T 为感虫品种虫害处理;R-T 为抗虫品种虫害处理;C-C 为感虫品种未处理对照;R-C 为抗虫品种未处理对照;图中不同大小写字母代表各处理间差异极显著($P<0.01$)或显著($P<0.05$),Duncan 法。下同。

由图 3-4 可知,在绿豆植株的分枝期,感虫品种体内的叶绿素含量高于抗虫品种,但品种间差异不显著;受蚜害后,抗、感品种植株体内的叶绿素含量均呈逐渐下降趋势。为害 3 d 时,抗、感品种间差异不显著。为害 5 d 时,抗、感绿豆品种植株体内的叶绿素含量均下降,其中感虫品种下降 10.13%,与未受害前相比存在极显著差异;抗虫品种下降 4.12%,与未受害前相比存在显著差异,但抗、感品种受害后差异不显著。为害 7 d 时,感虫品种叶绿素下降 14.49%,与未受害前存在极显著差异,抗虫品种下降 6.68%,与未受害前存在极显著差异,且抗、感品种间存在极显著差异。

由图 3-5 可知,在绿豆植株的初花期,感虫品种体内的叶绿素含量高于抗虫品种,且品种间存在显著差异;受蚜害后,抗、感品种体内的叶绿素含量均随为害时间的延长呈逐渐下降的趋势。为害 3 d 时,抗、感品种间存在显著差异,但与未受害前相比差异不显著。为害 5 d 时,感虫品种体内的叶绿素含量下降 6.42%,抗虫品种下降 6.37%,但品种间及与未受害植株间差异均不显著。为害 7 d 时,感虫品种体内的叶绿素含量下降 26.07%,与未受害植株间存在显著差异;抗虫品种下降 8.64%,与未受害植株间差异不显著,且品种间不存在显著差异。

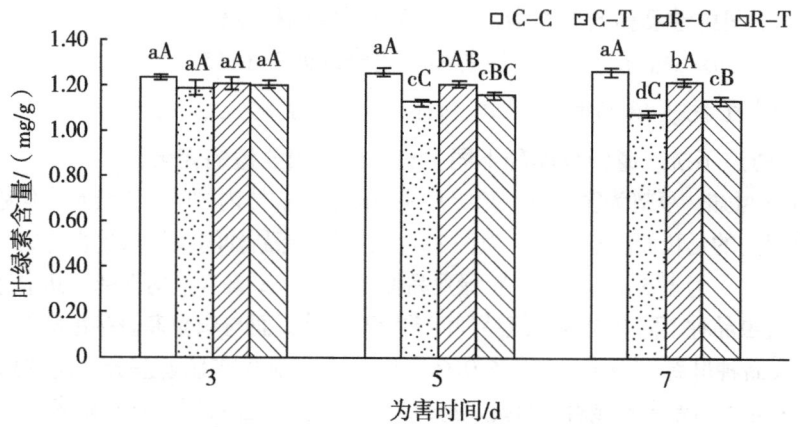

图3-4　豆蚜取食抗感绿豆品种分枝期植株体内叶绿素含量变化

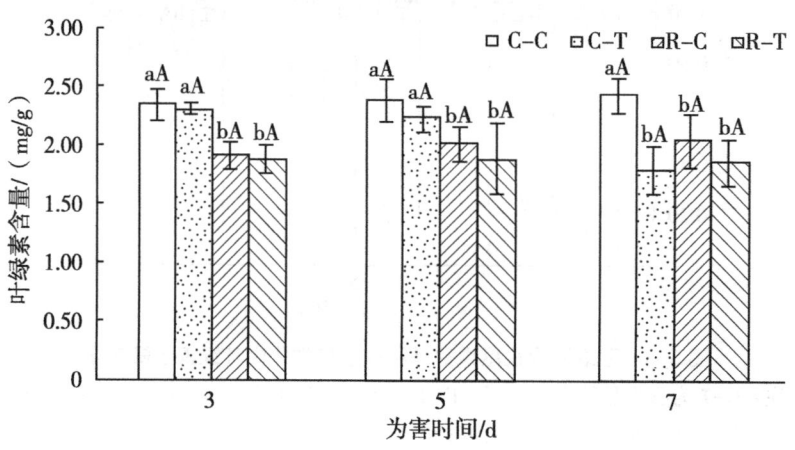

图3-5　豆蚜取食抗感绿豆品种初花期植株体内叶绿素含量变化

由图3-6可知，在绿豆植株的结荚初期，感虫品种体内的叶绿素含量高于抗虫品种，品种间差异显著；受蚜害后植株体内的叶绿素含量均随为害时间的延长呈逐渐下降的趋势。当为害3 d时，抗、感品种体内的叶绿素含量虽有所下降，但品种间及与未受害植株间差异均不显著。为害5 d时，感虫品种体内的叶绿素含量下降5.93%，与未受害前差异不显著，抗虫品种下降1.03%，与未受害间差异不显著；且抗、感品种间差异不显著。为害7 d时，感虫品种体内的叶绿素含量下降7.67%，与未受害前差异不显著，抗虫品种下降6.23%，与未受害间差异不显著；且抗、感品种间差异不显著。

2. 豆蚜胁迫下抗感绿豆品种不同生育期可溶性蛋白质含量的变化

由图3-7可知，在绿豆植株的苗期，感虫品种体内的可溶性蛋白质含量高于抗虫品种，且品种间差异不显著；受蚜害后，抗、感品种体内的蛋白质含量随为害时间的延长呈逐渐下降的趋势。当为害3 d和5 d时，抗、感品种与未受害植株间差异均不显著。为害7 d时，抗、感品种体内的可溶性蛋白质含量均明显下降，其中感虫品种下降14.59%，与未受害植株间存在极显著差异；抗虫品种植株下降15.80%，而与未受害植株间差异不显著；但品种间差异不显著。

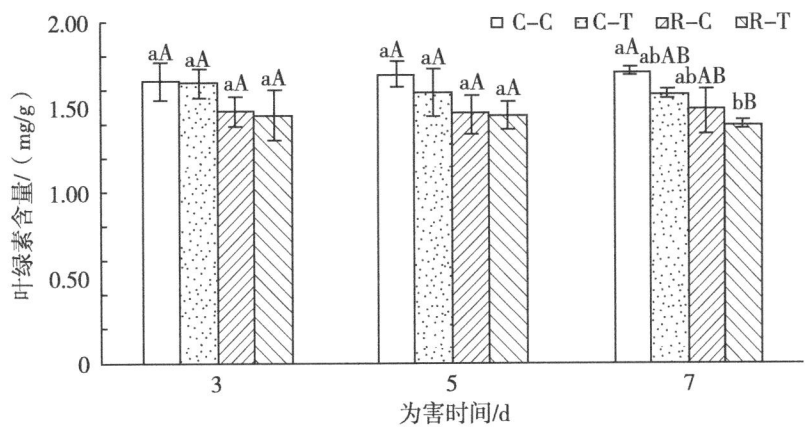

图 3-6 豆蚜取食抗感绿豆品种结荚初期植株体内叶绿素含量变化

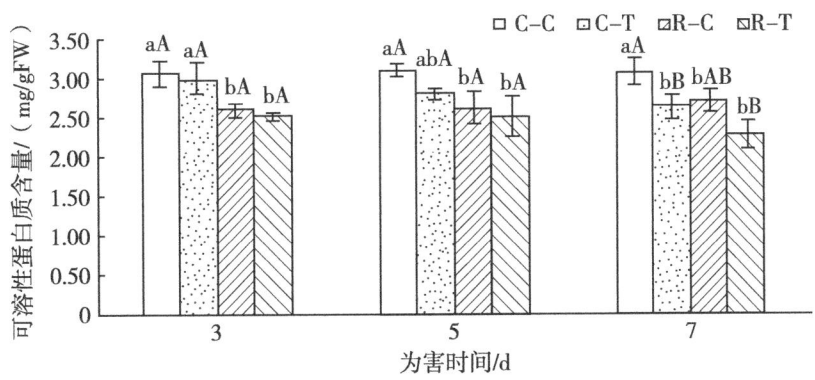

图 3-7 豆蚜取食抗感绿豆品种苗期植株体内可溶性蛋白质含量变化

由图 3-8 可知，在绿豆植株的分枝期，感虫品种植株体内的可溶性蛋白质含量高于抗虫品种，但品种间差异不显著；植株受蚜害后，抗、感品种体内的可溶性蛋白质含量呈逐渐下降的趋势。当为害 3 d 时，抗、感品种体内的蛋白质含量与对照相比差异不显著。为害 5 d 时，感虫品种体内的蛋白质含量与对照间存在极显著差异，抗虫品种与对照间差异不显著。为害 7 d 时，感虫品种体内的可溶性蛋白质含量下降 10.98%，与对照间存在极显著差异；抗虫品种下降 5.93%，与对照间差异不显著。

由图 3-9 可知，在绿豆植株的初花期，感虫品种植株体内的可溶性蛋白质含量高于抗虫品种，且品种间存在显著差异；另外，植株受蚜害后抗感品种体内的蛋白质含量随豆蚜为害时间的延长呈逐渐降低的趋势。为害 3 d 时，抗感品种体内的蛋白质含量与对照相比差异不显著；为害 5 d 时，感虫品种体内的可溶性蛋白质含量下降 5.65%，与对照间差异不显著；抗虫品种下降 3.06%，与对照间差异不显著；但抗感品种间存在显著差异。为害 7 d 时，感虫品种体内的可溶性蛋白下降 12.53%，与对照间存在显著差异；抗虫品种下降 8.28%，与对照间差异不显著；但抗感品种间存在显著差异。

由图 3-10 可知，在绿豆植株的结荚初期，感虫品种体内的可溶性蛋白质含量高于抗虫品种，但品种间差异不显著，且抗感品种体内的蛋白质含量随豆蚜为害时间的延长而降低，但与对照相比均不显著。

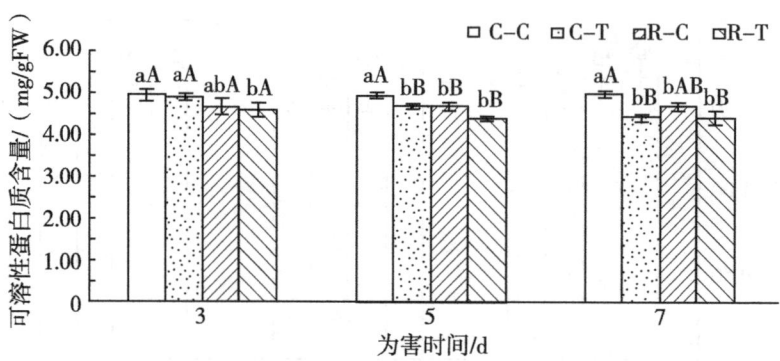

图 3-8 豆蚜取食抗感绿豆品种分枝期植株体内可溶性蛋白质含量变化

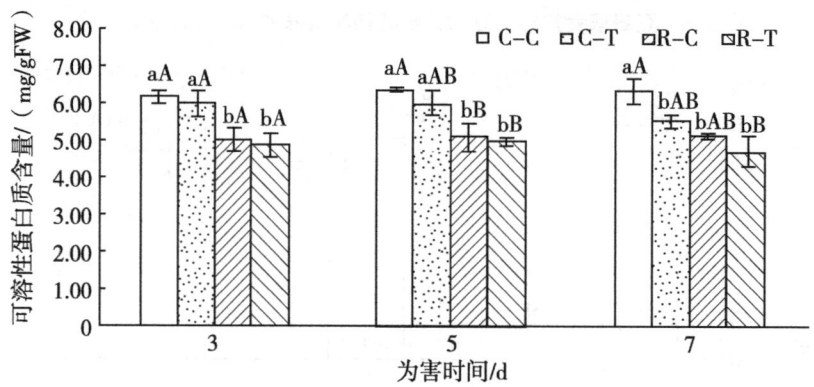

图 3-9 豆蚜取食抗感绿豆品种初花期植株体内可溶性蛋白质含量变化

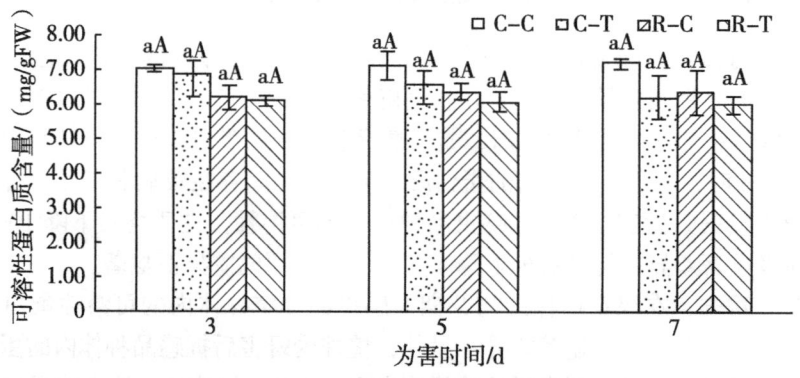

图 3-10 豆蚜取食抗感绿豆品种结荚初期植株体内可溶性蛋白质含量变化

3. 豆蚜胁迫下抗感绿豆品种不同生育期可溶性糖含量的变化

由图 3-11 可知，在绿豆植株的苗期，抗虫品种体内的可溶性糖含量高于感虫品种；当豆蚜为害后，感虫品种植株体内的糖含量表现为随时间逐渐降低，抗虫品种植株体内的糖含量变现为先上升后逐渐下降到对照水平。当为害 3 d 时，与对照间差异不显著，但品种间存在极显著差异。当为害 5 d 时，感虫品种体内的可溶性糖含量下降 8.41%，与对照间差异不显著；抗虫品种上升 8.17%，与对照间差异不显著，且品种间差异不显著。当为害 7 d 时，感虫品种植株体内的糖含量均与对照间差异不显著，但品种间存在极显著差异。

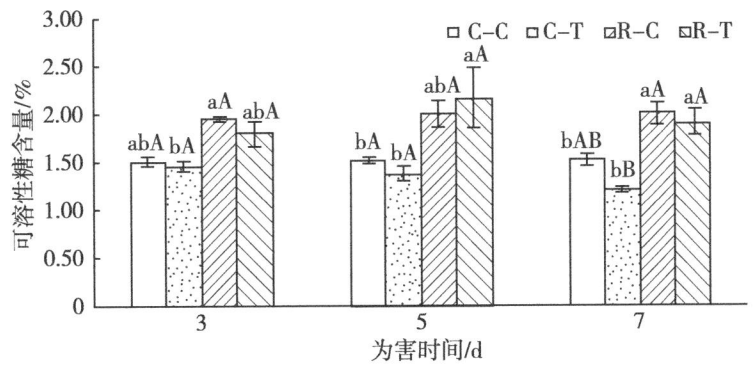

图 3-11　豆蚜取食抗感绿豆品种苗期植株体内可溶性糖含量变化

由图 3-12 可知，在绿豆植株分枝期，抗虫品种体内的可溶性糖含量高于感虫品种；当豆蚜为害后，感虫品种植株体内的糖含量呈逐渐下降趋势，而抗虫品种植株体内的糖含量变化呈先上升后下降的趋势。当为害 3 d 时，抗、感品种间差异不显著。为害 5 d 时，感虫品种植株体内的可溶性糖含量下降 10.02%，与未受害前差异不显著；抗虫品种体内可溶性糖含量上升 8.26%，与未受害前植株差异不显著，但品种间存在极显著差异。为害 7 d 时，感虫品种下降 21.57%，与对照间存在极显著差异，抗虫下降12.35%，与对照间存在极显著差异，且抗、感品种受蚜害后，品种间存在极显著差异。

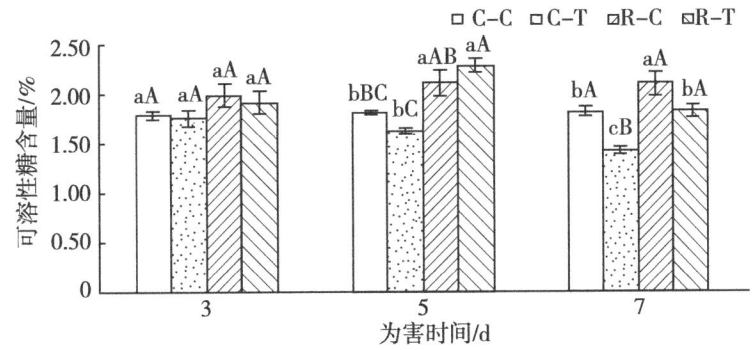

图 3-12　豆蚜取食抗感绿豆品种分枝期植株体内可溶性糖含量变化

由图 3-13 可知，在绿豆植株的初花期，抗虫品种植株体内的可溶性糖含量高于感虫品种；当植株受豆蚜为害后，感虫品种表现为逐渐下降，而抗虫品种随为害的时间呈现先增加后下降至对照水平的趋势。为害 3 d 时，抗、感虫品种中可溶性糖含量均下降，与对照间差异不显著，但品种间存在显著差异。为害 5 d 时，感虫品种体内的糖含量下降 27.72%，抗虫品种上升 2.312%，均与对照不存在显著差异，但品种间存在极显著差异。为害 7 d 时，感虫品种糖含量下降 36.49%，与对照间存在极显著差异；抗虫品种下降 3.08%，且均与对照间不存在显著差异，但品种间存在极显著差异。

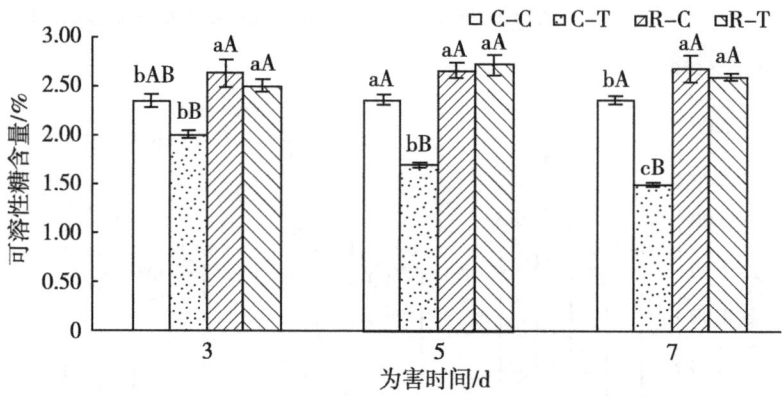

图 3-13　豆蚜取食抗感绿豆品种初花植株体内可溶性糖含量变化

由图 3-14 可知，在绿豆的结荚初期，抗虫品种植株体内的可溶性糖含量均高于感虫品种，当受豆蚜为害后，感虫品种体内的糖含量表现为逐渐降低，而抗虫品种体内的糖含量基本不变。当为害 3 d 和 5 d 时，抗、感品种糖含量均下降，但均与对照间差异不显著。当为害 7 d 时，感虫品种糖含量下降 9.05%，与对照间存在极显著差异；抗虫品种糖含量不变，但品种间存在极显著差异。

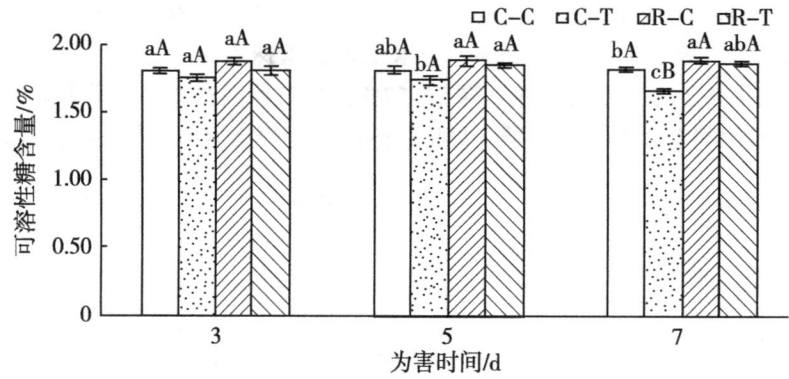

图 3-14　豆蚜取食抗感绿豆品种结荚初期植株体内可溶性糖含量变化

4. 豆蚜胁迫下抗感绿豆品种不同生育期游离脯氨酸含量的变化

由图 3-15 可知，豆蚜为害后绿豆抗、感品种苗期植株体内的游离脯氨酸含量的变化趋势。受豆蚜为害后，抗感品种体内的游离脯氨酸含量均呈上升趋势，当为害 3 d 时，抗感品种与对照间差异不显著；为害 5 d 时，感虫品种体内的游离脯氨酸含量上升 15.38%，抗虫品种上升 50.55%，均与对照间存在显著差异；为害 7 d 时，感虫品种上升 38.46%，与对照间存在显著差异；抗虫品种上升 91.67%，与对照间存在极显著差异。

由图 3-16 可知，豆蚜为害后绿豆抗、感品种分枝期植株体内的游离脯氨酸含量的变化趋势。受豆蚜为害后，抗、感品种体内的游离脯氨酸含量均呈上升趋势，当为害 3 d 时，抗感品种间差异不显著，当抗虫品种与对照间存在显著差异。为害 5 d 时，感虫品种上升 35.29%，并与对照间存在极显著差异；抗虫品种上升 62.50%，与对照间存在极显著差异，且抗感品种间存在显著差异。为害 7 d 时，感虫品种体内游离脯氨酸

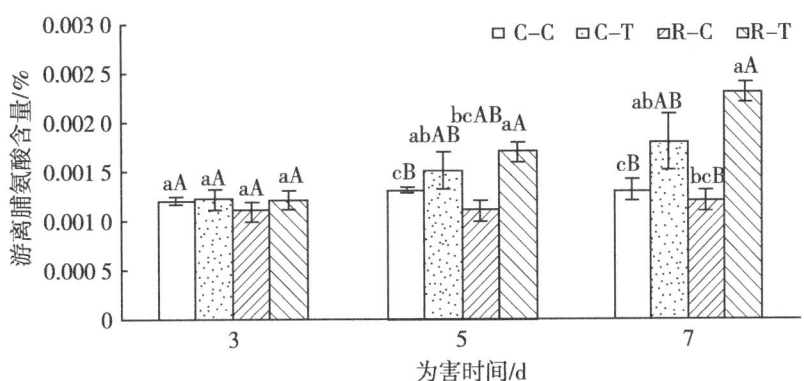

图 3-15 豆蚜取食抗感绿豆品种苗期植株体内游离脯氨酸含量变化

含量上升 44.44%，但与对照间差异不显著；抗虫品种上升 87.50%，与对照间存在极显著差异，但品种间差异不显著。

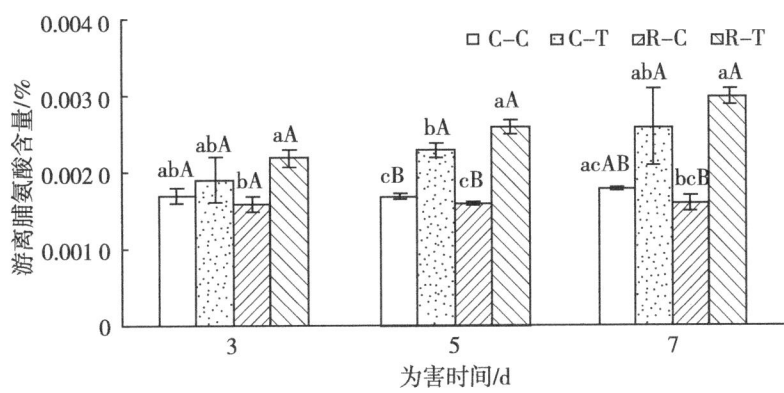

图 3-16 豆蚜取食抗感绿豆品种分枝期植株体内游离脯氨酸含量变化

由图 3-17 可知，豆蚜为害后绿豆抗、感品种初花期植株体内的游离脯氨酸含量的变化趋势。受豆蚜为害后，抗、感品种植株体内的游离脯氨酸含量均呈上升趋势。为害 3 d 时，抗感品种与对照间差异均不显著。为害 5 d 时，感虫品种植株体内的游离脯氨酸含量上升 8.70%，抗虫品种体内的游离脯氨酸含量上升 40.00%，与对照间存在显著差异。为害 7 d 时，感虫品种上升 21.74%，与对照间差异不显著，抗虫品种上升 71.43%，与对照间存在显著差异。

由图 3-18 可知，豆蚜为害后绿豆抗、感品种结荚初期植株体内的游离脯氨酸含量的变化趋势。受豆蚜为害后，抗、感品种植株体内的游离脯氨酸含量均呈上升趋势。为害 3 d 时，抗感品种与对照间差异均不显著。为害 5 d 时，感虫品种植株体内的游离脯氨酸含量上升 3.57%，抗虫品种上升 26.92%，抗感品种与对照间差异均不显著。为害 7 d 时，感虫品种植株体内的游离脯氨酸含量上升 6.90%，与对照间差异不显著；抗虫品种上升 46.15%，与对照间存在显著差异。

5. 豆蚜胁迫下抗感绿豆品种不同生育期丙二醛含量的变化

由图 3-19 可知，豆蚜为害后绿豆抗、感品种苗期植株体内的丙二醛含量的变化趋

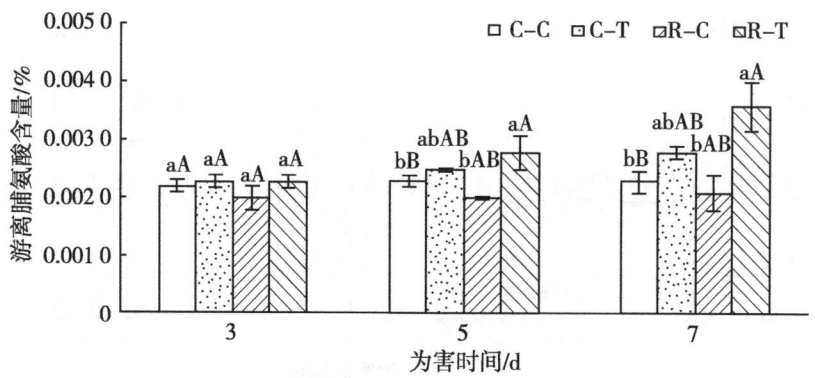

图 3-17　豆蚜取食抗感绿豆品种初花期植株体内游离脯氨酸含量变化

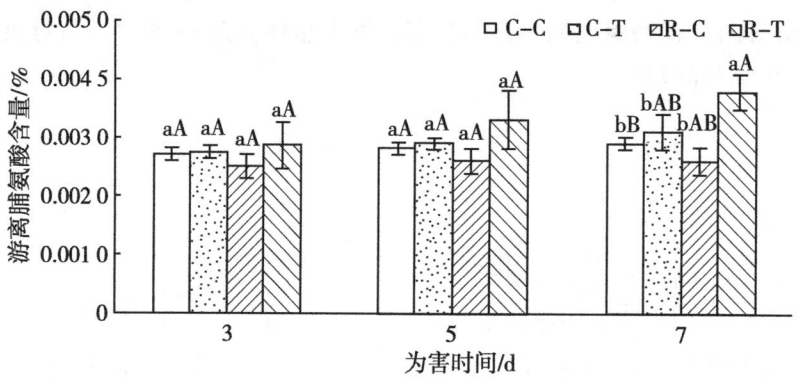

图 3-18　豆蚜取食抗感绿豆品种结荚初期植株体内游离脯氨酸含量变化

势。受豆蚜为害后抗、感品种体内的丙二醛含量均上升。当为害 3 d 时,抗感绿豆品种的丙二醛均有所上升,但与对照间差异不显著。为害 5 d 时,感虫品种植株体内的丙二醛含量上升 33.96%,抗虫品种上升 6.00%,抗、感品种与对照间均差异不显著。为害 7 d 时,感虫品种植株体内的丙二醛含量上升 53.70%,与对照间存在显著差异;抗虫品种体内的丙二醛含量上升 12%,与对照间差异不显著。

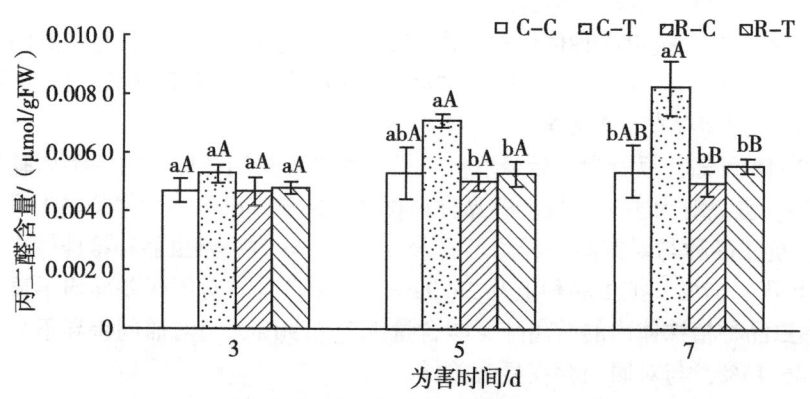

图 3-19　豆蚜取食抗感绿豆品种苗期植株体内丙二醛含量变化

由图 3-20 可知，豆蚜为害后绿豆抗、感品种分枝期植株体内的丙二醛的变化趋势。受豆蚜为害后抗、感品种植株体内的丙二醛含量均上升。当为害 3 d 时，抗感品种间及与对照间差异不显著。为害 5 d 时，感虫品种植株体内丙二醛含量上升 21.21%，并与对照间存在显著差异；抗虫品种上升 6.87%，与对照间差异不显著，且抗、感品种间差异不显著。为害 7 d 时，感虫品种上升 39.40%，与对照间存在极显著差异；抗虫品种上升 9.92%，与对照间差异不显著。

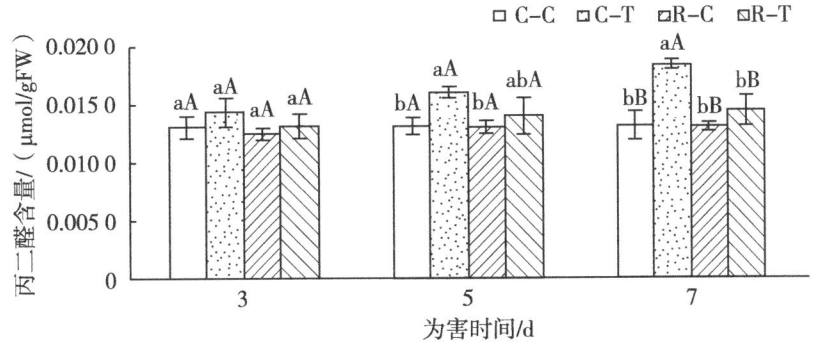

图 3-20　豆蚜取食抗感绿豆品种苗期植株体内丙二醛含量变化

由图 3-21 可知，豆蚜为害后绿豆抗、感品种初花期植株体内的丙二醛含量的变化趋势。受豆蚜为害后，抗感绿豆品种体内的丙二醛含量均呈上升趋势。为害 3 d 时，抗感虫绿豆品种体内的丙二醛含量均有所上升但与对照间差异不显著。为害 5 d 时，感虫品种体内的丙二醛含量上升 8.53%，抗虫品种上升 2.00%，抗感品种与对照间差异均不显著。为害 7 d 时，感虫品种植株体内的丙二醛含量上升 19.77%，与对照间存在极显著差异；抗虫品种植株体内的丙二醛含量上升 2.38%，与对照间差异不显著。

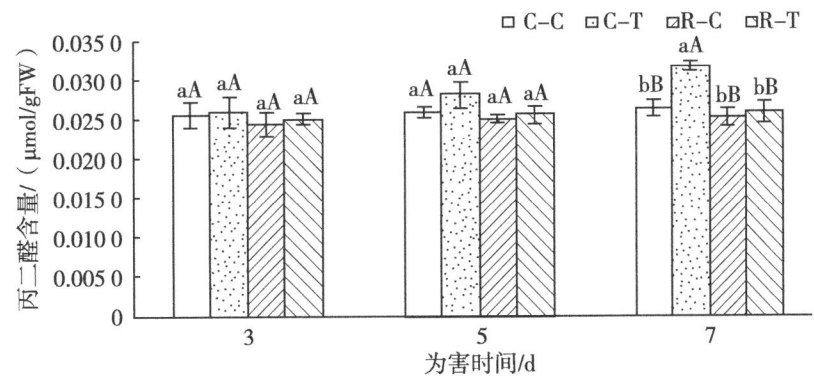

图 3-21　豆蚜取食抗感绿豆品种初花期植株体内丙二醛含量变化

由图 3-22 可知，豆蚜为害后绿豆抗、感品种结荚初期植株体内的丙二醛含量的变化趋势。受豆蚜为害后，抗、感品种植株体内的丙二醛含量均呈现上升的趋势。为害 3 d 时，感虫品种植株体内的丙二醛含量有所上升但与对照间差异不显著。为害 5 d 时，感虫品种植株体内的丙二醛含量上升 14.29%，与对照间存在显著差异，而抗虫品种基本不变。为害 7 d 时，感虫品种植株体内的丙二醛含量上升了 21.43%，与对照间存在极显著差异；抗虫品种植株体内的丙二醛含量上升0.95%，与对照间差异不显著。

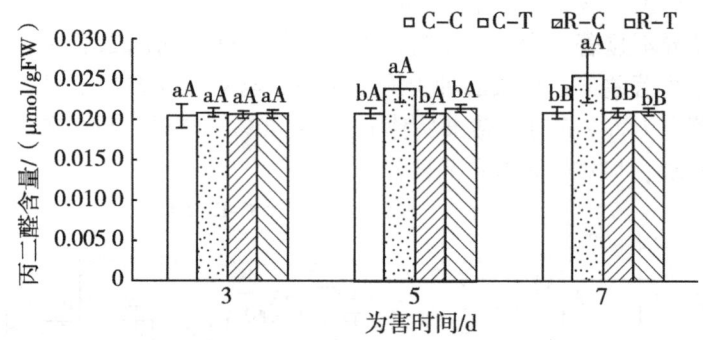

图3-22 豆蚜取食抗感绿豆品种结荚初期植株体内丙二醛含量变化

6. 豆蚜胁迫下抗感绿豆品种不同生育期POD酶活性的变化

由图3-23A可知，豆蚜为害后绿豆抗、感品种苗期植株体内POD活性的变化趋势。抗虫品种苗期绿豆植株POD变化呈先上升后下降的趋势，感虫品种呈逐渐上升的趋势。受豆蚜为害3 d时抗、感虫品种间存在显著差异。为害5 d时，抗虫品种体内的POD活性是未受害前的2.37倍，且与未受害前存在极显著差异；感虫品种体内的POD活性是未受害前的1.60倍存在显著差异；抗虫品种受害后POD酶活性是感虫品种的1.52倍，且存在极显著差异。为害7 d时，抗、感品种间不存在显著差异，但均与未受害前存在极显著差异。

图3-23B为豆蚜为害后绿豆抗、感品种分枝期植株体内的POD酶活性的变化，抗、感虫品种均随为害天数的增加POD酶活性呈逐渐上升趋势，为害3 d时，抗感品种间差异不显著；为害5 d时，抗虫品种体内POD酶活性是未受害前的2.07倍且存在极显著差异，感虫品种体内的POD酶活性是未受害前的1.58倍差异不显著；抗虫品种受害后体内酶活是感虫品种的1.41倍但品种间差异不显著。为害7 d时，抗虫品种体内POD酶活性是未受害前的2.29倍且存在极显著差异，感虫品种体内的POD酶活性是未受害前的1.85倍存在显著差异；抗虫品种受害后体内酶活是感虫品种的1.23倍但品种间差异不显著。

图3-23C为豆蚜为害后绿豆抗、感虫品种初花期植株体内的POD酶活性的变化，抗感虫品种均随受害的天数的增加POD呈逐渐上升趋势。为害3 d时，抗感品种体内的POD酶活性均迅速上升，其中抗虫品种酶活上升2.24倍，感虫品种上升1.80倍，且品种间存在极显著差异。为害5 d时，抗虫品种体内POD酶活性是未受害前的2.28倍并存在极显著差异；感虫品种体内是未受害前的1.66倍并存在极显著差异，且抗感品种间存在极显著差异。为害7 d时，抗感品种体内POD酶活性分别是未受害前的2.62倍和2.40倍，但品种间差异不显著。

图3-23D为结荚初期豆蚜为害后植株体内POD活性的变化，抗感虫体内的POD活性均随时间的增加逐渐升高，但变化不明显，抗感品种间差异不显著。

由图3-23可知，绿豆抗、感虫体内的POD活性与作物的生长时期有关。苗期、分

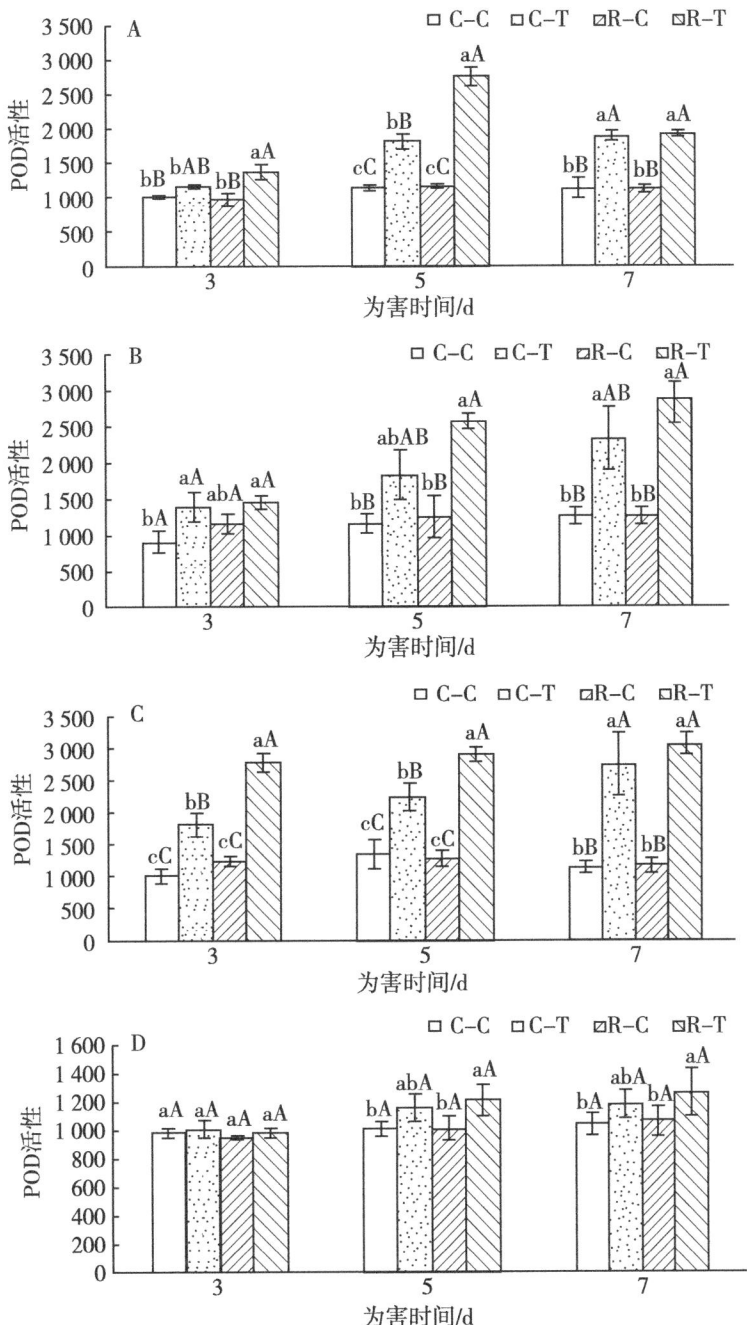

图 3-23 豆蚜取食抗感绿豆品种不同生育期植株体内 POD 活性变化

注：A 为豆蚜取食抗感绿豆品种苗期植株体内 POD 活性变化；B 为豆蚜取食抗感绿豆品种初花期植株体内 POD 活性变化；C 为豆蚜取食抗感绿豆品种初花期植株体内 POD 活性变化；D 为豆蚜取食抗感绿豆品种结荚初期植株体内 POD 活性变化；C-T 为感虫品种虫害处理；R-T 为抗虫品种虫害处理；C-C 为感虫品种未处理对照；R-C 为抗虫品种未处理对照。

枝期和初花期较结荚初期植株体内的 POD 活性高；并在植株受害后，分枝期和初花期植株体内的 POD 活性迅速上升，但结荚初期的 POD 活性较对照组差异不明显。

7. 豆蚜胁迫下抗感绿豆品种不同生育期 SOD 酶活性的变化

植株苗期体内的 SOD 活性变化趋势如图 3-24A，抗、感品种受豆蚜为害后均呈逐渐上升趋势。为害 3 d 时，品种及植株为害前后差异不显著。为害 5 d 时，抗、感品种的 SOD 酶活性均是未受害前的 1.33 倍，其中抗虫品种与未受害前存在极显著差异，感虫品种存在显著差异。为害 7 d 时，抗、感品种 SOD 酶活性分别是未受害植株的 1.61 倍和 1.54 倍，但品种间差异不显著。由图 3-24B 可知，豆蚜为害后绿豆抗、感虫品种分枝期植株体内 SOD 活性的变化趋势。受蚜害后，抗、感品种体内的 SOD 活性均呈逐渐上升趋势，在第 7 天时达到最大，但彼此差异不显著，且均是未受害前的 1.63 倍。植株初花期体内的 SOD 活性变化趋势如图 3-24C，抗、感品种受蚜害后呈先缓慢下降后迅速升高的趋势，在 7 d 时达到最大，且分别是未受害植株的 1.85 倍和 1.63 倍，但品种间差异不显著。植株结荚初期体内的 SOD 活性变化如图 3-24D，由图可知植株体内的 SOD 活性变化随时间的变化呈先上升后下降的趋势，在第 5 天时 SOD 活性最高且分别是未受害前的 1.27 倍和 1.15 倍，但品种间差异不显著。

由图 3-24 可知，绿豆抗感虫品种体内 SOD 的活性与作物的生长时期有关。苗期、分枝期和初花期较结荚初期植株体内的 SOD 在受蚜害后有明显的上升趋势，尤其是在分枝期和结荚期，而结荚初期变化不明显。说明 SOD 活性在分枝期和初花期与绿豆抗蚜性有关，而结荚初期关系不大。

8. 豆蚜胁迫下抗感绿豆品种不同生育期 CAT 酶活性的变化

图 3-25A 为绿豆分枝期抗、感品种受蚜害后 CAT 酶的变化趋势图，植株受豆蚜为害后抗虫品种体内的酶活性迅速上升，是未受害前的 2.42 倍，抗感品种间存在显著差异。为害 5 d 时，抗、感品种体内的酶活性分别是未受害前的 2.74 倍和 2.44 倍，但品种间差异不显著。7 d 时，抗、感品种体内的酶活性分别是未受害前的 2.59 倍和 2.20 倍，但品种间差异不显著。由图 3-25B 可知，豆蚜为害后抗、感品种苗期体内的 CAT 酶活性变化。受蚜害后，抗、感虫品种体内的 CAT 酶活性均呈先上升后下降的趋势，为害 3 d 时，抗虫品种体内的 CAT 酶活性迅速上升，是未受害前的 1.98 倍并存在极显著差异，且抗、感品种间存在极显著差异。为害 5 d 时，抗、感品种体内的酶活性分别是未受害前的 3.47 倍和 1.60 倍，且品种间存在极显著差异。为害 7 d 时，抗、感品种体内的酶活性分别是未受害前的 2.42 倍和 1.51 倍，且品种间存在极显著差异。图 3-25C 为绿豆初花期抗、感品种受蚜害后 CAT 酶的变化趋势图，植株在受豆蚜为害后抗、感虫品种体内 CAT 酶活性均迅速上升，在第 5 天时达到最高并是未受害植株的 4.93 倍和 2.27 倍，品种间差异不显著。图 3-25D 为绿豆结荚初期抗、感品种受蚜害后 CAT 酶的变化趋势图。抗感品种受豆蚜为害后体内的酶呈上升趋势，但品种间差异不显著。

由图 3-25 可知，绿豆抗、感虫品种体内 CAT 的活性与作物的生长时期有关。其中抗虫品种体内的 CAT 酶活性在苗期、分枝期和初花期的上升速率较快，尤其在初花期是未受害植株的 4.93 倍，而在结荚初期 CAT 酶活性较感虫品种低但品种间差异不显著。说明 CAT 酶活性与绿豆抗蚜性有关尤其在绿豆的初花期。

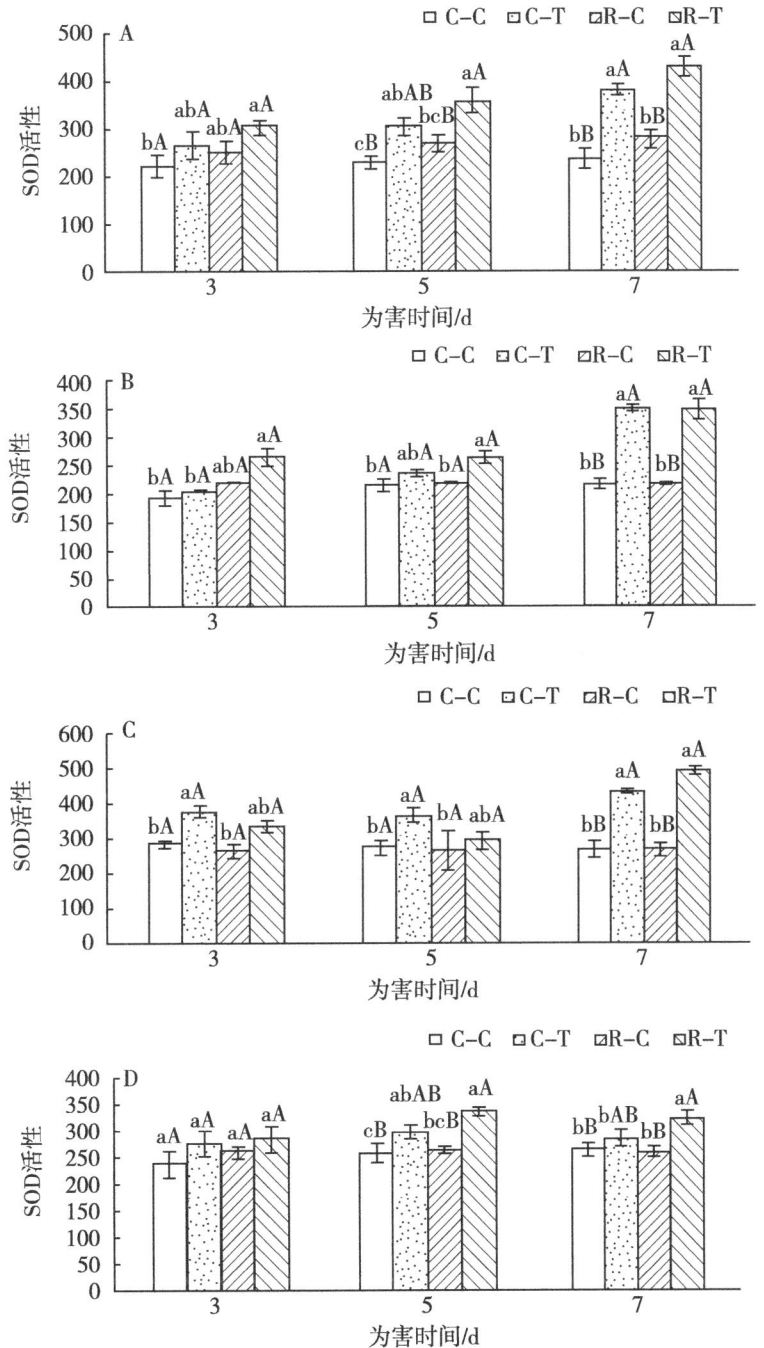

图 3-24 豆蚜取食抗感绿豆品种不同生育期植株体内 SOD 活性变化

注：A 为豆蚜取食抗感绿豆品种苗期植株体内 SOD 活性变化；B 为豆蚜取食抗感绿豆品种初花期植株体内 SOD 活性变化；C 为豆蚜取食抗感绿豆品种初花期植株体内 SOD 活性变化；D 为豆蚜取食抗感绿豆品种结荚初期植株体内 SOD 活性变化；C-T 为感虫品种虫害处理；R-T 为抗虫品种虫害处理；C-C 为感虫品种未处理对照；R-C 为抗虫品种未处理对照。

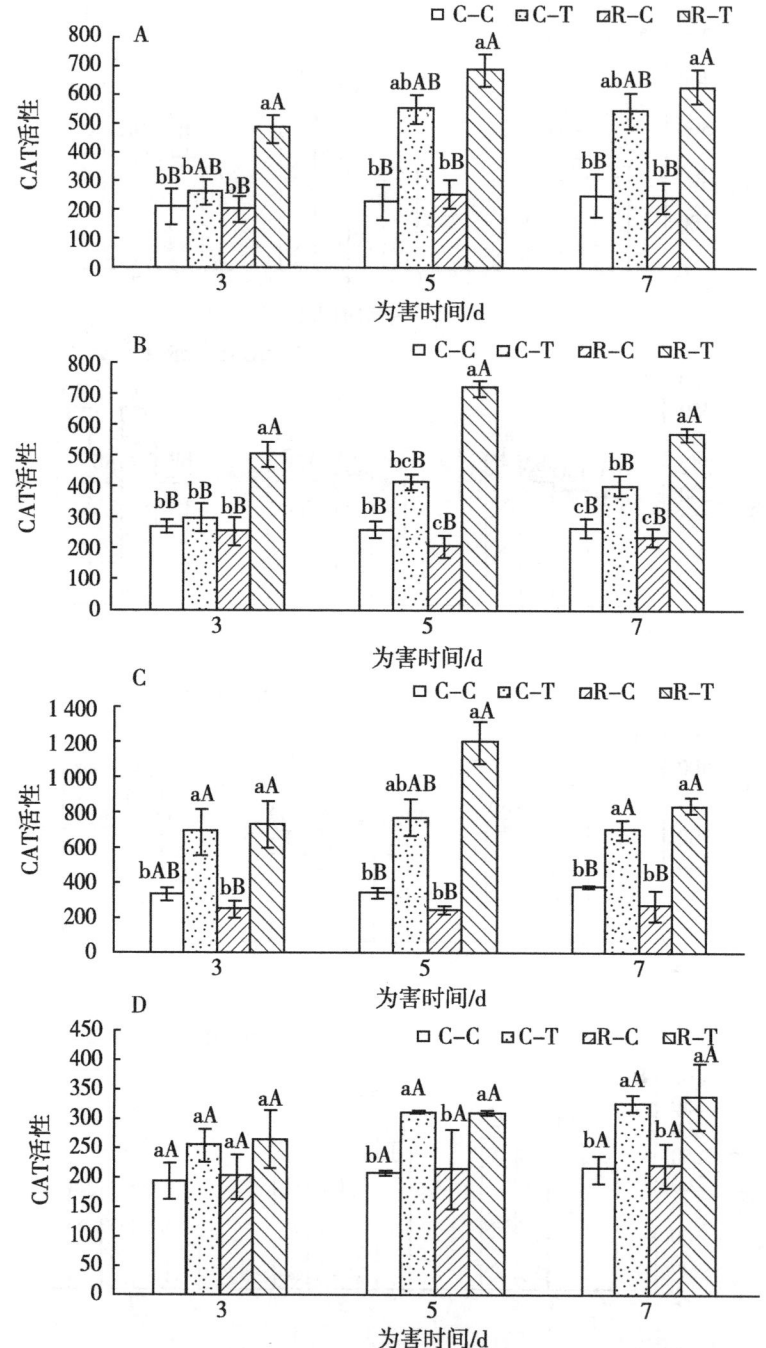

图 3-25 豆蚜取食抗感绿豆品种不同生育期植株体内 CAT 酶活性变化

注：A 为豆蚜取食抗感绿豆品种苗期植株体内 CAT 活性变化；B 为豆蚜取食抗感绿豆品种初花期植株体内 CAT 活性变化；C 为豆蚜取食抗感绿豆品种初荚期植株体内 CAT 活性变化；D 为豆蚜取食抗感绿豆品种结荚初期植株体内 CAT 活性变化；C-T 为感虫品种虫害处理；R-T 为抗虫品种虫害处理；C-C 为感虫品种未处理对照；R-C 为抗虫品种未处理对照。

三、结论与讨论

(一) 结论

根据分析绿豆不同抗性品种的蚜量比值与植株形态指标、植物营养的相关性得出,植株叶片的蜡质含量、中部叶背茸毛、中部叶片的长和宽、上中部茎茸毛密度与绿豆的抗蚜性呈正相关;植株体内的可溶性糖含量和游离脯氨酸与绿豆抗蚜性呈正相关。

豆蚜胁迫下,绿豆抗虫、感虫品种植株的生理生化响应为:在绿豆植株的各生育期抗虫品种体内的叶绿素和可溶性蛋白质含量低,可溶性糖含量高,抗感品种受蚜害后,抗虫品种植株体内的下降幅度显著低于感虫品种,游离脯氨酸含量上升幅度大于感虫品种,丙二醛含量上升幅度极显著低于感虫品种,且抗虫植株体内的 POD、CAT 和 SOD 酶活性在分枝期和初花期上升迅速。

(二) 讨论

1. 绿豆不同抗性品种的形态特征与抗蚜性的相关性分析

植物多种形态类型,如植物体体表茸毛、蜡质、大小等与害虫趋性有一定关系,影响昆虫的寄主选择、取食、产卵等活动,是植物固有的防御屏障。植株蜡质含量是昆虫选择寄主的一个重要因素。本研究结果表明,绿豆植株叶片的蜡质含量越高,绿豆品种的抗蚜性越高。植株上的茸毛使植物对昆虫的附着、取食和产卵等具有重要的影响。本研究结果显示,绿豆植株中部叶背茸毛、中部叶片的长和宽越长、上中部茎茸毛密度与绿豆品种的抗蚜性呈正相关。

2. 绿豆植株体内营养物质与抗蚜性的相关性分析

植物体内所含的营养成分是植食性昆虫生长发育所必需的能量来源。近年来,关于营养物质和保护酶与抗虫性的关系已有许多报道,有研究表明植物体内的蛋白质、氨基酸和可溶性糖含量等营养物质影响害虫的行为反应。植株体内的可溶性糖含量和游离脯氨酸与抗蚜性呈正相关,即绿豆品种的抗蚜性高,植株体内的可溶性糖含量和游离脯氨酸高。

3. 绿豆抗、感品种对豆蚜胁迫的生理响应

叶绿素是植物光合色素的重要种类,植物对光能吸收、蓄能和形成有机物等不可缺少的物质,叶绿素的含量直接影响有机物的合成,而当植物处于逆境胁迫时,其叶绿素含量的变化在一定程度上反映植株的受害程度。本研究的结果表明,植株体内的叶绿素含量随作物的生育期呈先上升后下降,且感虫品种体内的叶绿素含量在各生育期均高于抗虫品种但品种间差异不显著,当绿豆植株受蚜害后,抗、感品种体内的叶绿素含量均下降,但感虫品种体内的叶绿素含量的下降幅度显著大于抗虫品种,说明不同抗性品种间的防御反应有很大差异。对于受蚜害绿豆植株体内叶绿素的减少可能是由于豆蚜的刺吸,阻碍了植物体中叶绿素的合成,或提高了叶绿素酶的活性分解了叶绿素。

绿豆植株体内的可溶性蛋白质含量随作物的生育期逐渐呈上升趋势,且感虫品种体内的蛋白质含量显著高于抗虫品种,说明植株体内的蛋白质含量高利于豆蚜的取食。另外,当植株受豆蚜为害时,抗感品种体内的可溶性蛋白质含量均随为害时间逐渐下降,其中，在绿豆的苗期和初花期感虫品种的下降幅度显著大于抗虫品种，说明，豆蚜的刺吸为害对感虫品种的影响大于对抗虫品种的影响。

本试验研究结果表明，抗虫绿豆品种植株体内的可溶性糖含量高于感虫绿豆品种。另外，受蚜虫为害后，抗虫品种呈先上升后下降的趋势，而感虫体内的可溶性糖含量逐渐下降，且抗感品种间存在极显著差异。抗、感品种植物中可溶性糖含量的减少是植物进行防御的最终结果，从昆虫营养角度而言，绿豆经豆蚜胁迫后，可溶性糖含量的减少降低了豆蚜的适口性，从而降低了豆蚜的取食。

绿豆植株体内的游离脯氨酸含量随生育期逐渐上升，抗虫品种体内的游离脯氨酸含量高于感虫品种；当胁迫后，抗、感品种植株的游离脯氨酸含量均上升，且抗虫品种的上升幅度在各生育期均显著高于感虫品种。另外，植株体内的丙二醛含量受豆蚜胁迫后，丙二醛含量随为害时间的延长而逐渐升高，其中感虫品种的丙二醛含量上升幅度极显著高于抗虫品种，这与段灿星等（2013）和武德功等（2018）关于植株受害虫为害后植株体内丙二醛含量的变化趋势的结果一致。

4. 绿豆抗、感品种对豆蚜胁迫的生化响应

植物在遭受昆虫为害后，植物体内的活性氧代谢会受到破坏，使脂膜过氧化和膜脂脱脂作用启动，从而破坏膜结构。过氧化物酶（POD）是植株体内重要的呼吸酶类，普遍存在于植物体中，具有催化过氧化物的能力，与呼吸作用、光合作用以及生长素的氧化等都有关系；它是活性氧清除酶系统中主要成分，促进过氧化氢的反应，减少过氧化氢的积累防止膜脂过氧化，减轻虫害造成的膜伤害具有重要作用；另外，POD可使植株的木质化程度增加阻碍害虫的进一步为害。本研究结果表明，豆蚜为害后绿豆各生育期POD活性均上升，尤其是分枝期和初花期，且抗虫植株体内的POD活性高于感虫植株体内的酶活性；另外，在本试验中POD酶活在绿豆植株的分枝期和初花期抗虫品种体内的酶活性上升迅速，而结荚初期各处理间差异不显著，说明POD在抗虫品种的分枝期和初花期防御豆蚜的反应中发挥作用，而结荚初期POD活性不明显，可能由于植株木质化程度增加影响豆蚜的取食，从而导致POD活性降低。

超氧化物歧化酶（SOD）被称为活性氧代谢的第一道防线，常与POD一起在植物防御系统中发挥作用，主要功能是清除生物体内的自由基，抑制活性氧自由基对植物的损害，修复受损伤细胞核，是寄主植物最重要的保护酶系之一。本试验结果表明，植株各生育期体内的SOD活性均较对照上升。另外，在本试验中绿豆植株在不同生育期受到蚜害后，抗虫品种在分枝期和初花期，分别是对照的1.63倍和1.85倍。出现不同生育期SOD活性不同的原因可能是由于：在植株的衰老过程中，活性氧代谢失调，脂质过氧化程度加深，因此导致活性氧清除系统能力降低即SOD活性降低；另外，分枝期和初花期SOD活性较高可能是由于初花期是绿豆整个生育期最重要的时期，同时也是一年中温度较高的季节，在此时受到豆蚜胁迫后寄主植株会自发的提高SOD活性来维持正常的生命活动，因此在植株分枝期和初花期SOD活性最高。

过氧化氢酶（CAT）是活性氧清除系统的主要成分，可催化过氧化氢分解为分子氧和水，清除植物体内多余的过氧化氢，防止氧自由基对植物的毒害，是将过氧化氢含量维持在相对稳定水平的最重要的抗氧化酶。本试验结果表明，豆蚜为害后绿豆各生育期

CAT 活性均上升，且抗虫品种体内的 CAT 酶活性的上升幅度高于感虫品种。另外，在本试验中，抗虫品种体内的 CAT 活性在苗期、分枝期和初花期的上升速率较快，尤其在分枝期和初花期是未受害植株的倍 3.47 倍和 4.93 倍，而在结荚初期品种间差异不显著。造成 CAT 活性在植株不同生育期活性不同的原因可能是：CAT 酶是将 SOD 酶产生的 H_2O_2 催化为 H_2O 和 O_2 来维持活性氧平衡，因此当分枝期和初花期植株 SOD 活性上升时 CAT 活性也随着上升，从而缓解虫害对于植株体造成的氧化损伤。

本试验中绿豆抗、感品种受豆蚜为害后，体内的 POD 酶、SOD 酶和 CAT 酶活性均显著提高，以适应环境的变化，这与 Marcelo et al. （2006）研究的结果一致。但本试验缺少对植株遭受胁迫后产生的反应对豆蚜的取食、生长和繁殖的影响研究，因此本试验需进一步补充对豆蚜取食产和生长发育的影响研究。

第五节　绿豆抗、感品种对豆蚜体内酶的影响

一、材料与方法

（一）取样方法

将供试的 3 个绿豆品种（抗虫品种中杂绿 13、感虫品种密荚王 1 号及对照品种小明绿）进行盆栽种植，每供试绿豆品种种植 8 盆，待出苗 30 d 后进行接虫，每株接 10 头蚜虫，待繁殖 10 代后，将每供试绿豆品种上的豆蚜用毛笔刷下，装于离心管，于液氮中保存备用，用于测定不同绿豆品种上豆蚜体内主要消化酶和解毒酶的活性。

（二）豆蚜体内酶活测定方法

利用北京索莱宝（Solarbio）科技有限公司生产的试剂盒测定，取食不同绿豆品种的豆蚜体内消化酶（蛋白酶、脂肪酶和 α-淀粉酶）和解毒酶（乙酰胆碱酯酶、羧酸酯酶和谷胱甘肽硫转移酶）的活性。测定豆蚜体内各种酶活性所需的蚜虫量和试验操作按照说明书进行。

（三）数据处理

试验数据应用 Microsoft Excel 2016 进行数据统计，SPSS 19.0 软件进行方差分析，采用 Duncan 法进行差异显著性分析。

二、结果与分析

（一）豆蚜取食绿豆抗、感品种后体内消化酶活性的变化

豆蚜取食抗感虫绿豆品种后豆蚜体内消化酶活性的变化结果见图 3-26，其中豆蚜体内蛋白酶活性的变化结果见图 3-26A。豆蚜取食抗感虫绿豆品种后体内的蛋白酶活性较对照品种上的变化各异。其中豆蚜取食抗品种中杂绿 13 后豆蚜体内的蛋白酶活性最低为 0.50 U/g，其次为取食对照品种上的，为 1.30 U/g，而取食感虫品种密荚王 1 号后豆蚜体内的蛋白酶活性最高为 3.53 U/g，且是取食抗虫品种的 7.06 倍。取食抗虫品种中杂绿 13 后豆蚜体内的蛋白酶活性与取食感虫品种和对照品种豆蚜体内的蛋白酶间

存在极显著差异,而感虫品种与对照品种间仅存在显著差异。

豆蚜取食抗感虫绿豆品种后豆蚜体内脂肪酶活性的变化结果见图3-26B。豆蚜取食抗虫品种中杂绿13后,豆蚜体内的脂肪酶活性最低为0.133 U/g,而取食感虫品种密荚王1号上的豆蚜体内的脂肪酶活性最高为0.85 U/g,且取食感虫品种的脂肪酶活性是取食抗虫品种的6.39倍,并与对照和感虫品种间存在极显著差异。

豆蚜取食抗感绿豆品种后对豆蚜体内α-淀粉酶活性的变化结果见图3-26C。豆蚜取食抗感绿豆品种后,豆蚜体内的α-淀粉酶活性较对照变化各异。其中豆蚜取食感虫品种密荚王1号的后体内的α-淀粉酶活性最高,为0.92 mg/min/g,其次为取食对照品种上的,为0.66 mg/min/g,而取食抗性品种中杂绿13的豆蚜体内的α-淀粉酶活性最小,为0.46 mg/min/g。取食抗虫品种中杂绿13后豆蚜体内的α-淀粉酶活性与取食感虫品种豆蚜体内的酶活间存在极显著差异,与对照间存在显著差异。

(二) 豆蚜取食绿豆抗、感品种后体内解毒酶活性的变化

豆蚜取食抗感虫绿豆品种后豆蚜体内的解毒酶活性的变化结果见图3-27,其中豆蚜体内羧酸酯酶活性的变化见图3-27A。豆蚜取食抗感虫绿豆品种后,豆蚜体内的羧酸酯酶较取食对照品种的酶活性变化各异,其中豆蚜在取食感虫品种密荚王1号后,体内的羧酸酯酶活性最高为49.84U/g,取食对照品种豆蚜体内的羧酸酯酶活性次之为39.01 U/g,而取食抗虫品种中杂绿13的豆蚜体内的羧酸酯酶活性最低,为30.34 U/g。另外,取食感虫品种后豆蚜体内的酶活性与对照之间差异不显著,但与取食抗虫品种之间存在显著差异。

豆蚜取食抗感虫绿豆品种后豆蚜体内谷胱甘肽硫转移酶活性的变化结果见图3-27B。取食抗虫品种中杂绿13的豆蚜体内的谷胱甘肽硫转移酶活性最高为4.11 U/g,与对照相比略有升高但彼此间差异不显著;取食感虫品种密荚王1号的豆蚜体内的谷胱甘肽硫转移酶活性较对照相比有所降低,并与取食抗虫品种豆蚜体内的谷胱甘肽硫转移酶活性间存在显著差异。

豆蚜取食抗感虫绿豆品种后豆蚜体内乙酰胆碱酯酶活性的变化结果见图3-27C。取食抗感虫绿豆品种后豆蚜体内的乙酰胆碱酯酶活性均较取食对照品种的活性低,其中取食感虫品种密荚王1号的豆蚜体内的乙酰胆碱酯酶活性为1 691.25 U/g,与对照相比下降了40%,并存在极显著差异。取食抗虫品种中杂绿13的豆体内的乙酰胆碱酯酶活性为202.95 U/g,较对照显著下降了10倍,并存在极显著差异。抗感虫绿豆品种间对比发现,取食感虫品种豆蚜体内的乙酰胆碱酯酶活性是取食抗虫品种的8倍多,且抗感虫品种间存在极显著差异。

三、结论与讨论

(一) 结论

豆蚜取食抗、感绿豆品种后体内的消化酶和解毒酶表现为:豆蚜取食感虫品种后体内的蛋白酶、脂肪酶和α-淀粉酶活性均较取食抗虫品种和对照品种的高,分别是取食抗虫品种的7.06倍、6.39倍和2.00倍。豆蚜取食抗虫品种后体内的羧酸酯酶和乙酰

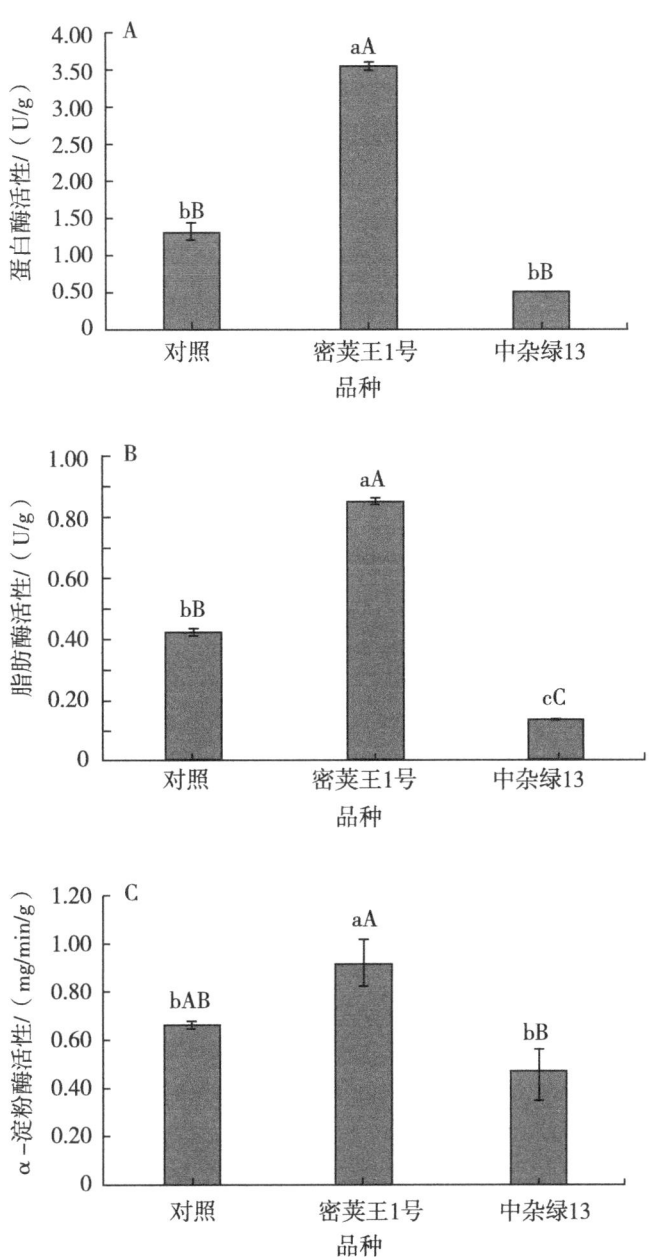

图 3-26 取食抗感虫绿豆品种后豆蚜体内的消化酶活性的变化

注：A 为取食抗感虫绿豆品种后豆蚜体内的蛋白酶活性；B 为取食抗感虫绿豆品种后豆蚜体内的脂肪酶酶活性；C 为取食抗感虫绿豆品种后豆蚜体内的 α-淀粉酶活性。

胆碱酯酶均较取食感虫品种和对照品种的低，且存在显著和极显著差异，其中取食感虫品种的乙酰胆碱酯酶活性是取食抗虫品种中杂绿 13 的 8.33 倍。说明，抗虫品种对豆蚜的抗性机制为抗生性，尤其是对豆蚜体内蛋白酶、脂肪酶和乙酰胆碱酯酶活性影响显著。

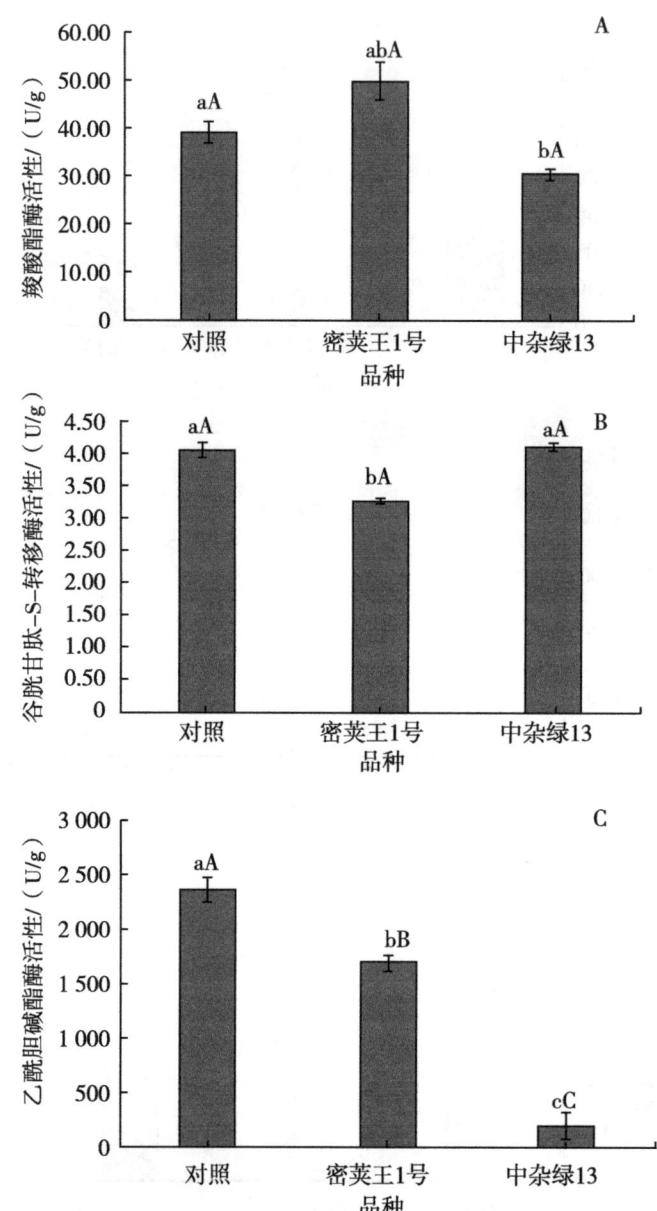

图 3-27 取食抗感虫绿豆品种后豆蚜体内的消化酶活性变化

注：A 为取食抗感虫绿豆品种后豆蚜体内的羧酸酯酶活性；B 为取食抗感虫绿豆品种后豆蚜体内的谷胱甘肽硫转移酶活性；C 为取食抗感虫绿豆品种后豆蚜体内的乙酰胆碱酯酶活性。

（二）讨论

1. 绿豆抗、感品种对豆蚜体内消化酶活性的影响

本试验研究发现，豆蚜取食不同抗性绿豆品种后，发现取食高感品种的豆蚜体内的

消化酶均极显著高于取食高抗品种的。蛋白酶、脂肪酶和α-淀粉酶是昆虫体内进行消化和能量合成的重要酶系,其活性的高低直接影响昆虫的存活。本试验中豆蚜取食高抗品种后体内的消化酶活性极显著低于取食高感品种的,说明抗虫品种的抗蚜机制为抗生性,且高抗品种体内可能含有抑制消化酶合成和分泌的物质,豆蚜取食后造成体内消化酶活性的下降,影响昆虫正常的代谢及发育,抑制其生长发育进而达到杀虫的目的,从而使植株获得抗虫性,但具体机理尚待进一步研究。

2. 绿豆抗、感品种对豆蚜体内解毒酶活性的影响

本试验研究结果表明,取食抗虫品种后豆蚜体内的羧酸酯酶和乙酰胆碱酯酶活性均较取食感虫品种的酶活性低。羧酸酯酶是昆虫体内重要的水解酶,能催化水解芳酸酯、脂肪族羧酸酯等多种化合物,当羧酸酯酶被抑制时,将干扰虫体正常的生长发育导致死亡,而本实验结果表明抗虫性越强该酶的活性越低,说明羧酸酯酶是抗虫品种对豆蚜的重要抗生机制。

本试验中关于乙酰胆碱酯酶活性的结论与朱诚棋等的研究一致,并且在本试验中取食感虫品种酶活性是取食抗虫品种中杂绿13的11倍多,说明抗虫品种对昆虫体内的乙酰胆碱酶有显著的抑制作用。乙酰胆碱酯酶的作用不仅是神经传导中的关键酶,还包括参与细胞的发育和成熟,促进神经元发育和神经的再生,以及细胞凋亡过程。王斯奇等(2016)用水稻汁液处理褐飞虱中肠细胞发现,品种抗性与中肠细胞的凋亡率呈正相关,并在凋亡细胞的细胞质中存在乙酰胆碱酯酶的积累。因此,抗虫品种的抗蚜性原因可能是由于豆蚜取食抗虫品种后导致体内中肠细胞的大量死亡,也有可能是豆蚜取食抗虫品种后乙酰胆碱酯酶被抑制,导致大量乙酰胆碱在神经突触处积累,使正常的神经传导受到影响,导致昆虫死亡而使品种获得抗虫性。但关于绿豆抗虫品种体内究竟哪些物质引起了豆蚜体内乙酰胆碱酯酶的变化,这是否与有机磷和氨基甲酸酯类杀虫剂的作用机理一样,致使豆蚜体内的乙酰胆碱酯酶活性部位磷酰化或者氨基甲酰酯化而抑制乙酰胆碱酯酶活性,还需进一步研究分析。

另外,本试验研究表明取食抗虫品种后,昆虫体内的谷胱甘肽硫转移酶极显著高于取食感虫品种的活性,且抗虫性越高昆虫体内的谷胱甘肽硫转移酶活性越强。本试验中该酶升高的原因可能是由于,谷胱甘肽硫转移酶是昆虫体内参与多种异源物质降解重要的连接酶,且该酶与昆虫体内多种解毒机制密切相关,因此说明该酶活性的升高与抗虫品种独特的次生代谢物有关。

第四章 红小豆对红叶螨抗虫性研究

第一节 红小豆螨害研究概况

一、研究目的意义

中国红小豆种植面积约为 40 万 hm^2，居世界第一位，在我国杂粮中的地位颇高。近年来，我国红小豆产业的发展随农业供给侧结构性改革的推进，呈现出新的态势，红小豆种植面积在黑龙江省杂粮作物中的比重不断扩大，未来国内外红小豆供需也将持续增加，市场前景广阔，但害虫发生的种类和为害程度也随之加重，螨害是黑龙江省西部半干旱区红小豆主要虫害之一。

红叶螨（*Tetranychus pueraricola*），是一种新报道的叶螨，该害螨在中国大陆对植物为害严重。多年来人们一直努力致力于叶螨的防治研究当中，化学控制害螨是保护作物最常见的方法。但是杀虫剂的不合理使用，很大程度上会对非目标生物造成威胁，使生态环境的平衡遭到破坏，导致叶螨由次要害虫逐渐上升为主要害虫，螨害发生程度加重，发生的频率也会相应增加；叶螨由于个体小，适应力强等特点，被认为是世界范围内抗药性最为严重的节肢动物之一，因其抗药性极强，所以螨害发生时控制效果差便可引起重大的农业损失。农业害螨防治是农业生产中的一大紧要任务，因此寻找切实可行的植物抗螨手段来保障人民饮食安全已迫在眉睫。

植物与螨类的关系是相互的，寄主植物的生长发育受到螨类活动的影响，螨类对于寄主植物的选择也受到植物的各种特征的影响。叶螨为害植物时，植物对植食性螨类产生抗性反应。植物的叶片形态特征，营养物质，理化性质是影响害螨选择寄主植物以及生长发育繁殖等活动的重要指标，在植物抗性鉴定等方面扮演着重要的角色。农药减量控害被提上日程，需要不断探索和研究农作物病虫草害绿色防控技术，植物抗螨性的研究对我们认识植物与害螨的互作关系，以及利用植物的抗螨性进行害螨的综合防治等方面，都起到了关键作用，合理有效利用植物的抗螨性不仅有利于降低化学农药的使用频率，还能够降低害虫产生抗药性的概率。抗螨性的鉴定与评价，是植物抗螨性研究工作的重要组成部分，应用植物抗虫性防治害虫是害虫综合治理（IPM）的重要组成部分，同时也是害虫绿色防控的主要途径。对植物的抗虫性鉴定、筛选和抗性评价及抗虫机制研究是选育和推广应用抗虫品种工作的基础。

由于螨类个体小、繁殖快、数量密集，为植物抗螨性的鉴定与评价带来了诸多不便。红叶螨作为黑龙江省西部地区主要为害的害虫，对红小豆的生长发育造成了一定程度的威胁，考虑到红小豆在黑龙江省杂粮作物中的地位，研究红小豆抗螨性，及早解决红小豆螨害问题，对黑龙江省半干旱地区农业的综合治理与发展有着举足轻重的作用。

二、叶螨的发生及为害特点

（一）叶螨的种类

在农业生产中，农业害螨的大量暴发威胁严重农作物的生长发育与经济发展。叶螨作为植食性螨，主要发生在果蔬花卉以及大田经济作物上。目前叶螨主要有单食性、寡食性和多食性3种类型：本岛小爪螨仅以柳杉为食；柏小爪螨仅取食柏类植物；二斑叶螨取食为害植物种类超过150多种。作物上常见的叶螨报道较多的有二斑叶螨（Tetranychus urticae Koch）、朱砂叶螨（Tetranychus cinnabarinus Boisduval）、截形叶螨 Tetranychus truncatus Ehara）等。但对于杂粮上的叶螨研究较少，对红小豆上的叶螨研究更是尚未见报道。

（二）红叶螨的发生及为害

红叶螨（Tetranychus puerraicola）是蛛形纲（Arachnida）、蜱螨亚纲（Acari）、蜱螨目（Acarina）、叶螨科（Tetranychidae）的一类多食性害虫，20世纪90年代被首次发现于葛藤上，该螨对经济作物的为害性很强，广泛分布于中国大部分地区的不同寄主上，目前黑龙江、吉林、广西、云南、四川和湖南的部分地区有样本研究报道。然而，国内外对于红叶螨自然种群以及其对植物的抗性等方面还缺乏相关研究，并且长期以来，红叶螨常被误认为二斑叶螨的红色型。

作为黑龙江省西部半干旱地区红小豆植株上的主要害虫之一，红叶螨体色无季节性变化，通体全年呈红色，以卵越冬喜干燥炎热天气，于每年5月左右开始出现，可随风等外力传播，高温干旱少雨的夏季螨害易大面积暴发，一年发生多代。红叶螨多数发生于叶背面，以刺吸式口器刺吸叶片汁液，受害植株的叶片表面轻则出现集中的失绿细小斑点，受害严重的叶片表面会形成火烧状甚至脱落，阻碍植物的光合作用，从而影响植株开花结荚而导致减产。刺吸式口器的昆虫在取食过程中对植株的为害程度与叶片的形态特征关系较大，尤其红叶螨主要在叶片背面为害，叶片背面的特征与其发生程度关系密切且复杂。关于红叶螨对寄主的适应性以及红小豆对红叶螨的抗性方面的研究尚未见报道，本研究将进行此方面的研究及探讨。

（三）植株形态特征与植物抗虫性

植物与昆虫在长期的协同进化过程中，通过自有的形态特征构成了一系列的条件来抵御外来昆虫的为害。昆虫首先通过植物外部形态特征来判断该寄主植物是否符合自身的取食、生长等活动要求。由于植物形态特征具有直观性，可为其抗虫性研究提供理论依据，因此形态特性是研究植株抗虫性的重要内容，构成了害虫取食行为的障碍因子，即植物在形态性状上对害虫的为害有防御作用，植物的叶色、蜡质、茸毛、叶型以及叶厚度等方面具有多种功能，例如抵御昆虫取食、降低叶片蒸腾作用、提升植物御寒能力等。狄佳春等（2019）研究指出，抗虫性与寄主的许多外部形态特征有关，并且各种形态特征之间的互作也起着较大的作用。通过对叶片组织结构和叶螨的发生，研究寄主植物形态物理抗性，发现植物种质抗螨性与植物叶片厚度、蜡质、叶毛的数量和长短、生长方向、软硬或形状等性状相关，而且不同的毛状体其功能也各不相同，并且同一植物的不同部位的毛状体，对昆虫产生的作用也不完全相同。合理利用寄主植物的形态特征，阻碍昆虫的运动机制，特别是昆虫对寄主的取食趋性等方面对抗虫性研究有着重要的影响。

1. 寄主植物叶色与抗虫性的关系

昆虫对寄主植物颜色具有选择性，植物叶片颜色在一定程度上给予了昆虫取食的视觉刺激。有研究报道，寄主的叶片颜色与虫害程度相关，叶片颜色越淡的植物虫害最高，颜色越深的虫害程度反而最低。二斑叶螨雌成螨的前足体具有对紫色和绿色光两个波段光感受器，因此其对绿色具有选择趋性。Li et al. （2019）指出，对红色产生抗性过表达的棉叶对棉铃虫和螨虫的抵抗力均增强。从蚜虫定向行为研究中发现，叶色黄绿鲜亮的早小洋菊更受蚜虫喜爱。

2. 寄主植物叶厚度和叶面积与抗虫性

叶厚度与寄主植物对昆虫的抗性有关，曹春玲等（2015）在研究中指出寄主叶片厚度与昆虫的选择趋性成正比；李木明（2008）发现，中抗型寄主品种的叶片厚度均低于感型品种，植物叶片厚度在一定程度会影响昆虫的为害；李昌盛（2007）研究报道，蚜量比值与小麦旗叶面积呈显著正相关。

3. 寄主植物叶片蜡质与抗虫性

植物叶片表面的蜡质层的特殊性质与成分给昆虫取食消化造成了不便。叶表蜡质层作为形态学特征构成了影响昆虫取食行为的障碍因子，可以抵御跳甲的取食为害；王剑嵩等（2021）报道指出，寄主植物的叶绿素含量、蜡质含量、叶片维管束埋深等，与害虫的取食选择趋性之间，均呈显著负相关。据研究报道，在不同寄主植物上饲养的二斑叶螨死亡率和繁殖速度等差别较大，其认为石竹叶上较厚的蜡质层是导致二斑叶螨死亡率高于其他寄主的主要原因；油菜品种不同，叶片蜡质含量也有区别，并且叶片蜡质含量高的油菜品种抗虫性强；寄主植物的蜡质含量与抗虫性有关，蜡质含量越高，则寄主的抗虫性越大；刘凯扬等（2019）在研究中指出，多蜡质成分可增加叶片表面的光滑性，降低了害虫的为害程度，叶片表面蜡质含量与叶片受害级数存在显著负相关。说明植物表面的蜡质在一定程度上阻碍了害虫的取食为害，蜡质与抗虫性有着密切的关系。

4. 寄主植物叶片茸毛密度和长度与抗虫性

寄主植物叶片茸毛对抗虫性的影响，主要表现在茸毛密度和长度两个方面。叶片表面的茸毛对于螨类发生量的大小有一定的影响，一方面，部分害虫的个体微小，植物表面的毛状体，以及毛状体所含有的或分泌的化学物质影响害虫的生长发育等活动，Lema et al. （1986）指出，叶片的茸毛和螨害级别之间呈显著负相关，究其原因可能是与茸毛内含物有关；在其他植物中，毛状体的特殊结构对昆虫的卵起到依附作用，有效提高了若虫存活率，同时茸毛结构能够对农药产生一定的吸出和隔离作用，影响了杀虫剂的使用和吸收效果；此外，其取食活动会受到茸毛等附着物的影响，使其不能与取食部位紧密贴合，尤其是刺吸式口器的害虫，口针难以达到正常取食的叶肉部位。另一方面，植物茸毛通过影响天敌和其他外部环境，来干扰螨在植物叶片上的附着和生存等，利用昆虫天敌进行生物防治，在抗螨性研究中发挥着关键性的作用。

一般来说，抗虫性植物品种的一种重要的形态特性就是叶片茸毛密度较大。有研究发现，寄主的叶片不同部位的茸毛与抗虫性的关系不同，叶片背面的茸毛密度、疏松度均与寄主植物的抗虫性呈负相关，但是叶片正面表皮毛密度、紧密度与抗虫性呈一定程度的正相关；在20世纪末对棉花抗朱砂叶螨的机制研究中表明，品种叶片茸毛致密程度高，其抗螨性较强；寄主植物绒毛密度与抗螨性极显著正相关。何香（2018）研究也指出，杜鹃冠网蝽取食初期寄主选择与叶背茸毛密度正相关。

叶片茸毛也是影响昆虫取食、产卵以及寿命的重要因素，有研究报道，二斑叶螨的产卵量随着叶片茸毛密度的增加而增加，其后代中，雌螨所占比重也随之明显增大；Lucini et al.（2015）研究发现，腺毛密度与叶螨死亡率呈正相关，而与叶螨取食和产卵选择性呈负相关。还有研究发现叶片茸毛多的植物上的叶螨发育速率较快，具有茸毛的品种比光滑无毛的品种更易遭受叶螨的严重为害。而Goonewardene et al.（1980）发现，寄主植物茸毛密度与苹果全爪螨的种群数量相关性不显著，相关性水平较低，因此，叶片茸毛密度对昆虫繁殖产生影响是局限于在一定的范围内的。

研究表明，叶片茸毛的长度能够影响螨类对寄主植物适应性，茸毛长度越长，则越有利于害螨天敌的生长发育，但是不利于植食性螨的取食为害。刘奕清等研究报道，抗螨性品种的寄主植物，其茸毛长度相较于感螨品种更长；陈泉亨研究发现，黄瓜不同品种间的叶片茸毛长度与虫量呈高度负相关；相同品种的不同生长部位的茸毛长度与该部位的虫量呈高度正相关。

5. 植株生理指标与抗虫性

寄主植物生理指标中有关营养物质的变化，使得昆虫的生长发育受到干扰，植物使昆虫的存活率大幅度降低等，以此来提高自身抗虫性。绿色植物一般含有螨类生长发育所需要的营养物质，主要包括叶绿素、糖类、蛋白质、水、有机酸等细胞液。害虫取食寄主，可能导致寄主植物体内的营养物质以及部分抗性物质含量的改变，均能够有利于提升寄主植物抗虫性。

叶绿素在植物体的光合作用中，充当了相当重要的角色，植物光能的吸收、传递和转化等反应都与植物体的叶绿素息息相关。研究发现植物的光合生理响应和植物抗性密切相关，叶绿素含量的变化可在一定程度上反映植株的受害程度，叶绿素作为植物光合作用中不可或缺的色素，既能反映植物光合能力强弱，也可作为反映植物体抗性能力的生理指标之一，通常被刺吸式害虫胁迫的叶片会出现一定的损伤，细胞内叶绿体减少，进而影响叶绿素的合成，而光合作用的不足将会导致植株产量的损失。刺吸式害虫对寄主的探索，首先是将口针刺入植物表皮细胞，接着深入海绵组织和栅状组织，吸取植物细胞内的汁液，导致细胞坏死，叶绿素损失，从而抑制光合作用。有研究指出，二斑叶螨为害后叶绿素减少量差异显著，叶片净光合作用率降低且与叶片上单位面积螨数显著相关，叶绿素含量较低的植物遭受植食性螨类胁迫的时间，一般是比叶绿素含量高的叶片受胁迫时间早。许多报道指出，抗螨品种叶绿素含量高于感螨品种，叶绿素含量高的品种，植株螨害表现较轻，而叶绿素含量较低的品种，其表现的受害程度较严重。

植物对昆虫的营养效应，绝大部分是由昆虫的取食以及植物所含的营养物质成分决定的。水分是导致叶螨刺吸寄主的催化剂，植株含水量减少，叶螨对寄主水分的需求量加大，造成叶片受害加重。研究发现，叶螨喜欢取食含水量较高的寄主植物，以满足其生长发育过程中对水分的需求，因而造成这类品种受害严重；另外，高抗品系寄主植物的叶片含水率均小于中、高感品系。

寄主植物细胞当中包含着许多渗透调节物质，其中可溶性糖和可溶性蛋白质类的作用相对明显，可溶性糖是昆虫正常生理活动不可缺少的碳水化合物，蛋白质代谢在植物抗逆生理过程中具有重要作用，它们能够作为害虫生长发育的能量物质，甚至是促使害虫胁迫植株的诱因。寄主植物叶片受害后，植株体内的可溶性糖、可溶性蛋白含量均有不同程度变化，害虫的取食导致植株内各类营养和抗性物质等的重新调节，提升植物的光合作用强度，保持新环境下植物的健康生长。研究表明，植物的抗螨性与可溶性糖含量呈负相关关系；糖含量较低时，可能造成害虫对糖分正常需求的营养失调，寄主植物表现出抗虫性；植物糖的含量较少时，螨因糖的需求较大而大量取食寄主植物获取糖分，在螨取食为害的过程中，叶绿体也在不断减少，造成光合作用减弱，从而造成螨为害程度加重的恶性轮回，植物所表现出的抗螨性也就越差。冯建雄等（2019）研究发现，油菜叶片的可溶性糖含量越低，抗虫性越强；叶绿素的含量越高抗虫性越强；周婷婷等（2017）研究发现，可溶性蛋白质含量、叶绿素含量等与害虫发生量等呈极显著正相关。

植物细胞在进行渗透调节作用时，离不开脯氨酸的重要作用，脯氨酸是水溶性最大的一种氨基酸，其水合能力较强，具有易于水合的趋势，当植物遭受昆虫胁迫时，脯氨酸含量的增加能够对植物细胞和组织的持水力提升有很大帮助，防止植物细胞在受害后脱水。许多研究表明在害虫胁迫下，不同品种的叶片可溶性糖、可溶性蛋白和游离脯氨酸含量存在显著差异。这是由于，在逆境条件下蛋白酶活性增强，加速蛋白质降解，增加游离氨基酸含量，脯氨酸含量变化较明显。脯氨酸在反应植物抗虫性方面的作用显著，陈青等（2016）指出研究表明，寄主植物品种抗虫性高，脯氨酸含量低，抗虫性与寄主植物体内的脯氨酸含量呈显著负相关；解雅梅（2019）对寄主叶片中与抗虫性相关的物质进行分析发现，寄主植物叶片中的脯氨酸含量以及蛋白质含量和抗虫性的关系较大。

植物在逆境胁迫下会引起体内自由基的大量产生，会对膜脂的过氧化起到促进作用，细胞膜遭到破坏，结构与功能的完成性丧失，细胞内含物外漏，造成细胞的严重伤害甚至死亡。丙二醛（MDA）是膜脂过氧化的主要产物之一，是一种对细胞具有毒害作用的物质，容易导致细胞膜功能紊乱，MDA含量的大小也能够反映出植物遭受胁迫的严重程度。许多相关的研究表明，在逆境条件下，植物体内的MDA含量变化大小与植物的抗逆性强弱关系密切。研究发现，MDA、POD和PAL参与了黄瓜对蚜虫侵染的防御调控，蚜虫接种后两品系的MDA含量的活性显著高于对照，感蚜品系的MDA含量始终极显著高于抗蚜品系；植物受到朱砂叶螨为害后，叶片的叶绿素含量与同期对照相比均降低；而叶片内的可溶性糖、可溶性蛋白、脯氨酸和 MDA 含量较对照组的比值整体上的变化趋势为先升高后降低。

6. 植株生化指标与抗虫性

害螨对寄主植物选择取食，不仅取决于寄主植物营养物质种类，也取决于植物体内理化物质含量的变化。植物的理化相关的物质变化，不仅能够对昆虫的消化性与食物营养和产卵产生直接的影响，还能够对昆虫的其他生命活动产生间接影响，是抗虫性的重要基础。植物体内的活性氧在正常情况下维持平衡状态，但是当植物受到逆境胁迫后含量增加，部分生物功能分子遭到破坏，但是植株体内的各种保护酶能及时清除活性氧，保护酶活性上升能够有效抑制活性氧对细胞所造成的氧化损伤。其中超氧化物歧化酶（SOD）和过氧化物酶（POD）是生物体内重要保护酶，这两种酶的协同作用能够使植物不受外界环境的刺激而保持自身防御体系的动态平衡，防止自由基的毒害。张洪英等（2016）在研究中发现，植物体内的多酚氧化物酶（PPO）、过氧化物酶（POD）、超氧化物歧化酶（SOD）和过氧化氢酶（CAT）酶活性越高，寄主植物品种的抗蚜性越强。

多酚氧化酶（PPO）作为寄主植物体内保护酶体系的重要一员，其主要功能是清除植物体内的活性氧，降低昆虫胁迫对寄主植物造成的损伤，同时 PPO 酶也是植物次生代谢反应中的关键酶，对寄主植物体内次生代谢物质的产生起着调节和控制的作用。多酚氧化酶（PPO）能把植物组织中的一些酚类物质氧化成毒性物质，从而参与植物防御害虫的反应，增强植物的抗虫性。研究发现防御酶在植物抗逆性中也起着重要作用，抗虫品系的寄主植物叶片中的保护酶 SOD、POD 和 PPO 酶的活性，均大于感虫品系。CAT 酶是活性氧清除系统的主要成分，可将植物体内多余的过氧化氢催化分解为分子氧和水，清除自由基对植物的损伤，是将过氧化氢含量维持在相对稳定水平的最重要的抗氧化酶。何香等（2020）研究发现，MDA 含量和 CAT 酶活性的变化率与昆虫对寄主的偏好度之间存在一定的正相关性，SOD、POD 酶活性变化率与昆虫对寄主的偏好度存在一定的负相关性。

活性氧存在于植物的部分细胞器以及酶促反应等方面，植物体内的活性氧含量过度，则会导致植物体内的氧化还原活性过高，使得植物的细胞的活性降低，甚至直接导致细胞死亡，APX 酶作为活性氧清除系统中的重要指标，参与了植物对生物损伤的反应。研究麦长管蚜对多个品种的山羊草的取食诱导试验中发现，蚜虫为害后植株体内的 APX 等酶活性，相较于感蚜前均呈现了不同程度地上升，APX 等酶活性的提高率由抗性水平决定，物种抗性水平提高，则酶活性提高率增加，3 种酶活提高率的提高可能与蚜虫的取食诱导有关，且诱导性的高低随寄主品种抗性提升而增加。

三、抗虫性鉴定方法研究进展

（一）抗虫性鉴定方法

利用植物种质资源对害虫抵抗能力测评结果对植物种质资源进行抗虫性鉴定，是抗虫性研究的基础，合理的抗性评价指标和分级标准是正确有效评价植物抗虫性的关键所在。但当下红小豆抗螨性鉴定并无最合适的鉴定方法，近年来，国内外在抗虫性研究方面做了很多，其可用于抗虫性评价的指标主要有以下几方面可作为参考。

抗虫性鉴定首先是基于许多基础方法的研究。前人采用蚜量比值法对小麦抗蚜性进行鉴定；在叶螨盛发末期，根据各部位叶片受害程度和虫子发生量进行抗性评价，受害级数法共分5级，采取该法对棉花田间抗螨性作出鉴定；使用叶片被害指数法对茄子不同品种进行田间抗螨性鉴定；采用温室栽培接虫鉴定的方法，结合田间套种自然鉴定法，进行大豆品种抗鳞翅目害虫鉴定及评价试验研究。

田间自然种群密度法也是检验植物抗性常用的方法之一，采取该法对田间叶螨抗性进行抗性鉴定和评价；采取虫口密度法分别对不同寄主的不同品种作出抗螨性评价，将茶橙瘿螨的螨情指数转换为虫口密度，与实际测得的虫口密度呈极显著相关性。还有研究叶螨以种群生命参数来对寄主抗性作出评价；利用单位面积叶绿素含量比值法，根据叶绿素比值大小的差异划分辣椒品种的抗性级别。

在作物生产中，植物抗虫性鉴定主要是为了培育能稳产、高产的抗虫性品种。因此，虫害胁迫下作物的产量变化可用来作为衡量作物抗虫性的一项重要指标。有研究通过用药控制对照来对比不同玉米的产量损失，以此衡量玉米品种的抗虫性。研究水稻对稻飞虱的抗虫性时，利用改进的苗期集团筛选法，对水稻品种采用接虫法进行鉴定。

此外，抗虫基因分子标记辅助选择方法也是近些年来研究较为成熟先进的方法，该方法通过提取植物基因组DNA，采用已经被克隆或锁定位置的抗虫基因片段设计的分子标记来进行PCR检测。例如，通过检测基因片段中是否含有抗性基因，或通过片段区分抗性基因纯合与否。

（二）抗虫性评价标准

1. 蚜量比值评价标准

利用蚜量比值法作为小麦抗蚜性评定依据。

2. 叶片被害指数评价标准

以叶片被害害指数最高与最低差值等分为基准，划分为6个抗性级别：高抗（HR）、中抗（MR）、低抗（LR）、低感（LS）、中感（MS）、高感（HS）。

3. 田间自然种群密度评价标准

以田间自然种群密度最高与最低的差值等分为基准，划分为6个抗性级别：高抗（HR）、中抗（MR）、低抗（LR）、低感（LS）、中感（MS）、高感（HS）。

4. 叶绿素法评价标准

根据不同抗感材料单位面积叶绿素比值大小的规律性为基础，划分6个级别：高抗（HR）、中抗（MR）、低抗（LR）、低感（LS）、中感（MS）、高感（HS）。

第二节　不同红小豆品种对红叶螨抗性评价

一、材料与方法

（一）试验材料

1. 供试红小豆品种及来源

供试红小豆品种：选生产上常规种植的红小豆品种（品系）13个：佳红1号，小丰2号，龙垦红，龙垦红2号，农安红，农安红2号，中红7号，红丰8号，天津红，吉红10号，榆树红，农垦红，珍珠红，由大庆瑞泽丰农业科技有限公司和黑龙江省农业科学院佳木斯分院提供。

2. 供试虫源

试验所用的供试叶螨为红叶螨（*Tetranychus puerimbcola*），是黑龙江省西部红小豆田常发生为害的叶螨，故试验以此种为供试虫源。

（二）试验方法

1. 抗螨性鉴定方法分级标准

根据前人研究，结合本研究的特点，红小豆抗、感螨品种鉴定采用5种抗性鉴定方法，即为叶片被害指数法、盆栽虫口密度法、螨量比值法、叶绿素法和田间自然种群密度法。5种抗性鉴定方法的分级标准见表4-1。

2. 叶片被害指数法和盆栽虫口密度法

采用盆栽方式种植红小豆，每品种重复4次。于红小豆出苗15 d后，对植株采用带叶转移法接虫，每株接虫10头，接虫3 d后开始调查，每3 d调查一次，共计调查3次，记录每株红小豆单叶的红叶螨数量和为害级别。红叶螨为害叶片级别共分5级，分级标准如下：

0级：叶片上无螨，无受害症状；
1级：叶片上有少量螨，受害轻微，现少量黄白点；
2级：叶片上有螨，呈红黄斑，受害面积为全叶面积的1/3以下；
3级：叶片上有螨，呈红黄斑，受害面积为全叶面积的1/3~2/3；
4级：叶片上有螨，红黄斑面积为全叶面积的2/3以上，或叶片脱落。
叶片被害指数法的抗性分级标准参照桂连友的方法。

$$I(\%) = \frac{\sum_{1}^{n}(为害级别) \times 该级叶片数}{m \times 最高级别} \times 100$$

式中，I 为叶片被害指数，n 为受害级别数，m 为相应的叶片数量。

盆栽虫口密度即调查品种的单叶平均螨量，以盆栽虫口密度的最高与最低差值等分为基准，划分为6个抗性级别（表4-1）。

3. 螨量比值法

采用盆栽方式，每品种种植3盆，每盆10株，从红小豆出苗15 d后开始接虫每盆接20头，红小豆不同品种各调查5株，每株调查10片叶，每7 d调查1次，共调查3次，调查不同品种植株上的虫口数量。抗性分级参照李素娟等的方法，将螨量比值进行分级作为抗性评定依据（表4-1）。

$$螨量比值 = \frac{某品种螨量}{全部观察品种的平均螨量}$$

4. 田间自然种群密度调查法

田间从红小豆出苗开始调查，每3 d调查1次，每个小区品种选择5株，每株选择中部叶3片，带回室内镜检，观察记载单叶的螨量，计算单叶螨量均值，即为田间自然种群密度。根据调查结果计算田间自然种群平均密度,将种群密度进行分级作为抗性评定依据(表 4-1)。

5. 叶绿素法

在红小豆各品种相同的生长时间,采集相同部位健康的叶片,每品种 4 次重复,每份样品称取 0.2 g 新鲜叶片,采用丙酮-乙醇混合液浸提法提取组织中的叶绿素,封口避光保存 12 h 后,用紫外分光光度计测定样品的 OD 值,计算叶绿素含量。以叶绿素最高与最低差值等分为基准,划分为 6 个抗螨性级别(表 4-1)。

表 4-1　5 种抗螨性鉴定方法的分级标准

鉴定方法	高抗(HR)	中抗(MR)	低抗(LR)	低感(LS)	中感(MS)	高感(HS)
叶片被害指数/%	0~15	15~20	20~25	25~30	30~35	>35
盆栽虫口密度/(头/片)	0~2.86	2.86~4.05	4.05~5.24	5.24~6.43	6.43~7.62	>7.62
螨量比值	0~0.30	0.31~0.60	0.60~0.90	0.90~1.20	1.20~1.50	>1.50
叶绿素/(mg/g)	>3.10	2.89~3.10	2.67~2.89	2.46~2.67	2.24~2.46	0~2.24
田间种群密度/(头/片)	0~12	12~19	19~26	26~33	33~40	>40

(三) 数据处理

采用 Microsoft Excel(2016)和 SPSS17.0 统计分析软件对试验数据进行统计分析,利用 Duncan's 新复极差法和 T-检验法进行显著性比较,利用 Pearson 法进行相关性分析。

二、结果与分析

(一) 红小豆抗螨性鉴定

红小豆抗螨性鉴定结果见表 4-2 和表 4-3。

叶片被害指数法鉴定结果表明:红小豆不同品种的叶片被害指数在 13.67%~34.07%,其中天津红的叶片被害指数最高为 34.07%,抗性级别为中感,其次是佳红 1 号和农安红的抗性级别为低感,叶片被害指数分别为 29.93%、29.17%,二者差异不显著;珍珠红的叶片被害指数最低为 13.67%,农垦红次之为 14.30%,二者之间差异不显著,抗性级别均为高抗;但天津红和佳红 1 号分别与珍珠红和农垦红之间存在极显著差异。

盆栽虫口密度鉴定法结果表明:13 个红小豆品种叶片上的红叶螨盆栽虫口密度为 1.23~9.33 头/片,天津红的抗性级别为高感,盆栽虫口密度最高为 9.33 头/片,农安红次之,也为高感,盆栽虫口密度为 8.67 头/片,两者之间不存在显著差异;盆栽虫口密度最低的是珍珠红,其次是农垦红,抗性级别均为高抗,盆栽虫口密度分别为 1.23 头/片、1.53 头/片,二者之间不存在显著差异;但天津红和农安红分别与珍珠红和农垦红之间均存在极显著差异。

表 4-2 红小豆不同品种抗螨性的 5 种鉴定方法的试验结果

品种	叶片被害指数 /%	盆栽虫口密度 /(头/片)	螨量比值	叶绿素含量 /(mg/g)	田间自然种群密度 /(头/片)
佳红1号	29.93±2.3abAB	4.33±0.22cdDE	1.01±0.03dCD	2.82±0.01cdCDE	25.5±1.03bcBC
小丰2号	26.50±1.5bcdB	3.57±0.32dDEF	0.83±0.03eDE	2.81±0.10cdCDE	18.5±1.27dD
龙垦红	24.83±2.0bcdB	4.47±0.33cdDE	0.77±0.02eE	3.21±0.27bcBCD	18.1±1.24dD
龙垦红2号	25.70±1.0bcdB	2.33±0.12eFG	0.76±0.03eE	3.36±0.03bABC	18.4±1.90dD
农安红	29.17±2.1abcAB	8.67±0.27aAB	1.52±0.11bA	2.78±0.07dCDE	29.9±1.73bB
农安红2号	24.27±2.3cdB	4.57±0.23cdE	1.06±0.01dBC	2.67±0.18dDE	24.9±0.93bcBCD
中红7号	27.77±1.4bcdAB	7.73±0.35bBC	1.66±0.11abA	2.45±0.13dE	41.9±3.62aA
红丰8号	25.00±0.0bcdB	6.93±0.21bC	1.26±0.07cB	2.78±0.08dCDE	28.0±0.68bB
天津红	34.07±2.0aA	9.33±0.70aA	1.73±0.07aA	2.65±0.08dDE	42.2±1.70aA
吉红10号	23.50±0.1dB	3.53±0.15dEF	0.50±0.01fF	2.84±0.04cdBCDE	10.8±0.33eE
榆树红	26.00±1.5bcdB	4.87±0.26cD	1.14±0.05cdBC	2.60±0.07dE	21.0±2.49cdCD
农垦红	14.30±1.8eC	1.53±0.23efG	0.35±0.01fF	3.40±0.05bAB	8.6±0.47eE
珍珠红	13.67±0.6eC	1.23±0.03fG	0.41±0.01fF	3.79±0.26aA	10.1±0.74eE

注：表中，同列数据后不同小写字母表示差异显著（$P<0.05$），不同大写字母表示差异极显著（$P<0.01$），下同。

螨量比值法鉴定结果表明：农垦红，珍珠红，吉红10号螨量比值较低，抗性级别为中抗，三者之间差异不显著，其中农垦红品种的螨量比值最低为0.35。品种农安红，中红7号，天津红显著不差异，且螨量比值依次增加，三者抗性级别均为高感。

叶绿素含量法鉴定结果表明：珍珠红，农垦红，龙垦红2号和龙垦红的叶绿素含量四者的叶绿素含量分别为3.79 mg/g，3.40 mg/g，3.36 mg/g和3.21 mg/g，抗性级别均为高抗。中红7号的叶绿素含量较低，为2.45 mg/g，抗性级别为中感。

田间自然种群密度鉴定结果表明：品种农垦红，珍珠红和吉红10号的种群密度较小，分别为8.6头/片，10.1头/片和10.8头/片，3个品种之间差异不显著，但分别与其他品种之间差异极显著，抗性级别均为高抗。天津红和中红7号的种群密度较大，分别为42.2头/片和41.9头/片，两者之间不存在显著差异，但分别与其他品种之间差异极显著，两品种的抗性级别均为高感。

表4-3 红小豆不同品种抗螨性级别

品种	叶片被害指数法	虫口密度法	螨量比值法	叶绿素法	田间自然种群密度法
佳红1号	低感（LS）	低抗（LR）	低感（LS）	中抗（MR）	低抗（LR）
小丰2号	低感（LS）	中抗（MR）	低抗（LR）	中抗（MR）	中抗（MR）
龙垦红	低抗（LR）	低抗（LR）	低抗（LR）	高抗（HR）	中抗（MR）
龙垦红2号	低感（LS）	高抗（LR）	低抗（LR）	高抗（HR）	中抗（MR）
农安红	低感（LS）	高感（HS）	高感（HS）	低抗（LR）	低感（LS）
农安红2号	低抗（LR）	低抗（LR）	低感（LS）	低抗（LR）	低抗（LR）
中红7号	低感（LS）	中感（MS）	高感（HS）	中感（MS）	高感（HS）
红丰8号	低抗（LR）	中感（MS）	中感（MS）	低抗（LR）	低感（LS）
天津红	中感（MS）	高感（HS）	高感（HS）	低感（LS）	高感（HS）
吉红10号	低抗（LR）	中抗（MR）	中抗（MR）	低抗（LR）	高抗（HR）
榆树红	低感（LS）	低抗（LR）	低感（LS）	低感（LS）	低抗（LR）
农垦红	高抗（HR）	高抗（HR）	中抗（MR）	高抗（HR）	高抗（HR）
珍珠红	高抗（HR）	高抗（HR）	中抗（MR）	高抗（HR）	高抗（HR）

（二）抗螨性不同鉴定方法相关性分析

由表4-4可知，红小豆抗螨性的5种鉴定方法的相关性分析结果表明，5种抗性鉴定方法之间的相关性均达到极显著水平，说明叶片被害指数，盆栽虫口密度法，螨量比值法，叶绿素法以及田间自然种群密度法，这5种不同的抗螨性鉴定方法在评价红小豆品种抗螨性上具有一致性。其中，从相关系数绝对值的大小可知，螨量比值法与叶片被害指数法、盆栽虫口密度法、叶绿素法、田间自然种群密度法之间呈极显著相关，且与这4种抗性鉴定方法的相关系数绝对值偏大，分别为：0.804、0.950、0.766、0.971，因此螨量比值可作为红小豆抗红叶螨评价的最佳鉴定方法。另外,螨量比值法与田间自然种群密度法的相关系数绝对值最大为 0.971,相关性水平程度最高;螨量比值法与盆栽虫口密度的相关系数绝对值为 0.950,线性相关程度次之;田间自然种群密度与盆栽虫口密度相关系数绝对值为 0.903,线性相关系数排序第三。叶绿素法与叶片被害指数,盆栽虫口密度法,螨量比值法,田间自然种群密度呈极显著负相关,但相关系数较其余 4 种整体偏低。

表 4-4 红小豆抗螨性五种鉴定方法的相关性

	叶片被害指数	盆栽虫口密度	螨量比值	叶绿素	田间自然种群密度
叶片被害指数	1	0.777**	0.804**	-0.756**	0.785**
盆栽虫口密度	0.777**	1	0.950**	-0.744**	0.903**
螨量比值	0.804**	0.950**	1	-0.766**	0.971**
叶绿素	-0.756**	-0.744**	-0.766**	1	-0.718**
田间自然种群密度	0.785**	0.903**	0.971**	-0.718**	1

注:表中,*表示在 0.05 水平相关性显著;**表示在 0.01 水平相关性显著,下同。

三、结论与讨论

(一) 结论

5 种抗性鉴定方法对红小豆抗感品种鉴定结果综合分析表明:农垦红和珍珠红为高抗水平 (HR),吉红 10 号和小丰 2 号为中抗水平 (MR),农安红 2 号为低抗水平 (LR);天津红和中红 7 号为高感水平 (HS),红丰 8 号为中感水平 (MS),榆树红为低感水平 (LS)。

5 种抗性鉴定方法中,5 种方法之间的相关性均达到极显著水平,说明叶片被害指数,盆栽虫口密度法,螨量比值法,叶绿素法,田间自然种群密度法在评价红小豆品种抗螨性具有一致性。螨量比值法与田间自然种群密度,线性相关程度最高,建议将螨量比值法与田间自然种群密度法作为红小豆抗红叶螨的评价方法。

(二) 讨论

1. 红小豆不同品种抗螨性鉴定

红小豆抗螨性评价是绿色防控的基础,前人采用螨量比值法,田间自然种群密度,叶片为害指数法,单位面积叶绿素比值法这四种方法来对十几个辣椒品种对侧多食跗线螨的抗性进行了评价和鉴定,发现多个抗性较强的品种。

本研究以黑龙江省西部半干旱地区的 13 个红小豆品种为材料,采用叶片被害指数法、盆栽虫口密度法、螨量比值法、叶绿素法、田间自然种群密度法 5 种方法评价了红小豆品种对红叶螨的抗性。综合分析结果表明:农垦红和珍珠红为高抗品种;吉红 10 号和小丰 2 号为中抗品种;农安红 2 号为低抗品种;天津红和中红 7 号为高感虫品种;红丰 8 号为中感品种;榆树红为低感品种。该研究结果可以为红小豆抗螨性育种选材以及绿色防控提供参考依据。

本研究中叶片被害指数法鉴定结果表明，天津红为中感品种；叶绿素含量法表明，天津红为低感品种；而盆栽虫口密度鉴定法、螨量比值法、田间自然种群密度法3种方法表明天津红为高感品种。采用不同的评价方法对植物的抗性评价存在差异，这也可能是因为生活环境的不同所致，并且抗性鉴定也受到诸多因素的影响，例如气温、降雨、天敌及调查时间间隔等因素不同，另外，植物生长期或叶龄不同，其抗虫能力也可能存在一定的差异。

2. 红小豆五种抗螨性鉴定方法的相关性分析

抗性评价是抗虫育种的关键环节，合适的抗性评价方法是提高抗性评价工作效率和准确性的前提。从本研究中叶片被害指数法、盆栽虫口密度法、螨量比值法、叶绿素法和田间自然种群密度这5种方法的鉴定结果来看：红小豆5种抗螨性鉴定方法所鉴定的结果之间均为极显著相关，说明5种不同的抗螨性鉴定方法在评价红小豆品种抗螨性上具有一致性。其中，螨量比值法与另外4种抗性鉴定方法的相关系数绝对值偏大，因此将螨量比值作为红小豆抗红叶螨评价的最佳鉴定方法。吴龙火（2007）采用5种鉴定方法对山羊草抗禾谷缢管蚜进行鉴定，发现各种方法间的相关性不同，但鉴定结果趋势基本相似，得出蚜量比值与受害斑点面积大小的相关系数最高，叶绿素法与其他方法呈负相关，与本研究一致。本研究中5种抗性鉴定方法之间的相关性均达到极显著水平，说明5种鉴定方法在评价红小豆品种抗螨性具有一致性。但是叶绿素法与叶片被害指数，盆栽虫口密度法，螨量比值法，田间自然种群密度的相关系数整体较低，但仍呈极显著相关；且叶绿素法提取过程耗时较长不如其他4种方法的直观性好；叶片被害指数法相较于其他4种方法，在实际鉴定过程中受害叶片症状多样，分级受人的主观性影响较大。另外，螨量比值法与田间自然种群密度法的相关系数最高，说明螨量比值法和其他4种鉴定方法评价红小豆抗红叶螨的差异更小，因此将田间自然种群密度法作为红小豆抗螨性鉴定的辅助方法。螨量比值法与盆栽虫口密度的线性相关程度次之。因此，可将螨量比值法与田间自然种群密度作为红小豆抗红叶螨的评价方法。

第三节　红小豆对红叶螨形态抗性

一、材料与方法

（一）供试小豆品种及供试虫源

参照本章第二节材料与方法

（二）试验方法

1. 叶毛长度测定

在红小豆出苗后的同一时间内，于植株的相同部位，每个品种分别采集三片叶片，用45倍带刻度的放大镜测量叶片正反面茸毛长度。

2. 叶厚测定

在红小豆出苗后的同一时间内，于植株的相同部位，每个品种分别采集三片健康的叶片，用直径为 1.5 cm 的叶片打孔器，对叶片相对统一位置进行打孔取样，称取每个圆片的重量，叶厚用单位面积叶片重量表示。

3. 叶面积测定

在红小豆出苗后的同一时间内，于植株的相同部位，每个品种分别采集三片健康的叶片，用直尺测量叶片的长度和最大宽度。

4. 植株的物理形态特征测定

在红小豆出苗后的同一时间内，观测记录各品种健康叶片的叶色、叶毛弯曲度、着生状态等性状。

叶色：将植株叶色按浅到深，依次分为黄绿、绿、深绿（标准色见附图2）。

叶毛弯曲度：按曲直程度依次分为直、曲。

叶毛着生状态：按直立程度，依次分为平覆（叶毛与叶片平面的夹角小于 30°）、斜立（叶毛与叶片平面的夹角大于 30°小于 60°）、直立（叶毛与叶片平面的夹角为 90°）。

5. 叶片叶毛数量测定

在红小豆出苗后的同一时间内，于植株的相同部位，每个品种分别采集三片健康的叶片，从每片叶中间的主叶脉靠近基部的相同位置，用直径 1 cm 的打孔器取中脉左右对称处，取 2 个圆片平整、新鲜的叶圆片，如茸毛有角度则将其压平，在解剖镜下测定，统计正、反面叶毛数量。

6. 叶片蜡质含量测定

在红小豆出苗后的同一时间内，于植株的相同部位，每个品种分别采集健康的叶片，称取每个品种的新鲜叶片 3 g 剪碎，在通风橱内用氯仿浸泡提取法测定叶片蜡质含量。

7. 叶片含水率测定

在红小豆出苗后的同一时间内，于植株的相同部位，每品种分别于植株相同部位摘取 3 片叶片，放入培养皿中。称量空培养皿重量记为 W，鲜叶和培养皿重量之和为 W_1，先用烘箱 105 ℃ 杀青 30 min，然后烘干至恒重，称量烘干后的叶片和培养皿重量记为 W_2。叶片含水率计算公式如下。

$$叶片含水率（\%）=（W_1-W_2）/(W_1-W)\times 100$$

（三）数据处理

采用 Microsoft Excel（2016）和 SPSS17.0 统计分析软件对试验数据进行统计分析，利用 Duncan's 新复极差法和 T-检验法进行显著性比较，利用 Pearson 法进行相关性分析。

二、结果与分析

（一）红小豆不同品种叶片形态特征

由表 4-5 可知，叶片蜡质含量最高的是珍珠红为 2.83 mg/g；中红 7 号的叶片蜡含量最低为 1.33 mg/g；两者之间差异极显著。

表4-5 红小豆不同品种的4种叶片形态

品种	叶片蜡质含量 /(mg/g)	叶片厚度 /(g/cm²)	叶片含水率 /%	叶面积 /cm²
佳红1号	1.53±0.09fCDE	0.0215±0.0006bcBC	83.39±0.29gD	12.15±0.41eC
小丰2号	1.50±0.17fCDE	0.0179±0.0009deCDE	84.96±0.56defBCD	13.20±0.37cdeBC
龙垦红	1.70±0.06defCDE	0.0228±0.0022bcAB	84.20±0.86gCD	10.38±0.51fD
龙垦红2号	2.10±0.20bcdBCD	0.0204±0.0003cdBCD	84.50±0.53efgCD	13.64±0.57bcdBC
农安红	1.87±0.09cdeCDE	0.0223±0.0005bcAB	85.33±0.65cdefBCD	14.75±0.60bAB
农安红2号	1.60±0.12efCDE	0.0239±0.0004abAB	84.52±0.14efgCD	9.45±0.48fDE
中红7号	1.33±0.09fE	0.0225±0.0004bcAB	85.32±0.30cdeBCD	9.62±0.32fDE
红丰8号	1.43±0.26fDE	0.0259±0.0004aA	87.02±0.70abAB	13.42±0.43bcdeBC
天津红	1.43±0.03fDE	0.0213±0.0005bcAB	86.06±0.03bcdeABC	14.54±0.78bcAB
吉红10号	2.20±0.12bcABC	0.0170±0.0009eDE	86.73±0.34abcAB	7.87±0.17gE
榆树红	2.57±0.23abcAB	0.0168±0.0005eDE	86.32±0.43bcdABC	12.35±0.21deC
农垦红	2.63±0.12abAB	0.0170±0.0004eDE	88.05±0.34aA	13.85±0.38bcBC
珍珠红	2.83±0.30aA	0.0161±0.0012eE	85.17±0.23defBCD	16.37±0.24aA

叶片厚度最大的是红丰 8 号为 0.025 9 g/cm^2,其次是农安红 2 号为 0.023 9 g/cm^2,两者之间不存在显著差异;珍珠红的叶片厚度最小为 0.016 1 g/cm^2,其次为榆树红为 0.016 8 g/cm^2;而红丰 8 号和农安红 2 号分别与珍珠红和榆树红差异极显著。

叶片含水率最高农垦红达到 88.05%,次之红丰 8 号为 87.02%,两者之间差异不显著;佳红 1 号叶片含水率最低为 83.39%,其次是龙垦红为 84.20%,两者不存在显著差异;但农垦红和红丰 8 号分别与佳红 1 号和龙垦红之间存在极显著差异。

珍珠红叶面积最大为 16.37 cm^2,次之为农安红为 14.75 cm^2,两者差异显著;叶面积最小的是吉红 10 号为 7.87 cm^2,其次是农安红 2 号为 9.45 cm^2,两者之间不存在显著差异;但珍珠红和农安红分别与吉红 10 号和农安红 2 号之间存在极显著差异。

由表 4-6 可知,正面叶毛数最多的是天津红为 162.0 根,其次是龙垦红为 105.3 根,且两者存在极显著差异;珍珠红正面叶毛数最少 33.7 根,其次是农垦红为 35.7 根,两者不存在显著差异;而天津红和龙垦红分别与珍珠红和农垦红之间存在极显著差异。农垦红反面叶毛数最多,龙垦红次之,分别为 62.7 根,58.0 根,两者不存在显著差异;红丰 8 号反面叶毛数最少,其次是佳红 1 号,分别为 13.0 根,17.3 根,两者差异不显著;但农垦红和龙垦红分别与红丰 8 号和佳红 1 号存在极显著差异。

正面叶毛最长的品种农安红 2 号为 1.93 mm,珍珠红次之为 1.58 mm,两者存在极显著差异;龙垦红 2 号的正面叶毛最短为 0.80 mm,吉红 10 号次之为 0.86 mm,两者差异不显著;但农安红 2 号和珍珠红分别与龙垦红 2 号和吉红 10 号之间存在极显著差异。珍珠红的反面叶毛最长为 1.33 mm,其次为农垦红为 1.20 mm,两者差异不显著;反面叶毛最短是小丰 2 号为 0.65 mm,其次为吉红 10 号为 0.71 mm,两者不存在显著差异;但珍珠红和农垦红分别与小丰 2 号和吉红 10 号存在极显著差异。

表 4-6 红小豆不同品种的叶毛数量和长度

品种	正面叶毛数量/根	反面叶毛数量/根	正面叶毛长度/mm	反面叶毛长度/mm
佳红 1 号	65.0±1.53deCDE	17.3±2.85deDE	1.29±0.13cBCD	0.95±0.03cdeBCDE
小丰 2 号	77.7±3.84cdC	33.7±3.84bcCD	0.96±0.06deDE	0.65±0.08gF
龙垦红	105.3±1.76bB	58.0±1.06aAB	0.91±0.08deE	0.91±0.07deCDEF
龙垦红 2 号	82.0±5.03cC	35.7±3.48bcCD	0.80±0.07eE	0.80±0.07efgDEF
农安红	65.3±4.81deCDE	17.3±0.67deDE	1.33±0.09bcBC	0.98±0.04cdeBCDE
农安红 2 号	72.0±2.31cdCD	34.7±0.33bcCD	1.93±0.08aA	1.00±0.03cdeBCD
中红 7 号	52.0±5.29efDEF	18.7±1.45deDE	1.39±0.09bcBC	1.08±0.04bcdABC
红丰 8 号	63.7±2.73deCDE	13.0±1.00eE	1.15±0.06cdCDE	0.89±0.07defCDEF
天津红	162.0±1.07aA	25.3±2.85cdeCDE	1.14±0.09cdCDE	0.95±0.05cdeBCDE
吉红 10 号	38.0±3.51fgF	29.3±1.45bcdCDE	0.86±0.04eE	0.71±0.07fgEF
榆树红	45.3±4.67fgEF	36.3±0.95bcCD	1.13±0.15cdCDE	1.13±0.04bcABC

续表

品种	正面叶毛数量/根	反面叶毛数量/根	正面叶毛长度/mm	反面叶毛长度/mm
农垦红	35.7±4.91gF	62.7±2.91aA	1.38±0.12bcBC	1.20±0.08abAB
珍珠红	33.7±5.78gF	41.3±3.33bBC	1.58±0.06bB	1.33±0.12aA

由表 4-7 可知，吉红 10 号，天津红，农安红 2 号，小丰 2 号，叶色均为深绿色；龙垦红叶色为黄绿色，其余品种为绿色。

小丰 2 号叶毛着生状态是直立的，叶毛平覆生长的是龙垦红和榆树红，其余品种叶毛均为斜立生长。正面叶毛弯曲的是龙垦红和榆树红，其余品种正面叶毛均为直毛。红小豆反面叶毛弯曲的品种有吉红 10 号，榆树红，农垦红，珍珠红，其余品种均为直毛。

表 4-7　红小豆不同品种的叶色与叶毛形态

品种	叶色	叶毛着生状态	正面叶毛弯曲度	反面叶毛弯曲度
佳红 1 号	绿	斜	直	直
小丰 2 号	深绿	直	直	直
龙垦红	黄绿	斜	曲	直
龙垦红 2 号	深绿	平	直	直
农安红	绿	斜	直	直
农安红 2 号	绿	斜	直	直
中红 7 号	绿	斜	直	直
红丰 8 号	绿	斜	直	直
天津红	深绿	斜	直	直
吉红 10 号	深绿	斜	直	曲
榆树红	绿	平	曲	曲
农垦红	绿	斜	直	曲
珍珠红	绿	斜	直	曲

（二）红小豆不同品种叶片形态特征与盆栽虫口密度和叶片被害指数的相关性

由表 4-8 可知，叶片蜡质，反面叶毛数量，反面叶毛弯曲度与盆栽虫口密度呈显著负相关，相关系数分别为-0.653，-0.654，-0.593，说明叶片蜡质多，反面叶毛数量多，叶毛弯曲，则盆栽虫口密度低；叶片厚度与盆栽虫口密度呈显著正相关，相关系数为 0.616，说明叶片厚度大，盆栽虫口密度高。正、反面叶毛长度，正面叶毛数量，叶面积，叶片含水率，叶色，正面叶毛弯曲度以及叶毛着生状态与盆栽虫口密度均不存在显著差异。叶片蜡质，反面叶毛数量和反面叶毛弯曲度与叶片被害指数呈显著负相关，相关系数分别为-0.725，-0.638，-0.656，说明叶片蜡质多，反面叶毛数量多，反面叶毛弯曲，则叶片被害指数低。

第四章 红小豆对红叶螨抗虫性研究

表4-8 红小豆不同品种叶片形态特征与盆栽虫口密度和叶片被害指数的相关性

指标	R1	R2	R3	R4	R5	R6	R7	R8	R9	R10	R11	R12	R13	R14
R1	1	0.776**	-0.653*	0.616*	-0.038	0.018	0.103	0.520	-0.654*	0.034	-0.128	-0.032	-0.593*	0.125
R2	0.776**	1	-0.725**	0.494	-0.174	-0.359	0.199	0.456	-0.638*	-0.280	-0.503	0.051	-0.656*	-0.031
R3	-0.653*	-0.725**	1	-0.776**	0.301	0.364	-0.165	-0.565*	0.560*	0.038	0.515	0.220	0.936**	-0.386
R4	0.616*	0.494	-0.776**	1	-0.191	-0.282	-0.183	0.411	-0.463	0.175	-0.208	-0.087	-0.820**	0.105
R5	-0.038	-0.174	0.301	-0.191	1	0.105	-0.123	0.125	0.025	0.068	0.376	-0.193	0.168	0.059
R6	0.018	-0.359	0.364	-0.282	0.105	1	0.182	-0.266	0.160	-0.060	0.191	-0.085	0.445	-0.188
R7	0.103	0.199	-0.165	-0.183	-0.123	0.182	1	0.119	-0.322	0.156	-0.345	-0.566*	-0.034	0.168
R8	0.520	0.456	-0.565*	0.411	0.125	-0.266	0.119	1	-0.085	-0.246	-0.335	0.080	-0.588*	0.173
R9	-0.654*	-0.638*	0.560*	-0.463	0.025	0.160	-0.322	-0.085	1	-0.044	0.275	0.426	0.432	0.045
R10	0.034	-0.280	0.038	0.175	0.068	-0.060	0.156	-0.246	-0.044	1	0.648*	-0.282	0.003	0.366
R11	-0.128	-0.503	0.515	-0.208	0.376	0.191	-0.345	-0.335	0.275	0.648*	1	0.123	0.490	0.014
R12	-0.032	0.051	0.220	-0.087	-0.193	-0.085	-0.566*	0.080	0.426	-0.282	0.123	1	0.233	-0.332
R13	-0.593*	-0.656*	0.936**	-0.820**	0.168	0.445	-0.034	-0.588*	0.432	0.003	0.490	0.233	1	-0.442
R14	0.125	-0.031	-0.386	0.105	0.059	-0.188	0.168	0.173	0.045	0.366	0.014	-0.332	-0.442	1

注：R1 盆栽虫口密度，R2 叶片被害指数，R3 正面叶毛长度，R4 叶片厚度，R5 叶面积，R6 叶片蜡质含量，R7 叶色，R8 正面叶毛数量，R9 反面叶毛数量，R10 正面叶毛长度，R11 反面叶毛长度，R12 正面叶毛弯曲度，R13 反面叶毛弯曲度，R14 叶毛着生状态。* 表示在0.05水平相关性显著；** 表示在0.01水平相关性显著。

三、结论与讨论

红小豆苗期不同品种叶片的物理性状差异显著；叶片蜡质含量多，反面叶毛数量多，反面叶毛弯曲，叶片厚度小，红叶螨虫口密度小；正、反面叶毛长度，正面叶毛数量，叶面积，叶片含水率，叶色，正面叶毛弯曲度以及叶毛着生状态对虫口密度和叶片被害指数无显著影响。建议将叶片蜡质含量，反面叶毛数量，反面叶毛曲直，叶片厚度作为红小豆抗螨性评价的形态指标。

植株对叶螨的形态抗性是某些品种自身所具备的最直观的抗性类型，叶片表面特性是影响害虫对寄主选择的重要因素。寄主植物表面蜡质的成分和结构形态是植物抵御各种生物胁迫的保护屏障，可对刺吸式口器害虫的取食与消化造成一定的阻碍，还可对昆虫和卵的附着产生抑制作用。本研究中，红小豆叶片蜡质含量与虫口密度呈显著负相关，任佳等（2014）在黄瓜对瓜蚜的抗性研究中得出抗虫品种的蜡质含量高于感虫品种的结论与本研究一致，说明红小豆叶片蜡质量越高，红叶螨的虫口密度越低，红小豆抵御红叶螨取食为害的能力越强。

刺吸式害虫主要依靠口针刺入植物组织中对寄主造成伤害，而植物叶片结构由上下表皮层、栅栏组织和海绵组织组成，叶片厚度在一定程度是会对害虫口针的使用造成影响，许多研究表明叶片厚度与植株害虫发生数量相关。本试验中红小豆的叶片厚度与红叶螨虫口密度呈显著正相关，可能是由于叶片厚度大的植株，其所含有的对昆虫发育有利的叶片内含物更多，更能吸引昆虫的取食。

寄主植物的害虫发生程度受到植物器官表面茸毛性状的影响，茸毛性状与叶螨取食和产卵的关系最为密切，植株受害程度直接与叶片上附着的叶螨的发生数量有密切关系。许多研究表明叶片茸毛性状与害虫发生相关，叶片茸毛性状对昆虫的影响主要包括叶毛的数量、长度、曲直度、着生状态等。抗螨性植株重要的一项特征是茸毛数量多，叶螨在抗螨性植株叶片上取食困难，叶螨口针受到茸毛阻碍较大，无法与叶片表面密切贴合，导致取食过程受到影响。本试验的研究结果表明，红小豆叶片反面叶毛数量与红叶螨虫口密度呈显著负相关。叶毛曲直度直接影响了害虫在叶片表面的活动，减慢了昆虫的行进速度，在某种意义上等同于削弱了昆虫的进食速度。大豆食心虫幼虫在荚毛弯曲的大豆品种上的活动受限，与本试验中红小豆叶片反面叶毛弯曲，叶螨盆栽虫口密度小的结论一致。叶毛长度对害虫在寄主植物的适应力有影响。而本试验红小豆正、反面叶毛长度均与盆栽虫口密度无显著相关性，这可能受到昆虫个体大小的影响，红叶螨个体较小，叶毛长度对叶螨在空间活动上的影响不大。叶毛着生方式阻挡害虫的取食，叶毛着生方式使叶毛与叶片之间形成一定的夹角也是叶螨活动过程中的一大障碍。本试验中叶毛着生状态与盆栽虫口密度相关性不显著，Xue et al.（2008）在研究中也指出叶毛的着生方式不能有效阻挡害虫的活动，与本研究结论一致。这可能是由于不同寄主植物的抗性机制不同，或叶毛着生方式并非红叶螨对寄主选择的关键因素。

叶片颜色对昆虫的选择性影响较大，色彩对昆虫有一定的吸引和趋避作用，有研究表明二斑叶螨对绿色叶植物的选择性大于红叶植物。本试验中得出红小豆的叶色与红叶螨虫口密度无显著相关性，可能是由于红小豆品种间的叶片颜色差别较小，因此红叶螨对红小豆品种的选择表现不明显。

植物叶片为害虫生长发育提供了场所，叶面积反映了害虫生长活动场所的大小以及植株的长势，生长旺盛的植株恢复补偿的能力较强，因此表现出较轻的受害程度。而本试验中红小豆红叶螨盆栽虫口密度与叶面积无显著相关性，而有研究指出植株的叶面积与麦长管蚜蚜量比值显著相关，这可能是由于植株叶片扩展速度区别较大，植株恢复补偿能力也不同。

另外，植物水分参与了植物代谢发育等过程，刺吸式昆虫生长发育的水分大多来自寄主植物体内。本文研究发现红小豆叶片含水率与红叶螨虫口密度相关性不显著，张华峰（2013）研究指出，叶片的含水量和抗虫性关联度不强，与本研究结论一致；也有研究发现抗虫性和叶片含水率呈负相关，这可能是由于害虫种类不同对水分的需求量差别较大，并且害虫口器对植物叶片的穿透能力有差异。

由于叶螨主要寄居于植物的叶片背面，因此植物叶片背面的特征与之关系更为密切。本研究中的品种红丰8号其在13个红小豆品种中的叶片厚度最大，反面叶毛数量最少，蜡质含量较高，反面叶毛为直毛，但其并非高感品种。这可能是因为其叶片含水率较高，则叶片抗穿透力较低，被红叶螨刺吸后植物叶片含水率下降，叶片抗穿透力增大，叶螨刺吸难度加大，则会导致叶螨对其选择力降低，因此削弱了其他指标对抗虫性的直接影响。因此，寄主植物对昆虫的抗性不是由单一因素左右的，也可能是多个形态特性联合作用的结果，某些特征在品种间存在显著差异，可能会对昆虫的选择趋性作用更大。

综合分析结果表明，红小豆形态特征在红叶螨对寄主品种的选择上发挥着举足轻重的作用，红小豆的叶片蜡质含量、叶片厚度、反面叶毛数量和反面叶毛曲直度与虫口密度相关性显著，这四项形态特征可作为红小豆抗红叶螨的指示性形态指标。

第四节 红小豆对红叶螨生理生化抗性

一、材料与方法

（一）供试小豆品种及供试虫源

参照本章第二节材料与方法。

（二）试验方法

1. 红叶螨胁迫后红小豆植株生理生化指标取样方法

以筛选出的抗虫品种和感虫品种为试验材料，每盆种植10株，每品种3次重复，接虫20头/盆，在接虫0 d、5 d（苗期）、20 d（分枝期）、35 d（花期）后进行叶螨的数量调查和取样，处理和相应天数的未接虫的对照均需要取样。根据叶片受害表现，分别测定不同时期取样本的生理生化指标，试验重复3次。

2. 红叶螨胁迫后红小豆植株生理生化指标测定方法

叶绿素采用混合液浸提法；含水率采用烘干恒重法；可溶性糖含量采用蒽酮比色法；可溶性蛋白质含量采用考马斯亮蓝 G-250 染色法；过氧化物酶活性（Peroxidase，POD）采用愈创木酚法；过氧化氢酶活性（Fungal catalase，CAT）采的过氧化氢法。

脯氨酸含量（Proline，Pro）、丙二醛含量（Malondialdehyde，MDA）、超氧化物歧化酶活性（Superoxide Dismutase，SOD）、多酚氧化酶活性（Polyphenol oxidase，PPO）、抗坏血酸过氧化物酶活性（Aseorbate peroxidase，APX），均采用南京建成公司的试剂盒进行活性测定。

（三）数据处理

采用 Microsoft Excel（2016）和 SPSS17.0 统计分析软件对试验数据做统计分析；利用 Duncan's 新复极差法和 T-检验进行显著性分析。

二、结果与分析

（一）红叶螨胁迫下红小豆抗感螨品种植株叶绿素含量变化

由图 4-1 和表 4-9 可知，红叶螨胁迫后，红小豆抗、感品种植株体内的叶绿素含量在 5 d（苗期）、20 d（分枝期）、35 d（开花期）时均呈下降趋势，抗虫品种下降幅度小于感虫品种。红叶螨胁迫 5 d（苗期）时，抗、感虫品种叶绿素含量较对照组均下降，且均不存在显著差异，抗虫品种下降幅度小于感虫品种，下降率分别为 3.03%、3.42%。红叶螨胁迫 20 d（分枝期）时，抗、感虫品种的叶绿素含量较对照组均下降，且感虫品种与对照间存在极显著差异，抗虫品种下降幅度小于感虫品种，下降率分别为 28.80%、52.12%。红叶螨胁迫 35 d（开花期）时，抗、感虫品种叶绿素含量较对照组均下降，且均存在极显著差异，抗虫品种下降幅度小于感虫品种，下降率分别为 34.42%，66.86%。

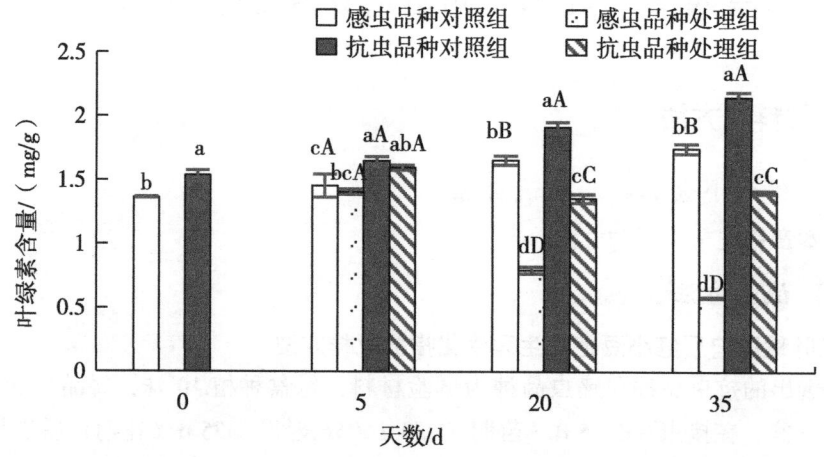

图 4-1　红叶螨胁迫下红小豆抗感品种植株体内叶绿素含量变化

表 4-9　红叶螨胁迫下红小豆抗感品种植株体内叶绿素含量变化率　　　单位:%

品种	5 d	20 d	35 d
抗虫品种	-3.03	-28.80	-34.42
感虫品种	-3.42	-52.12	-66.86

注：图中，利用 t-检验比较接虫前（0 d）的抗、感品种间的差异显著性；SPSS-Duncan's 新复极差法进行 5 d，20 d，35 d 的抗、感品种间差异显著性分析；不同大小写字母代表各处理间差异极显著（$P<0.01$）或显著（$P<0.05$）；"-"代表"下降"；下同。

（二）红叶螨胁迫下红小豆抗感螨品种叶片含水率含量变化

由图 4-2 和表 4-10 可知，红叶螨胁迫后，红小豆抗、感品种植株叶片的含水率在 5 d（苗期）、20 d（分枝期）、35 d（开花期）时均呈逐渐下降趋势，且抗虫品种下降幅度小于抗虫品种。红叶螨胁迫 5 d（苗期）时，抗、感虫品种叶片的含水率较对照组均下降，且差异均为极显著，抗虫品种下降幅度小于感虫品种，下降率分别为 2.80%、5.18%。红叶螨胁迫 20 d（分枝期）时，抗、感虫品种叶片的含水率较对照组均下降，差异均不显著，抗虫品种下降幅度小于感虫品种，下降率分别为 2.57%、7.90%。红叶螨胁迫 35 d（开花期）时，抗、感虫品种叶片的含水率较对照均下降，抗虫品种叶片的含水率与对照组间差异不显著，感虫品种与对照组间差异显著，抗虫品种下降幅度小于感虫品种，下降率分别为 1.70%、7.90%。

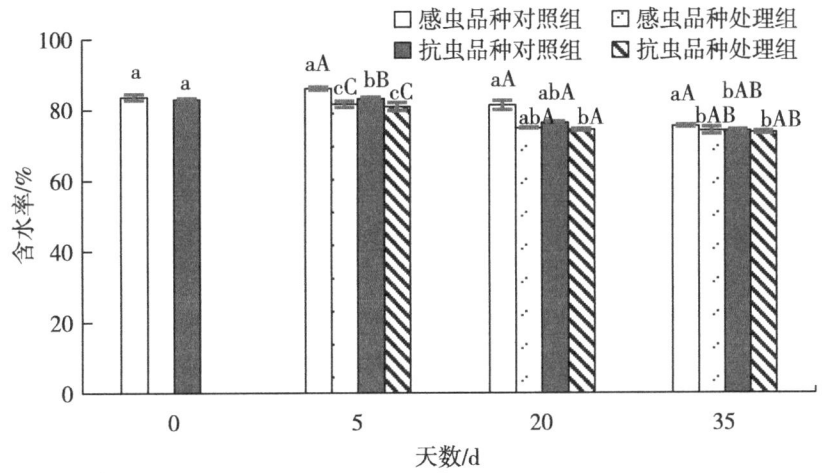

图 4-2　红叶螨胁迫抗感红小豆品种植株叶片含水率变化

表 4-10　红叶螨胁迫抗感红小豆品种植株叶片含水率变化率　　　单位:%

品种	5 d	20 d	35 d
抗虫品种	-2.80	-2.57	-1.70
感虫品种	-5.18	-7.90	-7.90

(三) 红叶螨胁迫下红小豆抗感螨品种可溶性糖含量变化

由图4-3和表4-11可知，红叶螨胁迫后，红小豆抗、感品种植株的可溶性糖含量在5 d（苗期）、20 d（分枝期）、35 d（开花期）时均呈逐渐上升趋势，且抗虫品种上升幅度大于感虫品种。红叶螨胁迫5 d（苗期）时，抗虫品种可溶性糖含量较对照组均上升，且差异均不显著，抗虫品种上升幅度大于感虫品种，上升率分别为28.80%、23.24%。红叶螨胁迫20 d（分枝期）时，抗虫品种可溶性糖含量较对照组均上升，且差异均不显著，抗虫品种上升幅度大于感虫品种，上升率分别为23.29%、18.09%。红叶螨胁迫35 d（开花期）时，抗虫品种可溶性糖含量较对照均上升，差异均为极显著，抗虫品种上升幅度大于感虫品种，上升率分别为50.00%、35.37%。

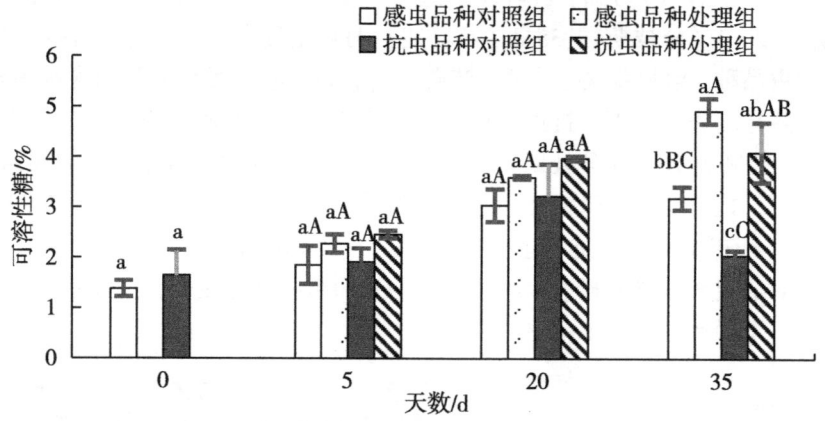

图4-3 红叶螨胁迫抗感红小豆品种植株体内可溶性糖含量变化

表4-11 红叶螨胁迫抗感红小豆品种植株体内可溶性糖含量变化率   单位:%

品种	5 d	20 d	35 d
抗虫品种	28.80	23.29	50.00
感虫品种	23.24	18.09	35.37

(四) 红叶螨胁迫下红小豆抗感螨品种可溶性蛋白含量变化

由图4-4和表4-12可知，红叶螨胁迫后，红小豆抗虫品种的可溶性蛋白含量在5 d（苗期）呈下降趋势，在20 d（分枝期）和35 d（开花期）呈逐渐上升趋势，感虫品种在5 d（苗期）、20 d（分枝期）、35 d（开花期）均呈下降趋势。红叶螨胁迫5 d（苗期）时，抗、感虫品种可溶性蛋白含量较对照组均下降，且差异不显著，抗虫品种下降幅度大于感虫品种，下降率分别为48.89%、16.31%。红叶螨胁迫20 d（分枝期）时，抗虫品种可溶性蛋白含量较对照组上升，差异不显著，上升率为11.44%；感虫品种较对照下降，差异不显著，下降率为19.74%。红叶螨胁迫35 d（开花期）时，抗虫品种可溶性蛋白含量较对照组，差异不显著，上升率为66.38%；感虫品种较对照组下降，差异不显著，下降率为31.98%。

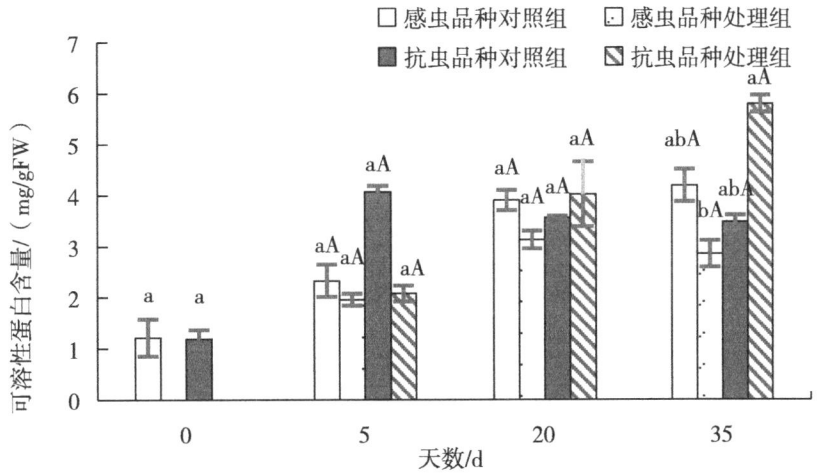

图 4-4　红叶螨胁迫抗感红小豆品种植株体内可溶性蛋白含量变化

表 4-12　红叶螨胁迫抗感红小豆品种植株体内可溶性蛋白含量变化率　　单位:%

品种	5 d	20 d	35 d
抗虫品种	-48.89	11.44	66.38
感虫品种	-16.31	-19.74	31.98

（五）红叶螨胁迫抗感红小豆品种植株体内脯氨酸（Pro）含量变化

由图 4-5 和表 4-13 可知，红叶螨胁迫后，抗虫品种植株体内的脯氨酸含量在 5 d（苗期）、20 d（分枝期）、35 d（开花期）时呈上升趋势，红小豆感虫品种植株体内的脯氨酸含量在 5 d（苗期）时呈下降趋势，在 20 d（分枝期）呈上升趋势，在 35 d（开花期）呈下降趋势。红叶螨胁迫 5 d（苗期）时，抗虫品种体内的脯氨酸含量较对照组

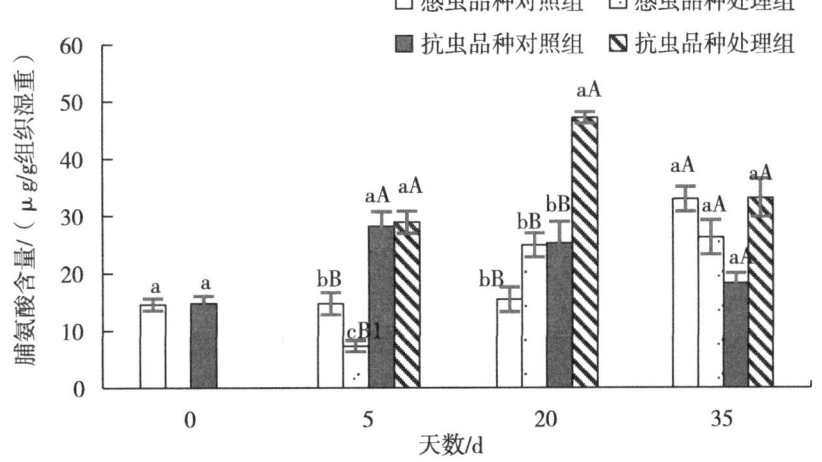

图 4-5　红叶螨胁迫抗感红小豆品种植株体内脯氨酸含量变化

上升,且差异不显著,上升率为 2.66%;感虫品种较对照组的 Pro 含量下降,差异显著,下降率为 50.37%。红叶螨胁迫 20 d(分枝期)时,抗虫品种体内的脯氨酸含量较对照均上升,且抗虫品种与对照组间差异极显著,感虫品种与对照组间差异不显著,上升率分别为 87.03%、61.31%。红叶螨胁迫 35 d(开花期)时,抗虫品种体内的脯氨酸含量较对照上升,且差异显著,上升率为 81.95%;感虫品种较对照组下降,且差异不显著,下降率为 20.39%。

表 4-13 红叶螨胁迫抗感红小豆品种植株体内脯氨酸含量变化率　　单位:%

品种	5 d	20 d	35 d
抗虫品种	2.66	87.03	81.95
感虫品种	-50.37	61.31	-20.39

(六)红叶螨胁迫下红小豆抗感螨品种 SOD 酶活性变化

由图 4-6 和表 4-14 可知,红叶螨胁迫后,红小豆抗、感品种植株的 SOD 酶活性在 5 d(苗期)、20 d(分枝期)、35 d(开花期)时均呈逐渐上升趋势,且抗虫品种只在 5 d(苗期)时上升幅度大于感虫品种,在 20 d(分枝期)、35 d(开花期)时上升幅度小于感虫品种。红叶螨胁迫 5 d 时,抗、感虫品种植株体内的 SOD 酶活性较对照组均上升,且差异均不显著,抗虫品种上升幅度大于感虫品种,上升率分别为 17.45%、7.60%。红叶螨胁迫 20 d 时,抗、感虫品种植株体内的 SOD 酶活性较对照组均上升,且分别存在极显著差异和显著差异,抗虫品种上升幅度小于感虫品种,上升率分别为 33.43%、34.10%。红叶螨胁迫 35 d 时,抗、感虫品种植株体内的 SOD 酶活性较对照组均上升,抗虫品种与对照组间差异不显著,感虫品种与对照间差异显著,抗虫品种上升幅度小于感虫品种,上升率分别为 1.66%、23.60%。

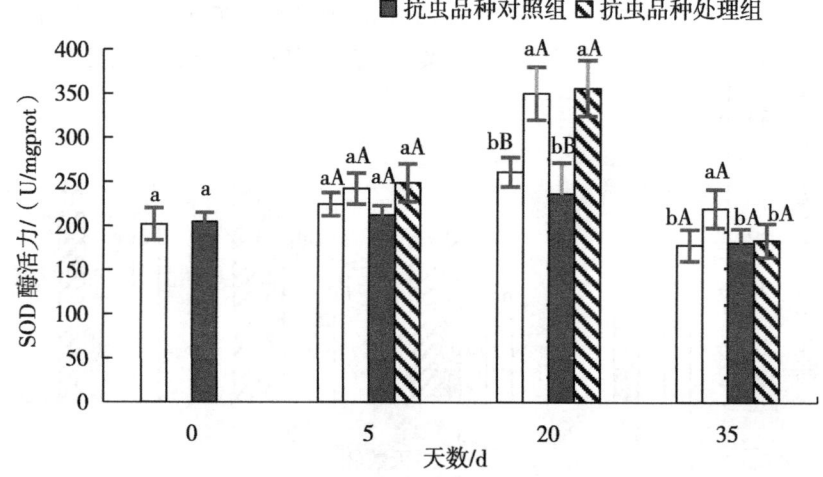

图 4-6 红叶螨胁迫抗感红小豆品种植株体内 SOD 酶活性变化

表 4-14　红叶螨胁迫抗感红小豆品种植株体内 SOD 酶活性变化率　　　单位:%

品种	5 d	20 d	35 d
抗虫品种	17.45	33.43	1.66
感虫品种	7.60	34.10	23.60

（七）红叶螨胁迫下红小豆抗感螨品种 POD 酶活性变化

由图 4-7 和表 4-15 可知,红叶螨胁迫后,红小豆抗虫品种体内的 POD 酶活性在 5 d（苗期）、20 d（分枝期）、35 d（开花期）时均呈逐渐上升趋势,感品种植株的 POD 酶活性在 5 d（苗期）、20 d（分枝期）呈下降趋势,在 35 d（开花期）呈上升趋势。红叶螨胁迫 5 d 时,抗虫品种体内的 POD 酶活性较对照组上升,差异不显著,上升率为 33.06%；感虫品种较对照组下降,差异不显著,下降率为 42.21%。红叶螨胁迫 20 d 时,抗虫品种 POD 酶活性较对照上升,且差异极显著,上升率为 68.35%；感虫品种较对照下降,且差异显著,下降率为 29.97%。红叶螨胁迫 35 d 时,抗、感虫品种 POD 酶活性较对照均上升,且差异均不显著,抗虫品种上升幅度大于感虫品种,上升率分别为 47.39%、8.67%。

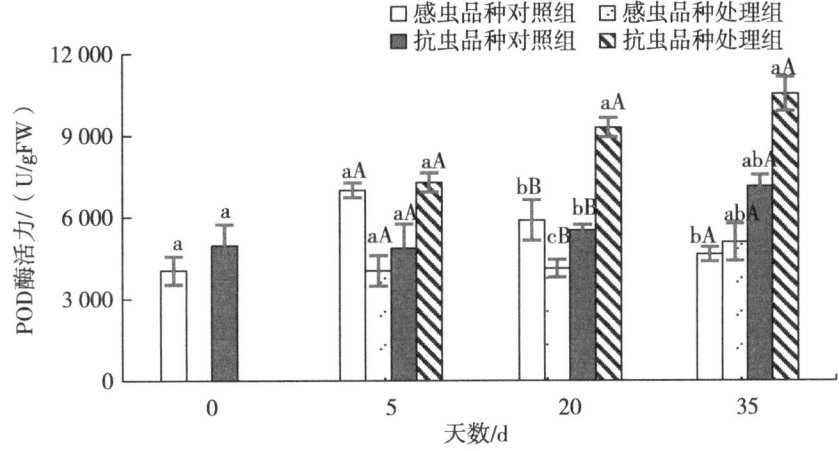

图 4-7　红叶螨胁迫抗感红小豆品种植株体内 POD 酶活性变化

表 4-15　红叶螨胁迫抗感红小豆品种植株体内 POD 酶活性变化　　　单位:%

品种	5 d	20 d	35 d
抗虫品种	33.06	68.35	47.39
感虫品种	-42.21	-29.97	8.67

（八）红叶螨胁迫下红小豆抗感螨品种 CAT 酶活性变化

由图 4-8 和表 4-16 可知,红叶螨胁迫后,抗虫品种植株体内的 CAT 酶活性在 5 d（苗期）呈下降趋势,在 20 d（分枝期）、35 d（开花期）时呈上升趋势,红小豆感虫品种植株体内的 CAT 酶活性 5 d 在（苗期）、20 d（分枝期）、35 d（开花期）时呈逐渐下降趋势。红叶螨胁迫 5 d 时，抗、感虫品种植株体内的 CAT 酶活性较对照组均下降，且差异均不显著，下降率分别为 36.91%、26.63%。红叶螨胁迫 20 d 时，抗虫品种植株体内的 CAT 酶活性较对照上升，且差异不显著，上升率为 27.03%；感虫品种较对照组下降，且差异不显著，下降率为 9.03%。红叶螨胁迫 35 d 时，抗虫品种植株体内的 CAT 酶活性较对照上升，且差异不显著，上升率为 3.12%；感虫品种较对照下降，且差异不显著，下降率为 3.01%。

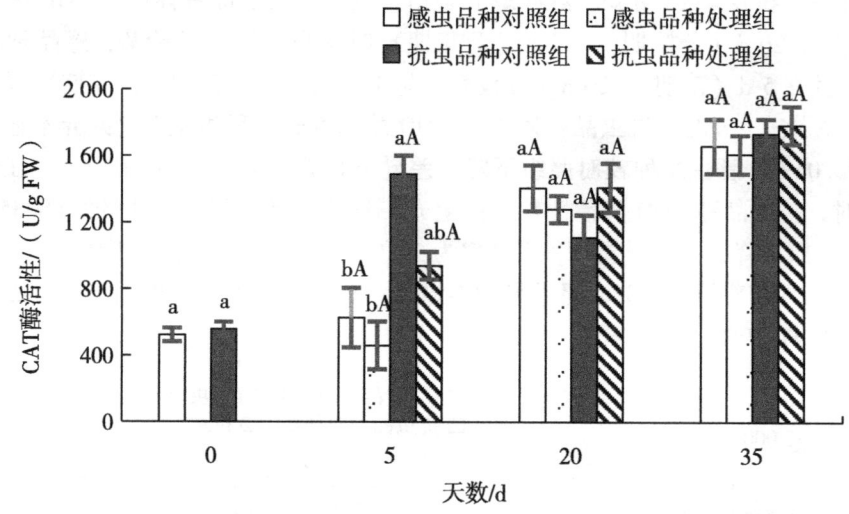

图 4-8　红叶螨胁迫抗感红小豆品种植株体内 CAT 酶活性变化

表 4-16　红叶螨胁迫抗感红小豆品种植株体内 CAT 酶活性变化率　　　　　　单位：%

品种	5 d	20 d	35 d
抗虫品种	-36.91	27.03	3.12
感虫品种	-26.63	-9.03	-3.01

（九）红叶螨胁迫抗感红小豆品种植株体内 PPO 酶活性变化

由图 4-9 和表 4-17 可知，红叶螨胁迫后，红小豆抗虫品种体内的 PPO 酶活性在 5 d（苗期）、20 d（分枝期）、35 d（开花期）时呈上升趋势，感虫品种的 PPO 酶活性在 5 d（苗期）呈上升趋势，20 d（分枝期）呈下降趋势，35 d（开花期）呈上升趋势。红叶螨胁迫 5 d 时，抗、感虫品种植株体内的 PPO 酶活性较对照组均上升，且差异均为极显著，抗虫品种上升幅度小于感虫品种，上升率分别为 94.29%、192.56%。红叶螨胁迫 20 d 时，抗虫品种植株体内的 PPO 酶活性较对照上升，且差异极显著，上升率为 120.29%；感虫品种较对照下降，且差异不显著，下降率为 15.07%。红叶螨胁迫 35 d 时，抗、感虫品种植株体内的 PPO 酶活性较对照均上升，且差异不显著，抗虫品种上升幅度小于感虫品种，上升率分别为 19.12%、62.19%。

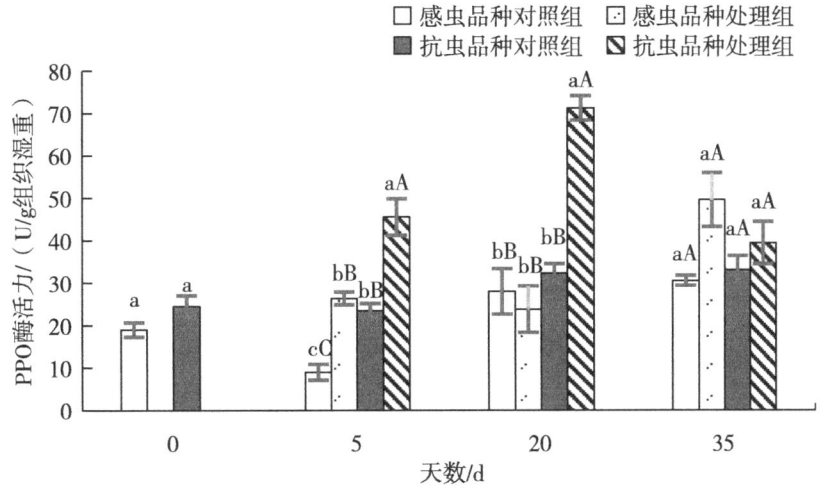

图 4-9 红叶螨胁迫抗感红小豆品种植株体内 PPO 酶活性变化

表 4-17 红叶螨胁迫抗感红小豆品种植株体内 PPO 酶活性变化率　　　　　　　单位:%

品种	5 d	20 d	35 d
抗虫品种	94.29	120.29	19.12
感虫品种	192.56	-15.07	62.19

（十）红叶螨胁迫抗感红小豆品种植株体内 MDA 含量变化

由表 4-18 和图 4-10 可知，红叶螨胁迫后，红小豆抗虫品种体内的 MDA 含量在 5 d（苗期）呈上升趋势，20 d（分枝期）未变化，35 d（开花期）呈上升趋势，感虫品种的 MDA 含量在 5 d（苗期）、20 d（分枝期）、35 d（开花期）呈上升趋势。红叶螨胁迫 5 d（苗期）时，抗、感虫品种植株体内的 MDA 含量较对照组均上升，且差异均不显著，抗虫品种上升幅度小于感虫品种，上升率分别为 12.07%、63.08%。红叶螨胁迫 20 d（分枝期）时，抗虫品种植株体内的 MDA 含量较对照无变化，感虫品种较对照组上升，且差异不显著，抗虫品种上升幅度小于感虫品种，上升率分别为 0%、29.32%。红叶螨胁迫 35 d（开花期）时，抗、感虫品种植株体内的 MDA 含量较对照组均上升，且差异不显著，抗虫品种上升幅度大于感虫品种，上升率分别为 130.43%、34.92%。

表 4-18 红叶螨胁迫抗感红小豆品种植株体内 MDA 含量变化率　　　　　　　单位:%

品种	5 d	20 d	35 d
抗虫品种	12.07	0.00	130.43
感虫品种	63.08	29.32	34.92

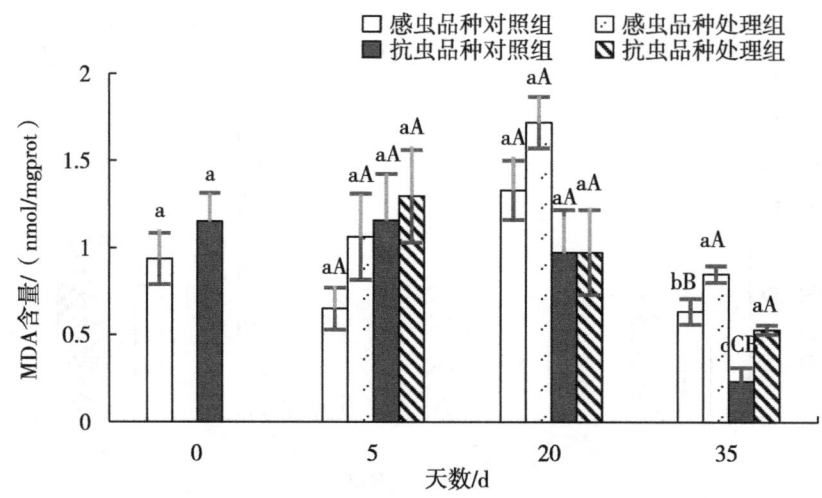

图 4-10　红叶螨胁迫抗感红小豆品种植株体内 MDA 含量变化

（十一）红叶螨胁迫抗感红小豆品种植株体内 APX 活性变化

由表 4-19 和图 4-11 可知，红叶螨胁迫后，红小豆抗、感虫品种体内的 APX 活性在 5 d（苗期）、20 d（分枝期）、35 d（开花期）时均呈上升趋势，且抗虫品种上升幅度小于感虫品种。红叶螨胁迫 5 d（苗期）时，抗、感虫品种植株体内的 APX 活性较对照组均上升，且差异极显著，抗虫品种上升幅度小于感虫品种，上升率分别为 340.66%、492.81%。红叶螨胁迫 20 d（分枝期）时，抗、感虫品种植株体内的 APX 活性较对照组均上升，且差异极显著，抗虫品种上升幅度小于感虫品种，上升率分别为 24.46%、169.78%。红叶螨胁迫 35 d（开花期）时，抗、感虫品种植株体内的 APX 活性较对照组均上升，且差异极显著，抗虫品种上升幅度小于感虫品种，上升率分别为 567.74%、761.90%。

表 4-19　红叶螨胁迫抗感红小豆品种植株体内 APX 酶活性变化率　　　　单位:%

品种	5 d	20 d	35 d
抗虫品种	340.66	24.46	567.74
感虫品种	492.81	169.78	761.90

三、结论与讨论

红小豆抗螨品种植株体内的叶绿素含量、脯氨酸含量、CAT 酶、POD 酶、PPO 酶、APX 酶活性，较对照组而言变化较为明显，且抗、感品种之间的表现差异明显，建议将叶绿素、脯氨酸含量、CAT 酶、POD 酶、PPO 酶、APX 酶活性作为红小豆抗螨性评价指标。

植物不仅存在形态结构抗性，还存在生理和生化抗性。左香君等研究发现，植物的

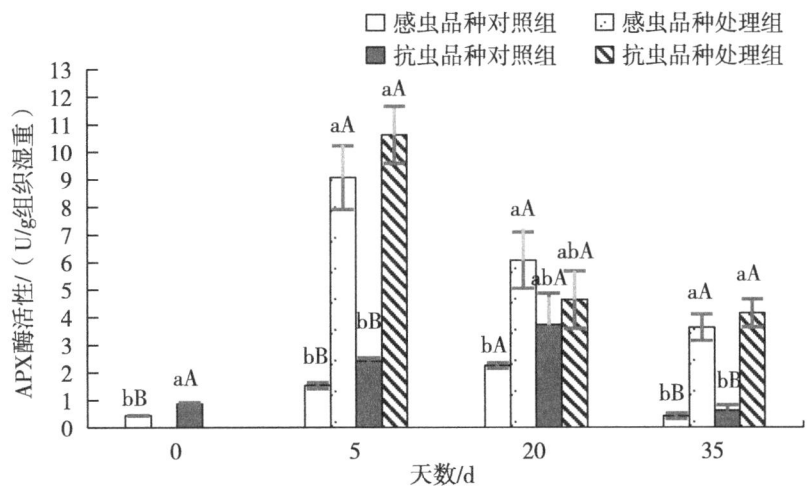

图 4-11 红叶螨胁迫抗感红小豆品种植株体内 APX 酶活性变化

抗虫性,一是来自其叶片表面性状的阻碍,二是来自植物体内化学物质的趋避。因此,寄主植物抗螨机制的基础,不仅包括植株形态基础,还包括植物理化基础,充分有效地利用抗虫寄主理、化性质的影响,对植物的抗螨育种工作具有重要意义。自由基伤害学说认为,逆境胁迫下的植物体存在"诱导防御系统",是通过防御酶的相互调节完成抗氧化的系统,使寄主植物体内的自由基保持相对稳定,以此提高抗虫能力。本研究中受叶螨胁迫后红小豆抗、感品种的营养物质含量(叶绿素、水、可溶性糖、可溶性蛋白、脯氨酸),保护酶活性(POD、SOD、CAT、PPO),APX 活性,MDA 含量等均发生了不同程度的变化。

叶绿素参与了植物光合作用过程中的各个环节,对光能的转化传递等起着至关重要的作用,叶绿素含量的变化能够影响植物体内多种物质的合成,从而影响植物抗性。研究结果表明,红叶螨胁迫后,红小豆抗、感品种植株体内的叶绿素含量呈逐渐下降趋势,红小豆抗虫品种叶绿素下降幅度小于感虫品种,该结论与棉花对牧草盲蝽取食的生理响应棉株受害后叶绿素含量均有所下降的结论一致。植物在受到叶螨胁迫后,体内被红叶螨刺吸,细胞内含物减少,叶绿素大量减少。

水分是植物生长过程中不可替代的物质之一,叶片含水量是植物在生长发育中遭受虫害等胁迫的良好指示剂,品种间的含水率大小和变化在某种程度上能够反映出植物品种的抗虫性强弱,叶片含水率对寄主植物品种的抗性鉴定意义重大。本研究得出,红叶螨胁迫后,红小豆抗、感品种植株体内的叶片含水率变化随着为害时间延长而降低,感虫品种叶片含水率下降幅度大于抗虫品种,薛俊杰早在 1986 年指出,随着叶片含水率的降低水稻抗虫性增强,因此植物在水分缺失的情况下抗虫性增强,叶片抗穿透性增强则叶螨的刺吸难度加大,感虫植物叶螨发生量较大吸食的水分更多,所以刺吸后感虫品种叶片含水率降低幅度更大。

植物体内营养物质含量的变化会对植食性昆虫产生一定的影响,可溶性糖类是昆虫发育所需的营养物质之一,有研究表明品种可溶性糖含量与昆虫发生量显著相关。本研究得出：红叶螨胁迫后，抗、感虫品种可溶性糖含量呈逐渐上升趋势，且抗虫品种上升幅度大于感虫品种，胡桂馨等（2017）发现，寄主植物的可溶性糖含量随虫口压力增加而升高；吕敏等（2014）研究显示，辣椒受害后的可溶性糖含量较对照增加，且以抗性品种增幅最大，感性品种的增幅最小；这两个研究的结论均与本研究一致，这可能是由于可溶性糖能够为植株提供生长中抵御生物胁迫的能量，植物的营养物质含量提升可提高植物抗虫性，以此来参与植物的防御反应。而部分研究结论指出，接虫后的植株可溶性糖含量下降，与本研究红叶螨胁迫后寄主植物可溶性糖含量上升的结果相反，说明在不同植物受到不同虫害胁迫时，表现出的防御反应可能有所不同。

寄主植物体内的营养物质和渗透调节物质种类很多，可溶性蛋白是其中之一，可溶性蛋白含量对植物细胞的生命物质及生物膜起着重要的保护作用，是鉴定植物抗虫性重要的指标之一。前人研究发现，烟粉虱种群趋势指数与辣椒可溶性蛋白呈正相关；蚜虫喜食可溶性糖、可溶蛋白含量更高的早小洋菊。本研究中抗虫品种的可溶性蛋白含量在 5 d（苗期）呈下降趋势，且下降幅度大于感虫品种，在 20 d（分枝期）和 35 d（开花期）呈逐渐上升趋势，感虫品种在各时期均呈下降趋势。李田田等（2016）在研究中得出，寄主植物接虫后体内的可溶性蛋白的增长量与抗虫性呈正相关，与本研究中抗虫品种分枝期和开花期这两个时期均上升，而感虫品种一直持续下降的结论一致，这可能是由于可溶性蛋白含量的大量累积能够有效提高植物细胞的保水能力，同时保护细胞膜结构功能的完整性；而抗虫品种苗期可溶性蛋白含量下降，这可能是由于植物受到胁迫初期会通过降低体内营养物质含量，来降低对害虫的吸引力。

脯氨酸作为植食性昆虫在生长发育和繁殖等生命活动过程中必不可少的营养物质，也是植物抗逆境胁迫中重要的渗透调节物质，对昆虫生长发育等有一定的影响。许多研究表明，寄主体内脯氨酸含量的高低与寄主对昆虫的抵御能力强弱有关。本研究中红叶螨胁迫后，抗虫品种的脯氨酸含量在各时期时呈上升趋势；感虫品种植株体内的脯氨酸含量在 5 d（苗期）时呈下降趋势，在 20 d（分枝期）呈上升趋势，在 35 d（开花期）呈下降趋势，即感虫品种受害后呈现出先降后升再降的趋势。不同寄主受虫害胁迫后，脯氨酸含量增减表现不一，说明不同植株对虫害胁迫的抗性表现不同。原因可能是，感虫品种植物受害初期，体内的脯氨酸含量变化表现为抑制，随着为害时间增加，感虫品种体内的脯氨酸含量受虫害胁迫诱导，在一定虫量下表现为上升，随着为害程度的加深，植物防御阈值被突破，脯氨酸含量下降。

SOD 酶作为植物体内的保护酶，也是植物抵抗植食性害虫为害的一种重要的酶，SOD 酶能清除细胞内过量的超氧阴离子自由基（O_2^-），有效控制活性氧对植物细胞的损害，对机体的抗氧化反应起着至关重要的作用，从而提高寄主植物的抗虫性。本研究结果表明：红叶螨胁迫后，抗、感品种植株体内的 SOD 酶活性呈逐渐上升趋势，且抗虫品种在 5 d（苗期）时上升幅度大于感虫品种，而在为害的后两个时期上升幅度小于感虫品种；何香（2020）研究指出植株受害后，叶组织内 SOD 活性会迅速上升，且酶活性增加的幅度与寄主选择显著负相关，与本研究胁迫初期的结论一致。红小豆抗虫品种在胁迫初期 SOD 酶活性上升幅度较大的原因可能是，植物在受到生物胁迫初期时，抗虫品种植物体内的 SOD 酶会迅速反应，而感虫品种的 SOD 酶防御适应时间稍长或延迟，酶活变化反应相对较小；而后两个时期感虫品种受到的胁迫更严重，保护酶活在后两个时期被胁迫诱导而大量产生。

过氧化物酶 POD 是建成植物细胞壁的主要酶系，其与植物的抗逆性有关，POD 酶活动的最终产物可能是昆虫无法消化和吸收的抗营养物质，POD 酶产生的氧化物质还可以激发昆虫对寄主的过敏反应，是植物重要保护酶之一。有研究表明，昆虫取食寄主寄主后，寄主植物体内的 POD 的活性显著提高，表明寄主对昆虫侵害会产生明显的诱导防御反应。本研究结果表明：红叶螨胁迫后，抗虫品种的 POD 酶活性呈逐渐上升趋势，感品种植株的 POD 酶活性在 5 d（苗期）、20 d（分枝期）时呈下降趋势，35 d（开花期）时呈上升趋势，抗虫品种上升幅度大于感虫品种；何香（2020）在研究中指出植株受害后 POD 活性上升迅速，且酶活性增加的幅度与寄主选择呈显著负相关，说明酶活性增加幅度越大，昆虫对寄主选择越少，与本研究得出的 35 d（开花期）时抗虫品种 POD 活性上升幅度大于感虫品种结论一致。

CAT 酶是与植物活性氧代谢的相关酶之一，害虫对寄主的取食为害行为会引起植物内部活性氧代谢的紊乱，体内脂膜过氧化及膜脂脱脂作用启动，破坏膜结构，引起植物体内抗氧化酶活性的变化。有研究显示，CAT 酶能够及时有效地清除体内的活性氧，保护植物体不受伤害，CAT 酶活性下降速率与植物抗虫性有关。本研究得出：红叶螨胁迫后，抗虫品种的 CAT 酶活性在 5 d（苗期）呈下降趋势，随后的两个时期呈上升趋势，感虫品种均呈下降趋势，抗感品种 CAT 酶的抗性表现有差别；陈丽慧（2016）对昆虫取食 72 h 内的植株进行研究得出，受害植株体内 CAT 酶活性随昆虫取食密度的增加有升高的趋势。这可能是由于本试验间隔时期较长，研究的 CAT 酶活性变化是一个较长时间段内的变化过程；说明 CAT 酶活性在不同的时间段表现可能有不同。

PPO 酶与植物抗虫性的关系十分密切，PPO 酶催化酚类物质氧化为醌，醌能够和植物体内的蛋白质发生反应，使部分必需氨基酸烷基化，醌类物质会导致害虫自身肠胃消化系统的紊乱，降低昆虫的营养吸收，导致昆虫营养失衡。相关实验研究表明，PPO 酶与植物抗虫防御反应有关，害虫取食寄主植物后，植株 PPO 酶活性显著提高，并且抗虫品种与感虫品种间 PPO 酶活性差异明显。本研究结果表明：红叶螨胁迫后，抗虫品种的 PPO 酶活性在各时期呈上升趋势，感虫品种的 PPO 酶活性在 3 个时期呈先上升后下降再上升的趋势。吴龙火指出植物不同品种受虫害后，体内的多酚氧化酶比受虫害前有不同程度的提高，提高率随植物抗性水平的提高而提高，与本研究结论相符。感虫品种体内的 PPO 酶产生波动式变化的原因可能是，植物应答虫害胁迫，抗性品种的防御酶比感性品种的反应速度更快，酶活水平更高害虫密度越大，胁迫越严重，酶活性升高越迅速，但是植物面对昆虫胁迫的防御程度和时间存在阈值，因此到达一定的范围时，酶活性则表现相反或者受到抑制，则会出现感虫品种酶活先上升后下降的情况。

植物在受到逆境胁迫时细胞内会产生大量的丙二醛（MDA），MDA 是寄主植物体内细胞膜脂过氧化的重要标准，MDA 含量可以衡量寄主植物细胞的损伤程度，与植物受逆境胁迫程度有关。据研究显示，昆虫取食后，MDA 含量呈不同程度增加，抗性较强的品种 MDA 含量的变化值显著低于感虫品种。本研究得出，红叶螨胁迫后，抗虫品种的 MDA 含量在 5 d（苗期）呈上升趋势，20 d（分枝期）未变化，35 d（开花期）呈上升趋势，而感虫品种的 MDA 含量在各时期均呈上升趋势，在 5 d 时抗虫品种上升幅度小于感虫品种，说明感虫品种在遭受胁迫红叶螨胁迫的初期，MDA 含量上升幅度较大，在抗螨防御中起到了较大的作用，周丹丹研究指出，MDA 含量与棉花抗虫性呈负相关，与本研究结论相符。

APX 酶在植物对生物损伤的反应中清除活性氧，其活性在一定程度上代表着损伤诱导的氧化还原反应的程度。本研究结果：红叶螨胁迫后，红小豆抗、感虫品种的 APX 活性较对照组而言均是上升的，抗虫品种上升幅度小于感虫品种。雷关红（2013）研究显示，害虫取食寄主植物前后 APX 酶活性呈现出先增长后降低再增长的趋势，说明 APX 酶活性的变化与植物抗虫性有关，与本研究结果一致。红叶螨为害初期抗、感虫品种较对照组的 APX 活性迅速上升且均到达峰值，抗虫品种 APX 活性极显著高于感虫品种。麦长管蚜取食诱导 5 种山羊草的诱导抗性，在成株期感蚜后，其体内的 APX 等酶活性比感蚜前均具有不同程度的提高，其 APX 酶活性提高率随物种抗性水平的提高而提高，APX 酶活提高率的上升可能与蚜虫的取食诱导有关，且诱导性大小随物种抗性水平提高而提高。

本研究发现红小豆抗、感品种遭受叶螨胁迫后，体内的理化性状相关的指标均产生了不同程度的变化，抗感品种之间的应答速度和反应程度存在差异。说明遭受生物胁迫时，抗、感虫品种植株体的理化防御机制启动，为植物体自身提供应急和修复的物质来应对害虫的伤害，但防御机制的启动和表现受到抗性水平的影响。但是，植物抗虫性受到多方面因素协同影响，某些次生代谢物质在红小豆不同品种抗螨性方面的作用，以及抗螨性的分子机理还有待进一步研究。

第五章　蝗虫抗药性研究

第一节　抗药性研究进展

一、昆虫抗药性研究进展

1957 年世界卫生组织提出"昆虫具有忍受杀死正常种群大多数个体剂量的能力在其种群中发展起来的现象"定义为昆虫抗药性。抗药性是昆虫一个种群的行为，是由基因控制并可以遗传给后代的。1908 年 Melannder 首次发现美国加利福尼亚州梨圆蚧对石硫合剂产生抗性之后，至 1946 年仅 11 种害虫及螨产生抗药性。在这之后随着有机合成杀虫剂的推广应用，抗性害虫的种类和数量几乎直线上升。据报道，目前世界上已有600 多种害虫具有抗药性。而且昆虫对新药产生抗药性的趋势和速度更快。因此，要保持现有药剂或新药的防治效果，必须研究昆虫抗性产生的机制，从而探讨避免和延缓抗性产生的策略，制定和实施抗性治理的原则和方法。昆虫抗药性是农业害虫治理所面临的最为严峻的问题。

为探索害虫综合治理和可持续控制的有效对策，国内外许多学者对害虫抗药性开展了大量的研究，进行了有益的探索，取得了丰硕的研究成果。昆虫抗药性机制大致可分为 4 类：代谢抗性、靶标抗性、穿透速率的降低和行为抗性。但是，通常昆虫的抗药性并不是由单个抗性机制引起的，一般由几种机制同时互作的结果。同时这种互作关系不是几种抗性机制的简单叠加。目前，学者们对昆虫代谢抗性和靶标抗性研究得最为深入。

代谢抗性主要集中于昆虫解毒酶的研究，其中细胞色素 p450 氧化酶系（p450s）、谷胱甘肽硫转移酶系（GSTs）、羧酸酯酶（CarEs）是研究的重点酶系。p450s 是参与内源、外源性物质的生物合成与降解的一种重要代谢酶。第 1 个昆虫的 p450 基因是 Feyerisen 等从家蝇体内克隆的 $CYP6A1$，之后关于 p450s 的研究成果与日俱增。据郭亭亭（2009）报道 GeneBank 中已记录 1 000 多个昆虫 p450 基因序列。p450 基因分属于 $CYP4$，$CYP6$，$CYP9$，$CYP12$，$CYP18$，$CYP28$，$CYP49$ 和 $CYP301\sim341$ 共 48 个家族。其中 $CYP6$，$CYP9$，$CYP12$，$CYP18$ 和 $CYP28$ 共 5 个基因家族为昆虫所特有。大量研究结果证实 $CYP4$ 和 $CYP6$ 家族与昆虫抗药性关系较密切；另外，还有一些家族成员也参与了昆虫抗药性的产生。昆虫体内 p450 含量增加及活性增强是昆虫抗药性产生的主要原因，也是昆虫对不同杀虫剂同时产生交互抗性的主要因素之一。同时昆虫高水平抗性出现是二者共同作用的结果。昆虫 p450 酶量增加、活性增强是由于 p450 基因扩增，基因上调表达，结构变化及出现新代谢活性的 p450 所导致的，且已经在大量的抗性昆虫中得到验证。

羧酸酯酶也为重要的解毒酶，主要参与多种药物，致癌物及环境毒物的解毒和代谢，还有脂质运输和代谢，也催化一些内源性化合物的水解。许多研究表明多种昆虫的抗药性被羧酸酯酶介导，例如家蝇（*Musca domestica*）、埃及伊蚊（*Aedes aegypti*）、白纹伊蚊（*Aedes albopictus*）对拟除虫菊酯类杀虫剂的抗性中，羧酸酯酶活性均增强。其中羧酸酯酶基因扩增、表达上调、基因突变等是羧酸酯酶介导昆虫抗性主要分子机理，或者是几种机理共同互作。例如，棉蚜对马拉硫磷的抗性是由于羧酸酯酶基因位点突变、表达量上调、羧酸酯酶基因拷贝数增加以及 mRNA 转录水平提高等几方面共同起作用的综合效果。

谷胱甘肽硫转移酶可以解毒内源性和外源性化合物。许多研究表明 GSTs 活性和转录率提高是昆虫对有机磷、拟除虫菊酯、DDT 等杀虫剂抗性产生的主要机制。有报道小菜蛾对阿维菌素抗性和 GSTs 活力增强有关。东亚飞蝗沧州种群对杀虫剂的敏感性低也与 GSTs 活性及表达水平高有关。一般情况下，GST 以隔离（螯合）机理与农药分子结合而导致抗性增加。

靶标抗性：乙酰胆碱酯酶（AChE）是有机磷和氨基甲酸酯类杀虫剂的作用靶标。引起抗性的主要机理包括 AChE 活性增加和 AChE 基因突变。棉铃虫（*Helicoverpa armigera*）、铜绿蝇（*Lueilia luprina*）、库蚊（*Culex pipiens*）等昆虫的抗药性与乙酰胆碱酯酶基因突变有关。AChE 基因突变主要导致其结构改变、本质特性改变，造成靶标敏感性下降，不能有效地与杀虫剂结合而引起抗性。同时，AChE 活性提高是导致抗性的原因之一。目前已发现，红圆蚧（*Aonidiella aurantii*）、果蝇（*Drosophila melanogaster*）、二叉蚜（*Schizaphis gaminum*）对有机磷的抗性，及果蝇自然种群对对硫磷（已禁用）的抗性均与 AChE 活性提高有关。一般因钠离子通道敏感性降低而引起的抗性称击倒抗性（knockdown resistance，Kdr）。钠通道基因改变是 DDT 和菊酯类杀虫剂抗性产生的基础。Ramaswami 等从果蝇中分离到了 DSCI 和 para 两个不同的钠离子通道基因。亢春雨等（2007）报道 para 通道基因的点突变造成了昆虫对拟除虫菊酯类杀虫剂的抗性。para 通道基因相似区 II S6 是菊酯类杀虫剂的重要的功能位点，针对这一位点的突变研究较多，但是其他位点的次要突变和 para 通道基因其他区域的突变可能也是菊酯类杀虫剂目前，大多数研究都集中 para 通道基因相似区 II 突变，如 II S6 是拟除虫菊酯类杀虫剂 Kdr 抗性的原因，但是研究相对减少。γ-GABA 受体是环戊二烯类、Avermectins 类、苯基吡唑类等杀虫剂的作用靶标。果蝇对环戊二烯的抗性是由受体的 *Rdl* 基因突变引起的，即受体亚基 cDNA 的第 302 位突变（丙氨酸—丝氨酸的突变位点）。而且该突变在蜚蠊、家蝇、埃及伊蚊等多种昆虫中得到验证。李阿根（2004）从小菜蛾不同抗性品系中也获得的 GABA 受体基因片段，即 *Rdl*1 和 *Rdl*2 两种基因。其中 *Rdl*1 存在两个等位基因 *Rdl*1*a* 和 *Rdl*1*s*，判断 *Rdl*1*a*→*Rdl*1*s* 的突变可能与小菜蛾对氟虫腈的抗性有关。鱼尼丁受体是双酰胺类新型杀虫剂的作用靶标，目前已有大量害虫对其产生了抗药性。抗性产生的机理主要是受体基因位点突变导致的。例如 Troczka 等推测泰国和菲律宾的田间小菜蛾 Plutella xylostellla 种群产生高抗的原因可能与鱼尼丁受体的 4946 位（甘氨酸到谷氨酸的突变）突变有关。小菜蛾对氯虫苯甲酰胺产生抗性机理是由于鱼尼丁受体基因的点突变所导致的。

二、蝗虫抗药性研究情况

随着生物化学和分子生物学的研究技术手段的不断发展和进步，关于害虫抗性机理的研究也不断深入，尤其是对鳞翅目、双翅目等昆虫的抗性研究。但是，对蝗虫的抗药性研究则较少，进展较慢。目前马恩波老师团队关于蝗虫抗性的研究主要集中于东亚飞蝗对有机磷杀虫剂的抗药性，揭示了代谢解毒酶与东亚飞蝗有机磷农药抗性的相互关系，为蝗虫抗药性的研究奠定了坚实的理论基础。例如，东亚飞蝗山西永济种群酯酶活性显著高于山西临猗种群，说明酯酶可能是引起蝗虫对有机磷农药抗性相关酶系。贺艳萍等（2004）研究了东亚飞蝗对有机磷杀虫剂的抗药性机理，发现羧酸酯酶基因 CarE1、CarE4、CarE6、CarE12、CarE15、CarE19、CarE22、CarE23、CarE26、CarE27、CarE30 和 CarE32 在抗性种群中的表达量分别是敏感品系的 3.29 倍、1.13 倍、8.78 倍、3.16 倍、3.17 倍、11.84 倍、2.24 倍、4.92 倍、6.24 倍、4.66 倍、4.47 倍和 4.73 倍；谷胱甘肽硫转移酶基因 GST1、GSTZ、GST3 和 GST12 的表达量分别是敏感品系的 1.25 倍、1.33 倍、2.47 倍和 1.61 倍，说明东亚飞蝗对马拉硫磷的抗性与羧酸酯酶和谷胱甘肽硫转移酶的过量表达有关，但与 p450 无关。张建琴（2010）采用 Real-timePCR 技术筛选出 12 个抗性相关羧酸酯酶基因，其中 2 个羧酸酯酶基因 LmCarEA1 和 LmCarEA2 与东亚飞蝗代谢解毒相关；并利用 LmCesA1 和 LmCesA2 的 RNA 干扰，提高了毒死蜱处理后的蝗虫死亡率，说明这两个羧酸酯酶基因参与蝗虫毒死蜱的解毒代谢作用，但是东亚飞蝗不同种群抗性产生的机制不是完全相同的。东亚飞蝗海南黄流种群与山东无棣种群相比，对马拉硫磷的抗性达到 8.5 倍，其中 AchE 活性高出 4.8 倍，AchE 亲和性降低 2.6 倍，催化活性提高 5.0 倍，说明黄流种群对马拉硫磷的抗性是由于 AchE 活性升高和敏感性下降所导致的。周小霞（2009）也报道，乙酰胆碱酯酶基因干扰东亚飞蝗导致对马拉硫磷的敏感性增加，也证明乙酰胆碱酯酶是引起东亚飞蝗有机磷抗性的重要原因。Yang et al.（2009）报道，田间东亚飞蝗种群与室内敏感种群相比对马拉硫磷产生 57.5 倍的抗性，是由于酯酶和谷胱甘肽硫转移酶解毒作用增强和乙酰胆碱酯酶活性提高和敏感性下降等多方面原因导致的。

关于中华稻蝗的抗性也有相关的报道，Yang et al.（2004）报道，马拉硫磷对徐州种群的 LC_{50} 值是山西临猗种群的 2.8 倍，徐州种群酯酶活性比临猗种群高 1.3~2.7 倍。Wu et al.（2009）报道，利用马拉硫磷对天津不同区域中华稻蝗种群生物测定，结果显示天津津南和宝坻雌雄种群的 LC_{50} 比天津北大港高出分别高出 3.64~3.95 倍和 10.07~12.02 倍。中华稻蝗津南种群酯酶活性高于宝坻和北大港种群 1 倍以上，与生物测定结果一致，说明天津不同区域中华稻蝗对马拉硫磷的抗性，酯酶在其中发挥了重要的作用。

三、苯基吡唑类杀虫剂应用及抗性研究情况

苯基吡唑类杀虫剂大量应用于农业生产的主要品种有氟虫腈和丁烯氟虫腈。其中氟虫腈（fipronil）是法国拜耳公司开发的广谱、高效的杀虫剂，作用 GABA 受体氯离子通道来破坏昆虫的神经系统。氟虫腈能够被加工成多种农药剂型通过茎叶处理、土壤处理、种子处理等各种施药技术手段来防治害虫，在农业生产中起到了举足轻重的作用。然而，近年来很多学者报道了国内外一些重要的农业害虫、卫生害虫等对氟虫腈产生了不同程度的抗药性。印度、马来西亚部分地区的小菜蛾产生了最高 400 倍、505 倍的抗药性。中国台湾部分地区小菜蛾种群对氟虫腈产生了最高 104 倍的抗药性。巴基斯坦田间斜纹夜蛾不同种群对氟虫腈产生了 13~224 倍不同水平的抗药性。浙江苍南的水稻二化螟对氟虫腈产生了 21.2 倍的抗性。浙江、江苏、湖北、四川等地水稻二化螟对氟虫腈产生了 6 倍以上抗性水平。福建的某个烟粉虱种群对氟虫腈产生了 11.6 倍的抗药性。2007 年我国江苏南京褐飞虱种群对氟虫腈产生了 10.5 倍抗性。2009 年，安徽、福建、浙江、湖北、江西和江苏 6 个地区褐飞虱种群对氟虫腈产生了 23.8~43.3 倍的抗性。抗药性机理的研究是抗药性治理的基础，很多学者研究了小菜蛾对氟虫腈抗性产生的原因。其中 Mohan et al. （2003）的研究表明小菜蛾对氟虫腈抗性产生的原因与多功能氧化酶、羧酸酯酶和谷胱甘肽转移酶有重要的联系，但也有研究则表明与这三大解毒酶系没有联系，可能与靶标位点突变有关系。利用 qRT-PCR 技术、dsRNA 干扰技术验证了羧酸酯酶基因 *Pxae*22 和 *Pxae*31 的表达变化直接影响小菜蛾对氟虫腈的敏感性，说明 *Pxae*22 和 *Pxae*31 两个基因与小菜蛾的抗性发生相关。浙江苍南二化螟种群对氟虫腈产生抗药性的原因与酯酶和谷胱甘肽硫转移酶有关，还有研究说明二化螟对氟虫腈抗药性与羧酸酯酶和多功能氧化酶有关。研究烟粉虱、灰飞虱对氟虫腈抗性产生的原因发现多功能氧化酶发挥了重要作用。研究二化螟对氟虫腈的抗性机理，发现抗性与克隆获得的二化螟 GABA 受体亚基的突变无关。在果蝇高抗品系中发现 GABA 受体 A301G 和 T350M 2 个点突变与抗性有关。上述研究结果表明由于昆虫的种类不同，或是同种昆虫不同种群等因素都会导致氟虫腈的抗药性机理不完全相同。同时，一些氟虫腈抗性昆虫的抗性机理还不十分明确，还需要进一步的深入研究。

氟虫腈对蜜蜂和水生生物毒性大，尤其对蜜蜂的毒性超强，一些国家逐渐限制了它的应用范围，2009 年 7 月 1 日在我国境内也禁止其销售和使用。丁烯氟虫腈（butene-fipronil）是通过结构修饰另一替代品种，对一些重要的农业害虫表现出与氟虫腈相似的防效。同时，由于其生产成本较低，且对鱼类低毒，目前已作为高毒农药替代和推广产品在全国各地得到了广泛的应用。例如，江浙地区、江西省不同地区二化螟和南京江浦地区的白背飞虱种群对丁烯氟虫腈敏感性均高。然而，张扬等（2014）对我国南方 7 个地区的二化螟进行抗药性监测，发现其对丁烯氟虫腈的抗性在 0.1~5.3 倍，处于敏感和低水平抗性阶段。牛洪涛等（2008）报道，利用丁烯氟虫腈对小菜蛾敏感品进行室内抗性选育，经 7 代次药剂汰选获得 77.58 倍的抗性种群，说明小菜蛾对丁烯氟虫腈存在一定的抗性风险。所以，随着丁烯氟虫腈的应用和推广，也像氟虫腈一样，迟早也会在田间产生大量的抗性种群，所以研究其抗性及其发生机制是极其重要的。目前，还

没有关于害虫丁烯氟虫腈抗性机理的相关报道,随着丁烯氟虫腈的大量应用,值得学者们对其进行深入的研究和探讨。

四、转录组及测序技术

(一)转录组

转录组学(Transcriptomics)是以转录组为基础发展而形成的一门新学科,是在整体水平上通过研究生物某一特定组织或细胞中基因转录情况以及转录调控规律的科学,是研究基因表达、基因结构和功能的一个新型的研究方向,即是功能基因组学的主要构成部分。也可以说转录组学就是从 RNA 水平研究基因表达的情况,其作为一种整体的研究方法,改变了原来对独立基因的研究模式,推动了基因组学研究进入高速发展的新时期。

转录组(Transcriptome)这个概念是在 1997 年由 Velculescu 等最先提出的。转录组广义上指某一生理条件下,细胞内所有转录产物的集合;狭义上指所有 mRNA 的集合。由于基因具有时间性、空间性的特征,如同一细胞在不同生长条件下或不同发育时期,基因的表达会出现不一致的情况。转录组受内源和外源因子的调控,具有动态性,是连接基因组遗传信息与蛋白质组纽带,可以用它来比较不同物种或同一物种在不同情况下基因的差异表达水平,并在此基础上发现特定基因并推测未知基因。可见转录组研究是基于基因结构和功能的研究,已经被广泛应用于各种学科领域范围内。

(二)转录组测序技术

转录组测序能够在整体水平上探究细胞内基因表达的种类和数量,揭示在特定条件下生物体发生的生理生化过程以及其中的分子机理。转录组研究的主要技术方法主要有两种,即分子杂交和测序技术。分子杂交的前提是设计大量的探针分子,利用 DNA 碱基互补的原理,将探针分子与带有荧光标记的 cDNA 结合检测荧光信号强度,然后通过数字转换来确定基因表达。其最大的缺陷是分子杂交技术依赖现有的基因组信息,对于没有全基因组信息的物种则不能利用该方法进行转录组研究。同时分子杂交技术还存在背景噪声和探针与 cDNA 序列可能发生假阳性杂交现象。

转录组测序技术主要包括表达序列标签技术(Expressed Sequence Tag,EST)、基因表达序列分析(Serial Analysis of Gene Expression,SAGE)、大规模平行测序(Massively Parallel Signature Sequencing,MPSS)及新一代高通量测序技术(High-Throughput Sequencing)等。EST 技术可以分析表达图谱或在亲缘关系较远的物种间比较基因组连锁图。其通常随机选择 cDNA 进行 5′端或 3′端单一次测序,获得 60~500 bp 的 cDNA 序列,缺点为容易出现外源 mRNA 污染或基因组 DNA 污染和序列冗余情况,单轮测序,出错率较高,序列也较短等。基因表达系列分析(SAGE)通过限制性酶切基因组获得较短的 cDNA 标签,大小为 10~14 bp,PCR 扩增这些标签、连接然后测序,简化了表达序列标签收集和测序的操作程序,可以定量分析基因的表达水平,但通量低,成本较高。MPSS 技术可以在转录水平上定性和定量的分析基因表达,不需要预先知道基因的序列，而且表达水平较低、差异较小的基因也可测定，具有自动化和高通量等特点，但其成本昂贵仍然是其应用的主要限制因子之一。High-throughput sequencing 也称为深度测序（Deep sequencing）、"下一代"测序技术（Next-generation sequencing technology），是目前转录组研究应用的主要测序技术，即转录组测序（RNA sequencing）。利用下一代高通量测序技术可以全面快速地获取某一物种在特定情况的所有转录本信息，与 1 代测序技术相比，其在准确率、延长度和性价比三方面都彰显了明显的优势。转录组高通量测序的主要技术平台有罗氏 454、Illumina 公司的 Solexa 和 ABI/SOLiD 平台。Illumina/Solexa 的测序原理为边合成边测序，平均读长为 100 bp，准确率在 99%以上，是目前应用最广，性价比最高的测序平台。Roche/454 测序原理为焦磷酸合成测序，测序读长最长 400 bp，运行速度快，准确率也在 99%以上，但是同源重复序列易出错。ABI/SOLi 为连接测序，读长小，大约 50 bp，准确率高，但是运行时间较长。虽然第二代测序技术已经取得了广泛的应用，但是仍然有新的问题不断出现，科学家们也不断地努力寻求新的解决方案。第三代测序技术已经出现，例如 BioScience Corporation 的 Heloscope 单分子测序技术、PacBio 的 SMRT 技术、Oxford Nanopore technologies 的蛋白纳米孔测序技术等。

以上分析可见高通量测序平台拥有不同的测序原理，使用的测序试剂也不同，但是它们具有共同的特点：测序通量高、速度快、精确度和灵敏度高，更重要的是不需要预先设计特异性探针，也可以不参考物种的基因信息，直接对任何物种进行转录组分析，拓宽了转录组的研究范围，尤其是对非模式物种。同时能够检测到细胞中的稀有转录本和发现新转录本，精确地识别可变剪切位点、编码序列单核苷酸多肽性（SNP）及 UTR 区域，与芯片技术相比表现为起始样品用量少，检测范围更广；此外，RNA-Seq 重复性好，无须技术重复，是目前转录组分析的强大工具。随着科学技术的创新，测序成本的降低，RNA-Seq 必将在转录组学研究中占据首要位置。

（三）高通量测序技术的应用

全基因组测序：通过全基因组测序可以全面了解一个物种的分子进化、基因组成和基因调控等信息，其分为从头测序和重测序两种形式。对于没有基因组信息的物种，需要从头测序（De-novosequencing）。在测序读取长度的限制下，目前只有罗氏 454 测序技术能独立完成复杂基因组的从头测序。2010 年深圳华大基因在全球第一个完全使用高通量测序技术完成了大熊猫的基因组。Solexa、SOLiD 技术只能完成简单生物基因组的从头测序，与 454 或传统的 Sanger 测序技术结合，也可以完成复杂基因组的从头测序。例如黄瓜全基因组测序即联合运用了 Solexa 和 Sanger 技术完成的。重测序是对已知基因组信息的物种进行测序，可以用来分析不同群体或不同个体之间的差异性。在有参考基因组做对照的情况下，新一代测序技术可以短时间内完成一个基因组的重测序。Wheeler 等发表了美国科学家利用重测序得到了人类全基因组。另外，中国、美国和英国共同启动的千人基因组计划（1000 Genome Project）是目前最大的基因组重测序计划。

转录组测序（RNA-Seq）：将上述高通量测序技术应用于转录组分析而开发出的测序技术，其原理是将组织或细胞中全部 mRNA 反转录为 cDNA 文库（SMS 技术可以直接对 RNA 进行测序，再将文库中的 DNA 片段化，在 cDNA 两端加上接头进行第二代高通量测序，将所测得的序列进行比对或从头组装形成全基因组范围的转录谱。RNA-seq 可对任何物种进行转录组分析，其中对非模式生物转录组只能进行从头转录组分析（De novo transcriptome analysis）。Vera et al.（2008）完成了第一例从头转录组分析。目前已有大量的非模式生物的转录组通过 RNA-seq 得到研究，例如麻蝇、白粉虱、灰飞虱、凤蝶、粪金龟等，所以 RNA-seq 有效的促进了非模式生物转录组的研究进程。

此外，通过 RNA-Seq 可以对转录本结构及变异进行研究，RNA 剪接形式、3′末端 UTRs 区、变动的启动子区域及潜在的小 RNA 前体鉴定，还可对可变剪接（Alternative splicing）进行定量研究。RNA-Seq 技术是定量的分析，在基因表达水平方面，比芯片技术更准确地确定 RNA 的表达水平，也可以检测到目的基因表达水平的微小变化。这种定量分析对于研究在环境变化时或受到某种刺激时生物的反应是非常必需的。RNA-Seq 还可以发现低丰度的全新转录本，例如在酿酒酵母中分别发现了 487 个新转录本，其中有一半用芯片技术没有鉴定出来。也可以通过转录组技术研究非编码 RNA 的结构、功能，更加深入地了解基因表达调控的机理。转录组学也进行 ncRNA 的挖掘和研究。过去几年里对 ncRNA 的研究大部分集中于 microRNA，是长 19~23 个核苷酸（nt）的内源性非编码 RNA，是动植物中基因表达至关重要的转录后调控因子。到目前为止，利用 RNA-Seq 技术对小 ncRNA 的分析研究涉及从低等到高等生物的诸多物种。同时，在转录组数据中还可以挖掘出大量的 SSR 位点和 SNP 位点，为生物遗传多样性、基因图谱绘制等研究提供巨大的帮助。

（四）转录组测序在昆虫抗性研究中的应用

昆虫对非生物逆境（如低温、农药等）的响应和适应性的高低，对其种群的生存和发展是至关重要的。目前，基于第二代测序技术在昆虫转录组研究中的应用，主要涉及低温和农药两种非生物逆境的研究。其中抗药性作为研究不同物种对环境适应进化的重要问题，一直是科学家们关注的焦点。在当今的农业生产中，农药广泛持续、频繁大量地使用导致昆虫对常用杀虫剂产生抗药性或抗药性水平迅速增长，从而导致有害生物对农业生产的威胁日益严重，大量的农药对生态环境的威胁日益加剧。为此，昆虫抗药性研究一直是国际昆虫学研究领域的热点之一。其中 RNA-Seq 技术为昆虫抗药性研究带来了重大的变革。

抗性相关基因的挖掘是 RNA-Seq 在昆虫抗性研究中的主要应用。转录组测序可以筛选出大量与杀虫剂抗性有关的基因序列，有助于促进害虫抗药性发生发展机制的研究。Pauchet et al.（2009）研究了白杨叶甲（*Chrysomela tremulae*）中肠的转录组，发现该虫对苏云金芽孢杆菌抗药性与 p450 基因表达过量有关。该研究开辟了昆虫在组学水平上开展抗药性研究的先例。Zhu et al.（2012）对云南切梢小蠹（*Tomicus yunnanensis*）进行转录组测序分析，其中与抗药性代谢通路相关的 219 个基因被注释。David et al.（2006）对埃及伊蚊的转录组测序，鉴定到 p450 家族的 *CYP*9、*CYP*3、*CYP*6 及 *GSTX*2 等与抗药性相关的一系列基因信息。Shen et al.（2011）对橘小实蝇（*Bactrocera dorsalis*）的转录组测序，比较了不同生育阶段橘小实蝇的抗药能力。Delay（2012）等对蚕豆微叶蝉（*Empoasca fabae*）唾液腺的转录组进行研究，挖掘了唾液中同抗药性相关的特异基因。Ma et al. (2012) 对二化螟中肠组织进行转录组测序，发现大量基因与抗 BT 毒蛋白相关。对稻纵卷叶螟进行转录组测序，分析了抗药性相关基因。He et al. (2012) 对小菜蛾转录组进行测序和研究，鉴定出大量杀虫剂抗性基因家族，为小菜蛾抗性研究提供方向。解毒酶在昆虫抗药性的形成过程中发挥着重要的作用。很多学者对昆虫转录组测序研究中，均挖掘出大量的与抗性相关的解毒酶基因及基因家族，例如在烟粉虱转录组测序中发现 37 条 p450s、49 条羧酸酯酶、15 条 GST 解毒酶基因；在温带臭虫 (*Cimex lectularius*) 中发现 102 条 p450s 基因；柑橘粉虱 (*Dialeurodes citri*) 中 53 条 p450s、6 条羧酸酯酶和 18 条 GST。Bredenoord 等对烟粉虱 (*Bemisia tabaci*) 转录组测序，比较抗性种群与敏感种群抗性相关基因的差异表达，显示 p450 基因在抗性种群中过量表达。5 种鳞翅目昆虫的转录组结果表明有 13 种与抗药性相关的基因被鉴定，其中以 p450 基因的数量最多，Keeling et al. (2012) 对北美山松甲虫 (*Dendroctonus ponderosae*) 进行转录组测序，发现 78 个 p450 基因家族成员。同时在对昆虫转录组测序中也挖掘出了抗性靶基因，如棉铃虫 (*Helicoverpa armigera*) 幼虫转录组测序研究中已经鉴定到了抗药性的靶基因。

第二节　黄胫小车蝗抗药性监测及代谢解毒酶的变化

在害虫综合防治中，化学防治仍是主要的防治手段。20 世纪以后，农业的迅速发展，杀虫剂令农作物产量大大提升。随着杀虫剂的广泛应用，害虫抗药性问题越来越突出。几乎所有的害虫对所利用的化学农药都会产生抗药性，完全敏感的害虫种群成为罕见的现象。所以抗药性已成为害虫治理面临的严峻挑战。昆虫产生抗药性的机制体现在昆虫体内代谢杀虫剂的能力增强。杀虫剂施用进入虫体内，由于生物长期的适应性，昆虫体内形成了具有代谢外来有毒物质的防卫体系，其中主要起代谢作用的酶包括微粒体多功能氧化酶（MFO）、酯酶（Esterase）、谷胱甘肽转移酶系（Glutathione S-transferases）、脱氯化氢酶（Dehydrochlorinase）等。昆虫产生抗药性是昆虫体内这些解毒酶代谢活性增强的结果。这些酶系中每个发生变化的酶系均可改变其对杀虫剂的解毒作用。

氰戊菊酯（Fenvalerate）是一种广谱的拟除虫菊酯类杀虫剂，以触杀和胃毒作用为主，具有击倒快、残效期长等优点。氰戊菊酯主要用于防治棉花上的害虫棉蚜、棉铃虫等，后来发展为防治蔬菜、果树、粮食等害虫，对鳞翅目、直翅目、同翅目、半翅目等害虫有较好效果。研究棉铃虫对氰戊菊酯抗性机理发现棉铃虫体内多功能氧化酶解毒作用增强，是棉铃虫对氰戊菊醇产生抗药性的主要因子，酯酶与抗性无关。增效醚、增效磷、磷酸三苯酯作用于棉铃虫对氰戊菊酯的增效作用分别为 6.9 倍、5.5 倍和 3.8 倍。以增效醚的增效倍数最高，说明棉铃虫对氰戊菊酯的抗性与多功能氧化酶关系较大。广东桔区柑橘潜叶蛾对氰戊菊酯已产生 104.5 倍的抗药性，增效醚对氰戊菊酯增效作用显著，显示多功能氧化酶是其抗药性的主要机制。

到目前为止，有关化学杀虫剂对蝗虫敏感性的研究局限于飞蝗方面，近几年由于土蝗发生面积不断扩大，化学防治次数频繁，杀虫剂用量增大，所以针对不同杀虫剂对土蝗进行敏感性监测，建立有效的抗性治理策略，并因地制宜地进行抗性治理，对于各区域蝗害的综合治理是极其必要的。本研究拟针对大庆地区优势种蝗虫，选用7种杀虫剂对其进行敏感性监测，以确定不同杀虫剂对该地区蝗虫的抗性情况，为蝗虫的化学防治提供理论依据。然后以氰戊菊酯筛选过的黄胫小车蝗抗性种群为研究对象，以未经任何药剂处理的敏感种群为对照，首先利用3种增效剂增效醚（PBO）、磷酸三苯酯（TPP）和顺丁烯二酸二乙酯（DEM）通过活体增效试验确定解毒酶与黄胫小车蝗敏感性下降的关系，比较两个不同种群之间解毒酶活力的差异，以初步判定黄胫小车蝗氰对戊菊酯抗性形成机制。

一、材料与方法

（一）抗药性监测供试蝗虫

通过对大庆地区蝗虫优势种调查，确定大庆地区主要优势种蝗虫之一黄胫小车蝗。抗性监测采集大庆红岗区、肇源和林甸3个地点优势种群为供试虫源，分别标记为红岗虫源（HG）、肇源虫源（ZY）和林甸虫源（LD），采回室内分别饲养，用小麦嫩叶饲养至5龄若虫待用。

（二）抗性酶检测供试蝗虫品系

抗性种群：采集肇源地区黄胫小车蝗室外笼罩连代饲养，每代喷洒氰戊菊酯3~5次进行抗性筛选，死亡率控制在（50%左右），肇源地区黄胫小车蝗经过氰戊菊酯抗性筛选后（抗性指数为5.6）作为抗性种群R研究对象。

敏感种群：以室内饲养的未经药剂处理的采集于红岗地区黄胫小车蝗即敏感种群S为对照。

（三）供试农药

试验选用有机磷类杀虫剂（三唑磷、辛硫磷）、菊酯类杀虫剂（氰戊菊酯、高效氯氰菊酯）、吡咯类杀虫剂丁烯氟虫腈及生物制剂（阿维菌素、印楝素）共7种杀虫剂作为试验药剂，具体剂型及生产厂家如下。

1. 85%三唑磷原药 triazophos（山东宾州农药有限公司）

化学名称：O,O-二甲基-O-(1-苯基-1,2,4-三唑-3-基)硫代磷酸酯；

分子式：$C_{12}H_{16}N_3O_3PS$；

分子量：313.31。

2. 90%辛硫磷原药 phoxim（山东胜邦鲁南农药有限公司）

化学名称：O,O-二乙基-O-(苯乙腈酮肟)硫代磷酸酯；

分子式：$C_{12}H_{15}N_2O_3PS$；

分子量：298.18。

3. 90%氰戊菊酯原药 Fenvalerate（山东华阳农药化工集团有限公司）

化学名称：A-氰基-3-苯氧苄基(R,S)-2-(4-氯苯基)-3-甲基丁酸酯；

分子式：$C_{25}H_{22}ClNO_3$；

分子量：419.9。

4. 高效氯氰菊酯 beta- cypermethrin（中国农业科学院植物保护研究所廊坊农药中试厂）

化学名称：2,2-二甲基-3-(2,2-二氯乙烯基)环丙烷羧酸-α-氰基-(3-苯氧基)-苄酯；

分子式：$C_{22}H_{19}Cl_2NO_3$；

分子量：415.07。

5. 96%丁烯氟虫腈原药，5%丁烯氟虫腈乳油 butene-fipronil（大连瑞泽农药股份有限公司）

化学名称：3-氰基-5-甲代烯丙基氨基-1-(2,6-二氯-4-三氟甲基苯基)-4-三氟甲基亚磺酰基吡唑；

分子式：$C_{16}H_{10}Cl_2F_6N_4OS$；

分子量：491.24。

6. 30%印楝素原药 azadirachtin（云南中科生物产物有限公司）

分子式：$C_{35}H_{44}O_{16}$；

分子量：720.71。

7. 95%阿维菌素原药 abamectin（青岛瀚生生物科技股份有限公司）

化学名称：α-氰基苯氧基苄基(1R,3R)-3-(2,2-二溴乙烯基)-2,2-二甲基环丙烷羧酸酯；

分子式：$C_{48}H_{72}O_{14}$（Bla）·$C_{47}H_{70}O_{14}$（Blb）；

分子量：873.09。

（四）供试化学试剂

丙酮：沈阳市华东试剂厂；

硫酸铜：天津市大茂化学试剂厂；

氢氧化钠：天津市大茂化学试剂厂；

氯化钠：天津市大茂化学试剂厂；

磷酸氢二钠：天津市大茂化学试剂厂；

磷酸二氢钠：天津市大茂化学试剂厂；

甲醇：沈阳市华东试剂厂；

无水乙醇：沈阳市华东试剂厂；

酒石酸钾钠：天津市大茂化学试剂厂；

增效醚 PBO：SIGMA-ALDRICH CHEMIE GMBH；

磷酸三苯酯 TPP：SIGMA-ALDRICH CHEMIE GMBH；

1-氯-2,4 二硝基苯：SIGMA-ALDRICH CHEMIE GMBH；

顺丁烯二酸二乙酯 DEM：沈阳市华东试剂厂；

1-萘酚：天津市光复精细化工研究所；

2-萘酚：天津市光复精细化工研究所；

乙酸-2-萘酯：Gracia Chemical Technology Ca. Ltd. chengdu；

乙酸-1-萘酯：Aladdin Industrial Corporation；
十二烷基硫酸钠：天津市大茂化学试剂厂；
乙二胺四乙酸二钠：天津市大茂化学试剂厂；
SDS：北京奥博星生物技术责任有限公司；
还原谷胱甘肽转移酶：上海励瑞生物科技有限公司；
氧化谷胱甘肽转移酶：上海励瑞生物科技有限公司；
牛血清蛋白：上海励瑞生物科技有限公司；
对硝基苯甲醚：Aladdin Industrial Corporation；
固蓝B盐：南京奥多辐尼生物技术有限公司；
DTT：西格玛奥德里奇（上海）贸易有限公司；
PMSF丝氨酸蛋白酶抑制剂：西格玛奥德里奇（上海）贸易有限公司；
NADPH：西格玛奥德里奇（上海）贸易有限公司。

（五）抗药性监测试验方法

试验选用7种农业生产上常用的杀虫剂，以丙酮为溶剂，将杀虫剂稀释为6个浓度梯度。采用点滴法测定优势种蝗虫5龄若虫对杀虫剂的敏感性。用微量注射器吸取2.5 μL稀释好的农药点滴在5龄若虫腹部，每一浓度点滴测定20头蝗虫，雌雄各半，每个浓度处理设置3个重复，以点滴纯丙酮作为对照。正常室温条件下饲养，观察24 h内检查死虫数。以毛笔轻触虫体，不动为死亡。对照自然死亡率在5%内为有效试验。7种杀虫剂采用同种方法测定。

（六）活体增效试验

将3种酶抑制剂增效醚（PBO）、磷酸三苯酯（TPP）和顺丁烯二酸二乙酯（DEM）用丙酮稀释一定的浓度后，用微量注射器取2 μL点滴在五龄黄胫小车蝗若虫腹部，增效剂作用1 h再用微量注射器取2.5 μL稀释好的杀虫剂点滴于黄胫小车蝗若虫腹部。杀虫剂共设置6个浓度梯度，每个浓度重复3次。将测定结果与不使用增效剂的测定结果相比较，计算增效比。

$$增效比值（SR）= \frac{药剂单用 LC_{50}}{（药剂+增效剂）LC_{50}}$$

（七）代谢酶活性测定

1. 酯酶活性测定

（1）酯酶的制备

取五龄黄胫小车蝗若虫，加1 mL匀浆缓冲液（0.1 mol/L、pH值7.5、含0.3% Triton X-100的磷酸缓冲液），500 r/min匀浆1 min，将匀浆液（15 000 g，4 ℃）离心20 min，离心后取上清液作为酶原置于冰上或冻存（-20 ℃）备用。

（2）酯酶活性的测定

以α-NA为底物测定酯酶活性，具体操作步骤如下。

a. 将酶液用匀浆缓冲液稀释到适当的倍数，使测得的数值在标准曲线范围内；

b. 配制0.3 mmol/L的α-NA底物溶液；把0.1 mL 30 mmol/L的α-NA（11.17 mg

溶于 2 mL 丙酮中）加入 9.9 mL 0.1 mol/L、pH 值 7.5 的磷酸缓冲液中；

　　c. 用移液管吸 0.15 mL 稀释好的酶液加到试管中每个样品重复 3 次，以 0.75 mL 0.1 mol/L、pH 值 7.5、0.3%triton X-10 的磷酸缓冲液作为对照；

　　d. 用移液管在酶液的试管中加入 1.35 mL, 0.3 mmol/L 底物溶液；

　　e. 在 37 ℃条件下，温浴 30 min；

　　f. 每个试管中加入 0.5 mL 固蓝 B-SDS 溶液终止反应；

　　g. 用酶标仪 600 nm 读数，保存原始数据；

　　h. 根据标准曲线计算产物 α-萘酚（α-NA）的产量，再计算酯酶的活性；

　　i. 各试剂加入量见表 5-1。

（3）酯酶活性计算

$$酯酶活性 = \frac{\alpha-萘酚产量(\mu g)}{\alpha-萘酚分子量 \times 样品体积(L) \times 30\ min}$$

酯酶比活性 [nmol/(min·mg 蛋白)] = 15.415×α-萘酚产量(μg)/样品蛋白浓度(mg/mL)

表 5-1　酯酶活性的测定　　　　　　　　　　　　　　　　单位：mL

	CK	重复 1	重复 2	重复 3
酶液	0.15 (0.1 mol/L, pH 值 7.5, 0.3%TritonX)	0.15	0.15	0.15
a-NA	—	1.35	1.35	1.35
B-SDS	0.5	0.5	0.5	0.5

　　酯酶标准曲线用 α-萘酚作标准来测定，首先配制 0.028 μg/μL α-萘酚溶液，称量 α-萘酚 14.28 mg 溶于 5 mL 的丙酮中，然后在其中取 0.1 mL 加入 9.9 mL 0.1 mol/L、pH 值 7.5 的磷酸缓冲液。磷酸缓冲液-1%丙酮溶液：将 3 mL 0.1 mol/L、pH 值 7.5 磷酸缓冲液与 30 μL 丙酮混匀。固蓝-SDS 配制，将 1%固蓝 B 盐与 5%的 SDS 溶液按照 2:5 混合。室温静止 15 min，在 600 nm 处测定 OD 值。用直线回归来建立吸光度（OD）和 α-萘酚的标准直线方程。各试剂加入量见表 5-2。

表 5-2　α-萘酚标准曲线的制定

α-萘酚/μg	0	0.28	0.84	1.40	1.96	2.52	3.08	3.64
0.1 mol/L、pH 值 7.5、0.3% triton X-10 磷酸缓冲液	0.15	0.15	0.15	0.15	0.15	0.15	0.15	0.15
α-萘酚 (mL)	0	0.1	0.3	0.5	0.7	0.9	1.1	1.3
磷酸缓冲液-1%丙酮溶液	1.35	1.25	1.05	0.85	0.65	0.45	0.25	0.05
固蓝 B-SDS (mL)	0.5	0.5	0.5	0.5	0.5	0.5	0.5	0.5

2. 谷胱甘肽硫转移酶活性测定

谷胱甘肽硫转移酶的制备：取五龄黄胫小车蝗若虫，加 1 mL 匀浆缓冲液（0.1 mol/L、pH 值 7.5、含 0.3%Triton X-100 的磷酸缓冲液），500 r/min 匀浆 1 min，将匀浆液（15 000 g，4 ℃）离心 20 min，离心后取上清液作为酶原置于冰上备用。

谷胱甘肽硫转移酶活性的测定方法，参照 Oppnoorth et al.（1979）方法，加以改进。以 CDNB 为反应底物。取 100 μL 稀释的酶液加入 2.65 mL 磷酸缓冲液（0.1 mol/L pH 值 7.5）和 150 μL 20 mol/L GSH，然后放在水浴锅中 25 ℃下温浴 5 min；加入 100 μL 30 mmol/L CDNB，在 25 ℃，340 nm 下，立刻测试 5 min 内吸光值的变化（每隔 10 或 20 s 测一次）。记录反应速度（OD340/min），以每 min 催化生产 1 nmol 产物为 1 个活性单位，酶活力计算公式如下。

$$GSTS (nmol/min) = (\triangle OD340 \times V)/(\varepsilon \cdot L)$$

式中，$\triangle OD340$ 为每 min 光吸收的变化值，V 为酶促反应体积，ε 为消光系数：0.0096 L/μmol·cm，L 为比色杯光程（cm）。

3. 多功能氧化酶 O-脱甲基活性测定

酶的制备：参考 Sang et al.（1984）的方法，取五龄黄胫小车蝗若虫，加 1 mL 匀浆缓冲液（0.1 mol/L、pH 值 7.5 磷酸缓冲液，含 1 mmol/L 的 EDTA，DTT，PTU，PMSF 和 20%的甘油）匀浆，将匀浆液（10 000 g，4 ℃）离心 15 min，离心后取上清液作为酶原置于冰上备用。

多功能氧化酶 O-脱甲基活性测定：参照 yang et al.（2004）方法，取 0.7 mL 酶液加入试管中，再依次加入 1 mL 3.0 mmol/L 的对硝基苯甲醚，在 37 ℃下水浴 5 min，再加入 0.3 mL 20 mmol/L 的还原型 NADPH，迅速在 405 nm 下测定 20 min 内的吸光值变化（每 20 s 一次），用 MOD/min 表示酶活。

4. 蛋白含量测定

标准蛋白溶液：用牛血清蛋白配成含蛋白质 0.1 mg/mL 的标准蛋白溶液。

100 μg/mL 标准 Pro 溶液：10 mgBSA 定容于 100 mL 0.9%NaCl 溶液。

染色液 G-250：称取 0.1 mg G-250 溶于 50 mL 90%乙醇中，加入 85%的磷酸 100 mL，加入蒸馏水定容至 1 000 mL（防治棕色瓶中，可常温保存 1 个月）。

各样品混合后 25 ℃放置 5 min 用比色杯在 595 nm 处比色，以蛋白浓度为横坐标，以吸光值为纵坐标绘制标准曲线，试剂浓度见表 5-3。

表 5-3 蛋白含量的测定

编号	1	2	3	4	5	6	7	8	9	10	11
Pro 标准溶液/mL	0	0.1	0.2	0.3	0.4	0.5	0.6	0.7	0.8	0.9	1.0
蒸馏水（PBS）	1.0	0.9	0.8	0.7	0.6	0.5	0.4	0.3	0.2	0.1	0
G250 溶液/mL	5	5	5	5	5	5	5	5	5	5	5
Pro 含量/μg	0	10	20	30	40	50	60	70	80	90	100

(八) 数据处理方法

使蝗虫死亡率达到 50% 的药剂浓度即为致死中浓度。利用 Microsoft Excel 软件分析试验数据，求出各药剂的毒力回归方程、致死中浓度（LC_{50}）。

$$死亡率（\%）=（死虫数/供试虫体总数）\times 100$$

$$抗性比 = 抗性种群 LC_{50} / 敏感种群 LC_{50}$$

抗性程度划分标准参照张国洲的研究，进行敏感性分析。敏感阶段（抗性比小于3）；敏感性下降（抗性比为 3~5）；低水平抗性（抗性比为 5~10）；中等水平抗性（抗性比为 10~40）；高水平抗性（抗性比为 40~60）。

利用 SPSS 统计软件进行方差分析，多重比较采用 Duncan 法。

二、结果与分析

(一) 不同地点蝗虫的抗性监测

2013 年对大庆不同区域黄胫小车蝗的敏感性进行监测，以室内长期饲养的红岗地区黄胫小车蝗为相对敏感种群，测定结果见表 5-4。有机磷杀虫剂三唑磷对 3 个区域黄胫小车蝗的致死中浓度分别为：36.26 mg/L、36.67 mg/L 和 104.80 mg/L，与红岗地区黄胫小车蝗相比，林甸地区黄胫小车蝗和肇源地区黄胫小车蝗对三唑磷的抗性倍数分别为 1.00 和 2.89；辛硫磷对 3 个区域黄胫小车蝗的致死中浓度分别为：16.36 mg/L、14.02 mg/L 和 36.48 mg/L，与红岗地区黄胫小车蝗相比，林甸和肇源种群对辛硫磷的抗性指数分别为 0.85 和 2.23，说明与红岗地区相比，肇源地区黄胫小车蝗相比红岗地区黄胫小车蝗对有机磷类杀虫剂三唑磷、辛硫磷的敏感性有所下降。

表 5-4 不同地点蝗虫的抗性监测结果

杀虫剂	不同虫源	斜率	R 值	LC_{50}/(mg/L)	95%置信区间	抗性比
三唑磷乳油	HG	10.02	0.98	36.26±2.73	26.12~47.33	—
	LD	10.48	0.97	36.67±1.08	34.62~38.84	1.00
	ZY	12.69	0.99	104.80±8.70	89.73~124.84	2.89
辛硫磷乳油	HG	1.70	0.97	16.36±1.74	8.57~25.30	—
	LD	1.40	0.98	14.02±1.22	9.17~21.42	0.85
	ZY	1.41	0.98	36.48±3.30	30.24~44.00	2.23
高效氯氰菊酯	HG	2.16	0.99	3.97±0.63	2.90~5.42	—
	LD	2.24	0.99	4.02±0.65	2.90~5.52	1.01
	ZY	3.82	0.99	10.69±0.91	9.69~12.21	2.69
氰戊菊酯	HG	5.05	0.99	2.92±0.19	2.58~3.31	—
	LD	4.72	0.99	2.88±0.19	2.54~3.28	0.99
	ZY	4.07	0.98	9.19±1.38	8.43~9.64	3.15
阿维菌素	HG	4.05	0.96	6.04±0.66	4.87~7.49	—
	LD	3.63	0.96	6.77±0.53	5.27~7.90	1.12
	ZY	5.68	0.95	3.64±0.22	3.24~4.10	0.06

续表

杀虫剂	不同虫源	斜率	R 值	$LC_{50}/(mg/L)$	95%置信区间	抗性比
丁烯氟虫腈	HG	4.71	0.96	13.82±1.02	11.96~15.96	—
	LD	4.29	0.96	13.54±0.98	12.06~15.88	0.98
	ZY	4.15	0.96	11.88±1.31	9.86~14.32	0.86
印楝素	HG	2.30	0.96	1.86±0.28	1.38~2.49	—
	LD	2.12	0.95	1.80±0.30	1.30~2.49	0.96
	ZY	2.33	0.97	1.71±0.27	1.36~2.16	0.92

拟除虫菊酯类杀虫剂对黄胫小车蝗毒力测定结果表现为，高效氯氰菊酯和氰戊菊酯对红岗种群、林甸种群和肇源种群的致死中浓度分别为 3.97 mg/L、4.02 mg/L、10.69 mg/L 和 2.92 mg/L、2.88 mg/L、9.19 mg/L，与红岗地区黄胫小车蝗相比，林甸地区黄胫小车蝗和肇源地区黄胫小车蝗对高效氯氰菊酯和氰戊菊酯的抗性指数分别为 1.01、2.69 和 0.99、3.15，说明肇源地区黄胫小车蝗对 2 种拟除虫菊酯类杀虫剂的敏感性下降。

吡咯类杀虫剂丁烯氟虫腈对红岗地区黄胫小车蝗、林甸地区黄胫小车蝗、肇源地区黄胫小车蝗的致死中浓度为 13.82 mg/L、13.54 mg/L、11.88 mg/L，丁烯氟虫腈对林甸地区黄胫小车蝗和肇源地区黄胫小车蝗抗性指数分别为 0.98 和 0.86；印楝素对红岗地区黄胫小车蝗、林甸地区黄胫小车蝗、肇源地区黄胫小车蝗的致死中浓度为 1.86 mg/L、1.80 mg/L、1.71 mg/L，与红岗地区黄胫小车蝗相比，印楝素对林甸地区黄胫小车蝗和肇源地区黄胫小车蝗的抗性指数分别为 0.96 和 0.92，说明丁烯氟虫腈和印楝素对 3 个区域黄胫小车蝗种群的敏感性较一致，没有下降的趋势。阿维菌素对红岗地区黄胫小车蝗、林甸地区黄胫小车蝗和肇源地区黄胫小车蝗的致死中浓度分别为 6.04 mg/L、6.77 mg/L 和 3.64 mg/L，阿维菌素对林甸地区黄胫小车蝗和肇源地区黄胫小车蝗的抗性指数分别为 1.12 和 0.06，说明阿维菌素对肇源地区黄胫小车蝗的敏感性明显高于红岗地区黄胫小车蝗。总之，参照张国州的抗性程度的划分标准，3 个地区黄胫小车蝗均未产生抗药性，均处于敏感阶段。

（二）活体增效作用

为了解解毒酶在蝗虫对氰戊菊酯产生抗性中的作用，本研究利用红岗敏感种群 S、氰戊菊酯筛选的肇源抗性种群 R 分别测定了 3 种代谢解毒酶抑制剂增效醚（PBO）、磷酸三苯酯（TPP）和顺丁烯二酸二乙酯（DEM）对氰戊菊酯增效作用，结果见表 5-5。针对敏感种群 S，增效醚（PBO）、磷酸三苯酯（TPP）和顺丁烯二酸二乙酯（DEM）的增效比分别为 2.38、2.09 和 0.89。结果表明使用增效剂顺丁烯二酸二乙酯（DEM）对氰戊菊酯没有增效作用，增效醚（PBO）的增效比值高，说明增效剂增效醚（PBO）对氰戊菊酯的增效作用最强。

表 5-5 三种增效剂对氰戊菊酯增效作用

种群	杀虫剂	斜率	R 值	LC_{50}/(mg/L)	95%置信区间	增效比
敏感种群 S	氰戊菊酯	5.05	0.99	2.92±0.19	2.58~3.31	—
	+PBO	3.59	0.99	1.23±0.20	1.17~1.54	2.38
	+TPP	3.94	0.99	1.39±0.18	1.00~1.74	2.09
	+DEM	2.84	0.98	3.27±3.03	2.28~4.71	0.89
抗性种群 R	氰戊菊酯	4.07	0.98	9.19±1.38	8.43~9.64	—
	+PBO	1.86	0.96	2.35±0.28	2.02~2.68	3.91
	+TPP	2.69	0.97	4.28±0.49	2.89~4.83	2.15
	+DEM	2.37	0.97	8.78±1.53	8.03~9.24	1.05

对于经过氰戊菊酯筛选的抗性种群 R，增效醚（PBO）、磷酸三苯酯（TPP）和顺丁烯二酸二乙酯（DEM）的增效比分别为 3.91、2.15 和 1.05，说明增效剂增效醚（PBO）、磷酸三苯酯（TPP）对氰戊菊酯增效作用好，顺丁烯二酸二乙酯（DEM）对氰戊菊酯增效作用不明显。

对比相对敏感种群 S 和抗性种群 R 两组数据可以看出，增效剂磷酸三苯酯（TPP）和增效醚（PBO）均表现出不同的增效作用，但是对于抗性种群 R 的增效作用高于敏感种群 S。其中增效醚的增效作用最好。顺丁烯二酸二乙酯（DEM）对氰戊菊酯没表现出增效作用。说明酯酶、多功能氧化酶参与了蝗虫体内氰戊菊酯的代谢作用。

(三) 代谢酶活性

1. 酯酶活性

利用提取的酶原在 600 nm 处进行吸光值测定，结果见表 5-6。黄胫小车蝗敏感种群 S 和抗性种群 R 体内酯酶活性分别为 13.163 4 和 14.356 8，二者差异显著；而经过氰戊菊酯诱导的敏感种群 S＊和抗性种群 R＊酯酶的活性分别为 13.773 8 和 14.976 3，二者差异显著；无论是敏感种群还是抗性种群，经氰戊菊酯诱导后黄胫小车蝗体内的酯酶活性增强，但是差异不明显。表 5-7 可以看出，对照组敏感种群 S 和抗性种群 R 的酯酶比活力分别为 56.150 0 和 79.583 3，二者差异显著，而经过氰戊菊酯诱导的敏感种群 S＊和抗性种群 R＊的比活力分别为 126.376 7 和 126.206 7，二者差异不显著。经药剂处理后，敏感种群和抗性种群酯酶的比活力明显升高，药剂处理前后差异显著。敏感种群诱导组和对照组的比值为 2.25，抗性种群诱导组和对照组的比值为 1.59，说明经过药剂诱导后，敏感蝗虫和抗性蝗虫体内酯酶比活力均上升，敏感种群增加幅度大于抗性种群。

表 5-6 不同处理蝗虫体内酯酶活性比较

种群	酯酶活性/(nmol/min)	差异显著性	均值的95%置信区间
敏感种群 S	13.136 7±0.101 4	aA	12.700 5~13.572 8
抗性种群 R	14.356 7±0.017 4	bB	14.280 1~14.432 6

续表

种群	酯酶活性/(nmol/min)	差异显著性	均值的95%置信区间
敏感种群 S*	13.773 8±0.138 3	aA	12.457 7~14.089 8
抗性种群 R*	14.976 3±0.062 7	bB	14.546 0~15.106 6

注：敏感种群 S、抗性种群 R 表示未经氰戊菊酯诱导的蝗虫种群（即对照组）；敏感种群 S*、抗性种群 R* 表示经过氰戊菊酯 LC20=9.95 mg/L 诱导的蝗虫种群（即诱导组），下同。

表 5-7 不同处理蝗虫体内酯酶比活力比较

种群	对照组比活力/[nmol/(min·mg)]	种群	诱导组比活力/[nmol/(min·mg)]	比值
敏感种群 S	56.150 0±1.948 8aA	敏感种群 S*	126.376 7±2.325 9cB	2.25
抗性种群 R	79.583 3±1.547 3bA	抗性种群 R*	126.206 7±1.379 7cB	1.59

2. 谷胱甘肽硫转移酶活性

利用提取的酶原在 340 nm 处进行吸光值测定，计算谷胱甘肽硫转移酶活性，结果见表 5-8、表 5-9。对照组黄胫小车蝗敏感种群 S 和抗性种群 R 体内谷胱甘肽硫转移酶活性分别为 2.620 6 和 2.569 8，二者差异不显著，诱导组的敏感种群 S* 和抗性种群 R* 体内谷胱甘肽硫转移酶的活性分别为 2.936 5 和 4.145 8，二者差异显著。说明在氰戊菊酯诱导前后，敏感种群体内的谷胱甘肽硫转移酶活性变化不大，抗性种群体内的谷胱甘肽硫转移酶的活性变化较大，差异显著。但是在氰戊菊酯诱导前后，即对照组与诱导组相比，敏感种群和抗性种群相比，蝗虫体内谷胱甘肽硫转移酶比活力都变化不大，彼此间差异不显著。

表 5-8 不同处理蝗虫体内谷胱甘肽硫转移酶活性比较

种群	谷胱甘肽硫转移酶活性/(nmol/min)	差异显著性	均值的95%置信区间
敏感种群 S	2.620 6±0.298 9	aA	1.334 4~3.906 8
抗性种群 R	2.569 8±0.738 1	aA	2.252 2~2.887 4
敏感种群 S*	2.936 5±0.139 5	aA	2.336 1~3.536 8
抗性种群 R*	4.145 8±0.152 9	bA	3.487 8~4.803 9

表 5-9 不同处理蝗虫体内谷胱甘肽硫转移酶比活力比较

种群	对照组比活力/[nmol/(min·mg)]	种群	诱导组比活力/[nmol/(min·mg)]	比值
敏感种群 S	11.966 9±1.248 8aA	敏感种群 S*	11.650 0±0.875 4aA	0.97
抗性种群 R	12.370 8±0.524 5aA	抗性种群 R*	11.244 5±0.379 7aA	0.91

3. 多功能氧化酶 O-脱甲基活性

结果见表 5-10，对照组黄胫小车蝗敏感种群 S 和抗性种群 R 体内多功能氧化酶 O-

脱甲基活性分别为 10.000 0×10^{-3} 和 8.333 3×10^{-3}，二者差异不显著，诱导组的敏感种群 S* 和抗性种群 R* 多功能氧化酶 O-脱甲基总活性分别为 9.333 3×10^{-3} 和 14.000 0×10^{-3}，二者差异显著。对照组敏感种群 S 和抗性种群 R 的比活力分别为 0.036 9 和 0.045 7，二者差异显著；诱导组，敏感种群 S* 和抗性种群 R* 的比活力分别为 0.044 7 和 0.066 1，二者差异显著。即经过药剂诱导后不论是敏感种群还是抗性种群，多功能氧化酶 O-脱甲基比活力均增加显著（表 5-11）。

表 5-10 不同处理蝗虫体内多功能氧化酶 O-脱甲基活性比较

种群	多功能氧化酶 O-脱甲基活性（×10^{-3}）	差异显著性	均值的 95% 置信区间
敏感种群 S	10.000 0±1.150 0	aA	6.032 0~12.698 0
抗性种群 R	8.333 3±0.333 3	aA	6.900 0~9.768 1
敏感种群 S*	9.333 3±1.333 3	aA	7.596 0~11.070 9
抗性种群 R*	14.000 0±1.508 1	bB	12.967 0~17.697 0

表 5-11 不同处理蝗虫体内多功能氧化酶 O-脱甲基比活力比较

种群	对照组比活力/[nmol/(min·mg)]	种群	诱导组比活力/[nmol/(min·mg)]	比值
敏感种群 S	0.036 9±0.002 1aA	敏感种群 S*	0.044 7±0.005 2bA	1.21
抗性种群 R	0.045 7±0.001 2bA	抗性种群 R*	0.066 1±0.002 8cB	1.45

三、结论与讨论

（一）结论

选择 7 种常用杀虫剂对红岗、林甸和大庆肇源 3 个地区草原黄胫小车蝗种群进行敏感性测定分析，测定结果表明，有机磷类杀虫剂三唑磷、辛硫磷与菊酯类杀虫剂高效氯氰菊酯、氰戊菊酯对肇源地区黄胫小车蝗敏感性降低，与红岗地区黄胫小车蝗相比，敏感性分别下降了 2.89 倍、2.23 倍和 2.69 倍、3.15 倍。其他 3 种杀虫剂丁烯氟虫腈、阿维菌素和印楝素对 3 个地区黄胫小车蝗种群敏感性较一致。说明农药的选择压力可能使黄胫小车蝗肇源地区黄胫小车蝗对常用杀虫剂的敏感度形成了影响。按照张国州的抗性程度的划分标准，肇源地区黄胫小车蝗相对于红岗地区黄胫小车蝗抗性倍数在 3 左右，介于敏感性下降阶段。根据此结果，在该地区应该限制使用有机磷和菊酯类杀虫剂，延缓抗药性发展程度，避免产生高抗蝗虫品系。同时也保证这两类药剂使用的持续性。同时肇源地区黄胫小车蝗相对于红岗地区黄胫小车蝗敏感性下降，可能与虫源的采集地点有关，肇源地区黄胫小车蝗采自草原与农田交界处，有药剂应用的历史。而红岗种群、林甸地区黄胫小车蝗采自草原放牧区，远离农田，没有药剂防治的历史，所以对药剂敏感性高。

通过活体增效试验发现，顺丁烯二酸二乙酯（DEM）在敏感种群和抗性种群中增效作用不明显，说明谷胱甘肽硫转移酶在氰戊菊酯抗性中不起主要作用。而增效醚（PBO）和磷酸三苯酯（TPP）对敏感种群和抗性种群都有显著的增效作用，增效比均在2倍以上。说明酯酶和多功能氧化酶在氰戊菊酯的抗性中起作用。

通过代谢酶活性测定发现，黄胫小车蝗敏感种群与抗性种群相比，虫体内的酯酶和多功能氧化酶比活力差异显著，而谷胱甘肽硫转移酶比活力差异不显著。经过氰戊菊酯亚致死剂量诱导后，敏感种群、抗性种群解毒酶活性均升高，但是敏感种群酯酶比活力升高幅度大，抗性种群多功能氧化酶比活力升高幅度大于敏感种群，谷胱甘肽硫转移酶活性变化不明显。说明黄胫小车蝗对氰戊菊酯抗性形成与多功能氧化酶、酯酶有一定的联系。

（二）讨论

1. 抗药性监测

有机磷类和拟除虫菊酯类杀虫剂是农业生产上的常用药剂，由于广泛和大量的应用，大量的农业害虫、卫生害虫对其产生了抗药性，例如广东橘区柑橘潜叶蛾对氰戊菊酯已产生不同程度的抗药性，抗性指数高达104.5倍；浙江杭州和嘉兴地区的二化螟种群对三唑磷的敏感性，结果证实两地区二化螟种群对三唑磷产生了21.1~218.8倍的抗性。关于蝗虫对有机磷杀虫剂抗性的也有报道。杨美玲（2004）发现，黄骅种群对毒死蜱和辛硫磷产生了5.4倍和2.9倍的抗药性，而黄骅和黄流2个种群均对马拉硫磷产生了57.5倍和14.8倍的抗药性。大多数拟除虫菊酯类杀虫剂之间存在严重的交互抗性的问题，因此，若发现氰戊菊酯对蝗虫敏感性降低，应注意该地区氰戊菊酯的使用剂量和频率。

在蝗虫的化学防治过程中，我国主要使用有机磷和拟除虫菊酯类杀虫剂防治蝗虫，近几年吡唑类杀虫剂也用于大面积的蝗虫防控过程中，而且防治效果较理想。N-取代苯基吡唑类化合物其代表品种是氟虫腈，商品名为锐劲特，杀虫谱较广，对很多目标害虫有较好的活性，对多种蔬菜、水果、水稻害虫有很好的防效，但因为其对鱼、虾等水生生物产生较高的毒性，因此它的应用受到限制。丁烯氟虫腈是苯基吡唑类杀虫剂，它是在此类化合物的基础上通过对结构修饰而发现的，对害虫呈现了与氟虫腈同等的活性。该产品对鱼类低毒，生产成本较低，具有独特的作用机制，不易与其他杀虫剂产生交互抗性，目前已被农业部全国农技推广中心定为高毒农药替代和推广产品。李前等对丁烯氟虫腈与氟虫腈对东亚飞蝗若虫的毒力测定，结果表明丁烯氟虫腈对东亚飞蝗表现出了较高活性。本文的抗性监测结果发现黄胫小车蝗对丁烯氟虫腈的敏感性高，可以继续用于蝗虫的治理。如果不注意杀虫剂的用量和搭配，所以新型杀虫剂迟早也会产生抗性，有关杀虫产生抗性有一个问题就是杀虫剂的开发和研制基本很难赶上害虫产生抗性的速度。因此，当一种新杀虫剂被推荐用于防治某种害虫时，必须进行抗性监测及相关抗性研究，有利于该药剂在生产上科学合理利用，延长药剂的使用寿命，同时为开展预防性抗性治理提供依据。

随着人们生活水平的提高和发展绿色生态农业的需要，在全球减少化学农药的使用，寻找经济高效、环境友好的生物农药已成为各国的共同选择。印楝素作为植物源农药得到广泛的应用。印楝素对200多种昆虫均具有很高的生物活性，包括重要的农业、卫生害虫等。近几年也用于草原蝗虫的防治中。高书晶等（2010）利用0.3%印楝素对蝗虫进行室内毒力测定，蝗虫死亡率随印楝素稀释倍数降低而提高，其对蝗虫的致死时间短于阿维·苏云菌混剂。阿维菌素是由日本北里大学大村智等和美国Merck公司首先开发的一类具有杀虫、杀螨、杀线虫活性的十六元大环内酯化合物，容易被微生物分解，在环境中无累积作用，广泛用于农业害虫、害螨的防治中。阿维菌素防治水稻螟虫、稻纵卷叶螟、蔬菜害虫小菜蛾、菜青虫、各种害螨方面的优异表现，成为高毒农药主要替代品种。与此同时，害虫抗性也不断提高，在害虫的治理中应适当控制其使用剂量和范围。本问的研究结果发现，黄胫小车蝗红岗种群、林甸种群和肇源种群对阿维菌素、印楝素敏感性均较高。所以可以选择阿维菌素、印楝素这两种药剂或其他生物药剂进行交替轮换应用，或者与化学杀虫剂混用来治理当地的蝗虫。同时也要随时监测其敏感性变化情况，以便及时制定和修订害虫的治理方案。

抗药性是害虫在杀虫剂长期应用过程中形成的，害虫的抗药性随着化学杀虫剂在农业生产中的大量应用而越来越严重。研究蝗虫对常用杀虫剂的敏感性变化情况，建立有效的抗性治理策略，对于各区域蝗害的综合治理是极其必要的。

2. 活体增效作用

酯酶、多功能氧化酶、谷胱甘肽转移酶的抑制剂分别是磷酸三苯酯、增效醚、顺丁烯二酸二乙酯，通过对昆虫体内解毒酶的抑制作用，而起到增效作用，不同增效剂对解毒酶系的特异性抑制作用，所以酶抑制剂-增效剂可以作为杀虫剂抗性机制的诊断工具。在抗性的研究中，有大量关于不同类型增效剂的研究试验。有研究发现有机磷和氨基甲酸酯类杀虫剂对瓜蚜或桃蚜体内的CarE活性有明显抑制作用，其抑制能力与对氰戊菊酯和溴氰菊酯的增效程度呈显著正相关；顺丁烯二酸二甲酯（DEM）及其类似物苯基丁氮酮（phenylbutenone）对几种有机磷杀虫剂和氨基甲酸酯类杀虫剂有很明显的增效作用，这两种化合物对降解谷胱甘肽转移酶有直接的抑制作用；增效剂胡椒基丁醚（PB）、磷酸三苯醋（TPP）可显著抑制菜蛾绒茧蜂（*Apanteles plutellae*）的羧酸酯酶活性，同时提高了它对甲胺磷的敏感性。PBO、SV1和TPP对氰戊菊酯增效倍数分别达6.9倍、5.5倍和3.8倍，其中PBO的增效倍数最高，说明棉铃虫对氰戊菊酯的抗性与多功能氧化酶、水解酯酶有一定关系。以室内选育的棉铃虫抗性品系和田间的抗性种群为研究对象，发现PBO对氰戊菊酯都具有明显的增效作用，增效比为18.5~169.5倍，而DEF和TPP对氰戊菊酯几乎没有增效作用。研究柑橘潜叶蛾对氰戊菊酯抗性发现PBO对氰戊菊酯的增效指数达2 430.3，SV对氰戊菊酯的增效指数为141.2，表明多功能氧化酶是柑橘潜叶蛾对氰戊菊酯抗药性的主要机制。大量的研究表明，PBO对菊酯类杀虫剂有很好的增效作用，判断多功能氧化酶可能是菊酯类杀虫剂抗性形成的机制，为确定解毒酶与抗性的关系，还需要进一步对酶活力进行测定。

3. 代谢酶的作用

斜纹夜蛾对拟除虫菊酯类杀虫剂的抗性与多功能氧化酶（MFO）的氧化代谢有很大关系；甜菜夜蛾氯氟氰菊酯抗性品系中肠微粒体甲氧试卤灵O-脱甲基酶的活性比敏感品系的酶活性提高1.33倍，说明甜菜夜蛾对氯氟氰菊酯的抗药性与微粒体多功能氧化酶活性的提高密切相关。谷胱甘肽硫转移酶在有机磷杀虫剂的代谢中起重要作用，目前已经证明在抗性昆虫中谷胱甘肽硫转移酶的活性提高。Rauch et al.（2004）报道，在烟粉虱中多功能氧化酶活性提高2~3倍，但是抗性已经达到了30倍。说明多功能氧化酶活性提高只是抗性产生的原因之一。氰戊菊酯或拟除虫菊酯类杀虫剂抗药性方面的研究内容在添加一些，主要是关于酶的内容。

第三节 大垫尖翅蝗发生与防治研究进展

一、国内外研究进展

（一）大垫尖翅蝗发生与为害

大垫尖翅蝗 Epacromius coerulipes（Ivanov）隶属直翅目 Orthoptera，斑翅蝗科 Oedipodidae。其分为卵、若虫、成虫3个虫态。卵囊略呈圆柱形，长16~25 mm，宽4.1~5 mm，带有黄褐色或淡黄色泡沫状物质，与卵粒紧密结合。囊内有15~30粒卵。卵粒多淡黄色或黄褐色，长3.9~4.1 mm，宽0.8~1.4 mm。蝗蝻分为5个龄期。蝗蝻体色多为灰褐色，从头顶到腹部末端背面中央有1条淡黄色带纹，两侧各有一条黑褐色带纹；蝗蝻三龄以后，前胸背板出现"X"形花纹，后足股节外缘出现3个黑斑，且爪垫较大。雄成虫体长14.5~18.5 mm，雌成虫21~29 mm。头较短，且略高于前胸背板。前胸背板的背中央有红褐色或暗褐色纵条纹，向前延伸可达头部。背面还有不明显的淡色"X"形纹。其身体颜色大多为黄褐色、褐色或暗褐色，有时也呈绿色，随生活环境而改变。前翅有中闰脉，到达后足胫节中部。后足胫节淡黄色，下侧橙红色，且在基部、中部和端部有黑环。跗节爪间中垫三角形较长，超过爪中部是其鉴定的最主要特征之一。

大垫尖翅蝗在我国分布很广，如在内蒙古、黑龙江、吉林、辽宁、河北、甘肃、新疆、宁夏、陕西、山西、山东、安徽、江苏等地均有其为害，并且它在其中的大部分地区也均属于优势种蝗虫。大垫尖翅蝗在我国北部地区一般一年发生1代，在南部地区一年发生2代，且都以卵在土壤中越冬。卵的孵化从南到北逐渐推迟。例如华北北部1代区，在5月上中旬越冬卵便开始孵化，在6月中旬至7月上旬陆续羽化，而越冬卵在东北地区要比华北地区推迟一个月左右。

大垫尖翅蝗与其他种类蝗虫通常混合发生为害。蝗虫为咀嚼式口器，可将叶片咬食成缺刻或孔洞，甚至啃食光。通常取食禾谷类作物的小麦、谷子、高粱、水稻、玉米等，阔叶作物棉花、麻类、甘薯、烟草、瓜类、豆类、花生、蔬菜等，还可以为害果树、林木及杂草的叶片、嫩茎、花蕾和嫩果等，是河湖沿岸湿地及盐荒地农田及周边草场的重要害虫。低龄蝗蝻食量很小，3龄后食量显著增加。农作物受害一般先从边行开始，然后向中间扩散，发生严重时整块地作物全部吃光，甚至毁种1~2次。同时，大垫尖翅蝗成虫具有短距离飞翔能力，在缺乏食料的情况下，2 h可以迁移24 m左右。

（二）大垫尖翅蝗的防治

在各个蝗虫发生区，根据蝗虫发生密度高、突发为害和较多种类混合发生的特点，对其控制手段仍是以化学农药防治为主。同时，积极配合农业防治、生物防治、物理防治等措施对蝗虫进行综合治理。关于蝗虫的各种防治方法叙述如下。

1. 农业防治

农业措施为有害生物治理的第一道有效防线。在蝗灾的治理过程中，劳动人民积累了丰富的经验。在中国古代，可以将种子进行特殊的处理、适时播种等多方式来驱避蝗虫。通过农业耕作措施控制蝗虫，主要是降低蝗虫虫卵的孵化率。首先于蝗虫产卵后深翻土壤，即深埋虫卵使其不能孵化；其次浅翻土壤，使蝗卵暴露土表因干燥而死亡或者被天敌取食。注意及时排水，避免雨季低洼地区积水对蜘蛛、蚂蚁等蝗虫天敌的影响。同时可以通过补播改良草地，恢复植被来控制蝗虫的发生。

2. 化学防治

几十年以来，化学防治是控制草原蝗虫的主要手段，其具有高效、快速、方法简便、经济等优点，迅速有效地控制了全国各地区蝗灾的发生、扩散，为农牧业生产作出了积极的贡献。20世纪50年代，国际上主要应用有机氯类农药防治蝗虫，例如狄氏剂、六六六、DDT等，由于有机氯属于持久性有机污染物，防治害虫的同时带来了一系列负面效应，因而逐渐被禁用。20世纪70年代后，被高效、低残留的有机磷农药替代，其中马拉硫磷、辛硫磷、乐果、敌敌畏等有机磷杀虫剂大量的用于草原蝗虫的防治中，并且取得了很好的防效。但是有机磷农药持效期短，反复大量的施用，导致环境污染严重，防治成本也随之增加。同时，有机磷类杀虫剂大部分品种毒性强、杀虫谱广，对高等动物、鸟类和水生生物及其他天敌生物造成了严重的伤害，导致蝗虫频繁暴发，为害加重。针对这种情况，采用拟除虫菊酯类农药超低容量喷雾防治草原蝗虫，可以减轻环境污染，保护天敌，提高自然生态系统的调控能力。但是，菊酯类药剂仅具有触杀作用，对大龄的蝗虫防效较差。而苯基吡唑类杀虫剂氟虫腈、丁烯氟虫腈应用于蝗虫的应急防控中，效果较理想。纪明山等（2012）利用氟虫腈对亚洲小车蝗进行药剂毒力试验，毒力表现较高。李前等（2007）利用丁烯氟虫腈对东亚飞蝗蝗蝻进行室内生物测定，也表现出了较高活性。昆虫生长调节剂被称作第三代杀虫剂，主要以几丁质合成抑制剂为主，其安全性高、选择性强，可以很好的协调化学防治，适合于蝗虫的综合治理。昆虫生长调节剂卡死克对蝗虫的毒力和毒杀作用方式，以及在治理蝗虫配套新技术中的应用也有相关研究报道。另外，不同的化学杀虫剂与昆虫生长调节剂或生物源杀虫剂混配广泛应用于蝗虫的治理中，为缓解化学杀虫剂的抗性发展起到了积极的作用。

3. 生物防治

由于化学农药无限制地应用以及生产者不正确的操作，导致了农药防效降低、害虫天敌减少、草原环境和生态平衡破坏严重等负面效应不断涌现。因而，生物防治技术日益受到重视，其研究范围不断拓展，科学家们开发出一系列的生防措施和技术手段。蝗虫的生物防治手段主要有植物源杀虫剂灭蝗、微生物灭蝗（真菌、细菌、病毒等），原生动物（微孢子虫等）灭蝗，鸟和牧鸡灭蝗等。现将据国内外生物灭蝗的研究成果叙述如下。

（1）生物农药

生物农药是指直接利用生物产生的活性物质或生物活体本身作为农药，或者人工合成的与天然化合物结构相同的农药。生物农药的突出表现是安全性高，尤其是对非靶标生物的安全性好，其次是与环境兼容性好，残留、污染等负效应小，是目前大家公认的化学农药的替代产品，已成为全球农药产业发展的新力量。

第一，植物源杀虫剂在蝗虫上的应用，植物源杀虫剂主要利用植物次生代谢物，即挥发性和非挥发性物质对昆虫的引诱、驱避等行为干扰或对昆虫生长发育、繁殖的调控甚至是毒杀作用。虽然从植物中寻找杀虫活性物质耗费了国内外学者大量的科研经历和费用，但是也取得了一定的喜人成果。例如印楝素被公认是开发最为成功的，最具有时代意义的植物源农药。1980—2002 年曾 7 次召开国际印楝大会，印楝素对 10 多个目 400 多种农林业、仓储和卫生害虫都具有生物活性，且对鳞翅目、鞘翅目害虫防治效果最好。同时印楝素对高等动物安全，对天敌安全，属环境友好型农药。最重要的是对害虫具有较高的特异性抑制功能，如拒食、驱避和毒杀等作用。Olaifa et al.（1988）报道了用印楝素来防治尼日利亚南部草原上的蝗虫。在我国，徐汉虹等 2002 年报道了印楝素对不同种类蝗虫的抑制作用，农业部从 2003 年开始对其进行推广应用，0.3%印楝素乳油已经大量应用于新疆、青海、内蒙古、甘肃、河北、黑龙江等省区草原蝗虫的防治中，效果理想。其中，甘肃在 2005—2008 年引入 0.3%印楝素乳油防治草原蝗虫，药后 2 d 防效高达 95%以上。在新疆利用 0.3%印楝素治理蝗虫，5 年累计防治面积达 20 万亩。我国利用川楝、苦楝资源开发出的川楝素（Toosendanin）制剂亦属此类植物油农药。除此之外，近年来国内对苦参（Sophora angustifolia）、苦皮藤（Celastrus asngulatus）、沙地柏（Sabina vulgaris）、八角茴香（Illicium verum）、马桑（Coriaria sinica）、黄杜鹃（Rhododendron molle）等多种杀虫植物都进行了相关的研究。烟碱·苦参碱对草原蝗虫的防治效果均达到 98%以上。利用 1%苦参碱单剂防治草原蝗虫，防效最高可达 98.35%。1%苦参碱（450 mL/hm^2）与 4.5%氯氰菊酯（450 和 600 mL/hm^2）的防效没有明显的差异

第二，微生物及微生物源杀虫剂在蝗虫防治上的应用，真菌杀虫剂绿僵菌和白僵菌对草原蝗虫具有防治效果。绿僵菌制剂不仅容易生产、成本低、施用简单、主要是致病力强、无残留、对非标靶生物和环境安全，200 多种农业、林业害虫均可被绿僵菌侵染。国际生物防治研究所在 20 世纪 80 年代开使利用绿僵菌防治沙漠蝗和蚱蜢，我国关于绿僵菌防治蝗虫的试验在 90 年代开始进行。利用绿僵菌对东亚飞蝗的室内试验结果和田间试验结果为 10 d 后校正死亡率达到 81.5%，为绿僵菌防治田间蝗虫的应用奠定了基础；利用超低量喷雾法喷洒绿僵菌油剂来防治内蒙古草原蝗虫，药后 12 d 防效达到了 88.1%；在 1999 年和 2000 年分别利用绿僵菌油剂防治新疆草原蝗虫，但是在不同生境下对蝗虫的防治效果有不同的表现，其中干旱荒漠草原蝗虫田间虫口减退率较低，而山地草原蝗虫则较高。2000 年利用绿僵菌和 4 种不同复配剂型防治青海省草原蝗虫，田间虫口退减率均达到 80%左右。利用绿僵菌 2 种剂型 2 种施药方式防治甘肃省草原蝗虫，药后 12 d，饵剂手撒的防治效果为 76.7%，油剂超低容量喷雾的防治效果为 84.6%。针对绿僵菌杀虫作用效果缓慢的特点，重庆大学研制出了新的制剂产品即 2.5%绿僵菌复合油剂，为实现对绿僵菌对蝗虫的长期持续治理奠定了基础。2009 年，利用这种复合油剂防治甘肃草原蝗虫，与对照药剂氯氰菊酯防效相比较，3 个剂量水平的复合油剂防治效果理想，实现了在蝗虫虫口密度较大时也可以应用绿僵菌进行防治的可能性。

白僵菌能够侵染鳞翅目、同翅目、膜翅目及直翅目等 700 多种昆虫，其是我国应用最为广泛的微生物杀虫剂之一。在农林业生产中，白僵菌主要用于防治玉米螟和松毛虫两种害虫。在草原蝗虫的防治方面也有相关的药效试验。利用球孢白僵菌 1339 菌株测定了对东亚飞蝗的毒力。将白僵菌和印楝素混合应用于田间来防治亚洲小车蝗，药后 11 d 防效可以达到 88% 以上。在黑龙江省利用球孢白僵菌油悬浮剂（100 亿孢子/mL）防治草原蝗虫，药后 7 d 防效达到 68.24%~77.44%。说明白僵菌可以用于蝗虫的治理中，是否可以取得理想的防治效果受到农药加工剂型和使用方法的限制。

苏云金芽孢杆菌（*Bacillus thuringiensis*，Bt）是目前国际上生产量最大、应用范围最广的微生物杀虫剂。虽然苏云金芽孢杆菌毒力生物测定的模式是已蝗虫作为试虫进行的，但是在草原蝗虫防治方面的应用则相对较少。前人研究报道从 600 多 Bt 菌株中仅 3 株对东亚飞蝗有高毒力；对 240 株 Bt 菌进行筛选，其中 99% 以上对蝗虫没有杀虫活性。而也有报道，Bt7 菌株对草原蝗虫具有较强致死作用，对 3 龄蝗虫的防效达到 70%。利用阿维菌素和 Bt 混剂对辽西草原蝗虫进行防治，最高防治效果可达到 75.45%。利用森得保可湿性粉剂（阿维菌素和 Bt 混剂）对内蒙古草原蝗虫防治效果高达 90% 以上。此外，还有其他的细菌也可以用于蝗虫的控制中，例如从棉蝗和黄脊竹蝗体内分别发现的蜡状芽孢杆菌和类产碱假单孢菌对蝗虫也都具有很高的感染力和致死作用。

利用昆虫痘病毒防治草地害虫是近年来发展起来的一项生物防治技术。1966 年美国首次发现蝗虫痘病毒，在 1981 我国年首次发现西伯利亚蝗痘病毒，此后又相继发现意大利蝗痘病毒、亚洲小车蝗痘病毒等 5 种蝗虫痘病毒。我国学者对昆虫豆病毒的形态特征、寄主范围、致病能力、杀虫效果等进行了较系统地研究。在杀虫方面，室内测定了亚洲小车蝗痘病毒对黄胫小车蝗的生物活性及在其体内的增殖情况；利用亚洲小车蝗痘病毒进行喷雾和饵剂撒施两种方式防治内蒙古草原蝗虫；利用意大利蝗痘病毒防治新疆田间蝗虫试验；研究亚洲小车蝗痘病毒和绿僵菌的互作效应，痘病毒表现出对绿僵菌感染蝗虫具有增效作用。从这些试验结果中都可以看出，蝗虫痘病毒安全、高效、速效和对环境友好，所以发展病毒杀虫剂前景十分广阔。

阿维菌素也是微生物源杀虫杀螨剂，其防治谱较宽，在防治草原蝗虫防治方面也得到广泛的应用。有报道利用 2% 和 3% 阿维菌素乳油对蝗虫的平均防治效果均可达到 94% 以上。阿维·苏云金混剂对草原蝗虫也有很好的控制作用。

第三，蝗虫微孢子虫属于单活体寄生虫，可以感染蝗虫 100 多种及其他直翅目昆虫。Canning（1962）报道，蝗虫微孢子虫是从非洲飞蝗体内分离出来并命名的。例如，用双带黑蝗做替代寄主增殖微孢子来防治草原蝗虫效果显著。1985 年我国从美国引进蝗虫微孢子虫，1986 年农业部开始推广微孢子虫治蝗研究工作。其中新疆、青海、甘肃、内蒙古等地区连续多年进行了微孢子虫防治蝗虫的示范试验。同时，许多研究表明微孢子虫防治成本比化学药剂低，并且具有操作简便，对有益生物安全和环境友好等优点，适于草原蝗虫治理的长期施用。

（2）以蝗虫天敌为主的防治技术

天敌可以自然抑制蝗虫种群数量的增长，同时也可以延缓蝗虫群集速度，对控制蝗灾和维护草原生态系统平衡起着至关重要的作用。最早对蝗虫天敌的真正研究始于

Kiinke lD Herculais（1893—1905年），将蝗虫天敌划分为捕食性、寄生性和病原物三大类。蝗虫天敌大约有8大类70余种，其中昆虫天敌类、菌类、鸟类等天敌已被列为生物防治手段加以研究和应用。例如，黄河滩区的中华雏蜂虻是控制东亚飞蝗的优势天敌；夏蝗期仅利用雏蜂虻即可将近0.6万 hm^2 飞蝗控制在防治指标以下。新疆地区利用粉红椋鸟控制草地蝗虫，也取得了很好的防治效果。还有许多地方在草场上放养鸡、鸭鹅等禽类也可以有效地防治草场上的蝗虫，并取得了显著的经济和生态效益寄生类天敌主要包括寄生螨、菌类和线虫，中国在世界上最早记载的寄生类蝗虫天敌是折麻蝇，即东亚飞蝗的天敌昆虫。寄生螨类天敌可寄生蝗蝻、成虫体表。还有的可以寄生在蝗虫的卵囊内。

4. 机械防治

机械防治是害虫无害化的治理技术。蝗虫吸捕机是蝗虫机械治理技术之一，其依靠风动吸捕法，利用蝗虫遇到干扰后立即迅速跳跃、飞翔的特性，外加结合声音和影像等技术来防治草原蝗虫，作业效率较高。也可以使用特制机械捕捉蝗虫，捕捉到的蝗虫还可以再利用，如可以作为鱼饵料、肥料或者牲畜的食物，提高其经济性。

蝗虫的综合治理任重而道远，治理过程中所使用的方法不是越多越好，也不是将各种防治方法施简单的叠加，而是要因地、因时制宜，考虑蝗虫的发生和为害特性，有效地将农业措施、生物措施、化学措施、机械措施和其他一切有效的生态手段相结合，建立一套完善的且负面影响小的治理方案，使蝗虫的治理工作进入一个良性循环阶段，才能够真正实现蝗虫的可持续治理。

第四节 大垫尖翅蝗对10种杀虫剂的敏感基线的建立

黑龙江省草原面积广阔，草原蝗虫发生种类多，数量较大。近几年由于气候因素等影响，每年呈中等偏重发生，使草原质量退化。尤其在农牧交错地带很容易转移至农田，对农作物造成严重损失。黑龙江省草原蝗虫种类中，飞蝗大部分年份零星发生，而土蝗数量较大，为害较严重。其中大垫尖翅蝗为土蝗主要优势种。目前，对蝗虫的防治仍以化学防治为主，杀虫剂用量增大，使用次数频繁，导致草原蝗虫对不同杀虫剂的敏感性均发生了变化。

杀虫剂的毒力敏感基线是评价害虫对农药抗性发生发展水平的重要依据，对田间抗药性监测及抗药性治理评估具有重要的指导意义。到目前为止，有关杀虫剂对蝗虫的室内毒力测定已有大量的研究，有利于对各区域蝗害的综合治理。但是，国内还未见关于蝗虫对杀虫剂的毒力敏感基线方面的报道。本研究针对黑龙江省西部草原优势种蝗虫大垫尖翅蝗，经过非药剂选择连续饲养后，选取10种常要的杀虫剂对其进行室内毒力测定，以确定不同杀虫剂对大垫尖翅蝗的敏感基线，为蝗虫的化学防治和抗性监测提供理论依据。

一、材料与方法

(一) 供试虫源

大垫尖翅蝗 *Epacromius coerulipes* Ivanov：2009 年采集于黑龙江省大庆市红岗区，并在不接触任何农药的条件下连续饲养 5 代，作为相对敏感虫源建立杀虫剂对大垫尖翅蝗的敏感基线。

(二) 供试药剂

试验选用有机磷类、菊酯类、苯基吡唑类及生物制剂 10 种杀虫剂：三唑磷、辛硫磷、马拉硫磷、氰戊菊酯、高效氯氰菊酯、氟虫腈、丁烯氟虫腈、阿维菌素、印楝素、苦参碱，药剂详细情况如下。

1. 85%三唑磷原药 triazophos（山东宾州农药有限公司）

化学名称：O,O-二甲基-O-(1-苯基-1,2,4-三唑-3-基)硫代磷酸酯；

分子式：$C_{12}H_{16}N_3O_3PS$；

分子量：313.31。

2. 95%马拉硫磷原药 malathion（新沂松泰化工有限公司）

化学名称：O,O-二甲基-S-[1,2-二(乙氧基羰基)乙基]硫代磷酸酯；

分子式：$C_{10}H_{19}O_6PS_2$；

分子量：330.358。

3. 90%辛硫磷原药 phoxim（山东胜邦鲁南农药有限公司）

化学名称：O,O-二乙基-O-(苯乙腈酮肟)硫代磷酸酯；

分子式：$C_{12}H_{15}N_2O_3PS$；

分子量：298.18。

4. 90%氰戊菊酯原药 Fenvalerate（山东华阳农药化工集团有限公司）

化学名称：A-氰基-3-苯氧苄基(R,S)-2-(4-氯苯基)-3-甲基丁酸酯；

分子式：$C_{25}H_{22}ClNO_3$；

分子量：419.9。

5. 高效氯氰菊酯 beta-cypermethrin（中国农业科学院植物保护研究所廊坊农药中试厂）

化学名称：2,2-二甲基-3-(2,2-二氯乙烯基)环丙烷羧酸-α-氰基-(3-苯氧基)-苄酯；

分子式：$C_{22}H_{19}Cl_2NO_3$；

分子量：415.07。

6. 96%丁烯氟虫腈原药，5%丁烯氟虫腈乳油 butene-fipronil（大连瑞泽农药股份有限公司）

化学名称：3-氰基-5-甲代烯丙基氨基-1-(2,6-二氯-4-三氟甲基苯基)-4-三氟甲基亚磺酰基吡唑；

分子式：$C_{16}H_{10}Cl_2F_6N_4OS$；

分子量：491.24。

7. 95%氟虫腈原药 fipronil（湖北晟隆化工有限公司）

化学名称：(RS)-5-氨基-1-(2,6-二氯-a,a,a-三氟-对-甲苯基)-4-三氟甲基亚磺酰基吡唑-3-腈；

分子式：$C_{12}H_4C_{12}F_6N_4OS$；

分子量：437.15。

8. 30%印楝素原药 azadirachtin（云南中科生物产物有限公司）

分子式：$C_{35}H_{44}O_{16}$；

分子量：720.71。

9. 95%阿维菌素原药 abamectin（青岛瀚生生物科技股份有限公司）

化学名称：α-氰基苯氧基苄基(1R,3R)-3-(2,2-二溴乙烯基)-2,2-二甲基环丙烷羧酸酯；

分子式：$C_{48}H_{72}O_{14}$（Bla）·$C_{47}H_{70}O_{14}$（Blb）；

分子量：873.09。

10. 98%苦参碱原药 matrine（陕西天之润生物科技有限公司）

分子式：$C_{15}H_{24}N_{20}$；

分子量：248.37。

其他试剂同本章第二节。

（三）试验方法

采用点滴法进行大垫尖翅蝗的毒力测定，参考慕卫（2003）的方法，首先根据预备试验情况，用丙酮将杀虫剂稀释5~6个浓度。用微量注射器吸取2.5 μL 稀释好的农药点滴在5龄若虫腹部，每一浓度点滴测定60头若虫（雌雄各半），将药剂点滴处理后试虫放入直径15 cm的方形养虫盒内，每盒20头，3次重复（共60头），以点滴纯丙酮作为对照。处理后的若虫在25 ℃养虫室内饲养，每天饲喂新鲜、无药剂处理的麦苗。24 h、48 h后检查死虫数。以毛笔轻触虫体，不动为死亡。对照自然死亡率在5%内为有效试验。死亡率计算公式如下。

$$死亡率（\%）=（死虫数/供试虫体总数）\times 100$$

（四）数据处理

利用SPSS软件分析试验数据，求出各药剂的毒力回归方程、致死中量（LC_{50}）和95%置信区间。

二、结果与分析

（一）敏感基线的建立

从表5-12可见，10种杀虫剂对大垫尖翅蝗毒力测定得到直线回归方程，所有方程的R值均在0.96~0.99，说明所有直线方程成立，所测得的LC_{50}值可信。并以LC_{50}的95%置信区不重叠作为判断不同药剂间毒力差异显著的标准。10种杀虫剂对大垫尖翅蝗的毒力从大到小排列顺序为0.003 8、0.004 1、0.007 1、0.007 3、0.009 2、

0.025 1、0.029 8、0.087 4、0.090 3、0.221 8，即苦参碱、印楝素、高效氯氰菊酯、氰戊菊酯、阿维菌素、氟虫腈、丁烯氟虫腈、辛硫磷、三唑磷、马拉硫磷。可见，3 种有机磷杀虫剂中，毒力较大的是辛硫磷，毒力较小的是马拉硫磷。但是与供试的其他几种杀虫剂相比，有机磷农药对大垫尖翅蝗的毒力是最低的，致死中量的 95% 置信限与其他药剂相比完全不重合，即其值明显大于其他药剂。高效氯氰菊酯和氰戊菊酯两种杀虫剂对大垫尖翅蝗的毒力相当。氟虫腈和丁烯氟虫腈对大垫尖翅蝗毒力表现相当。3 种生物杀虫剂均表现出较高的毒力。

表 5-12　不同杀虫剂对大垫尖翅蝗的毒力（48 h）

杀虫剂	回归方程	R 值	LC_{50}/（μg/头）	95% 置信区间
马拉硫磷	$y=2.149\ 0x+6.405\ 7$	0.96	0.221 8±0.032 8	0.165 9~0.296 4
三唑磷	$y=2.389\ 8x+7.494\ 5$	0.97	0.090 3±0.011 4	0.076 6~0.121 8
辛硫磷	$y=2.299\ 7x+7.434\ 2$	0.98	0.087 4±0.015 2	0.057 3~0.123 0
高效氯氰菊酯	$y=3.798\ 0x+13.158\ 7$	0.99	0.007 1±0.000 8	0.005 7~0.008 9
氰戊菊酯	$y=5.054\ 9x+15.800\ 3$	0.99	0.007 3±0.000 5	0.006 4~0.008 3
氟虫腈	$y=3.680\ 9x+10.890\ 1$	0.99	0.025 1±0.002 8	0.029 9~0.039 9
丁烯氟虫腈	$y=4.060\ 4x+11.191\ 8$	0.99	0.029 8±0.002 8	0.024 8~0.036 0
阿维菌素	$y=5.399\ 8x+15.994\ 1$	0.99	0.009 2±0.000 5	0.008 1~0.010 4
印楝素	$y=2.223\ 9x+10.311\ 5$	0.99	0.004 1±0.000 6	0.003 0~0.005 5
苦参碱	$y=2.143\ 1x+10.195\ 0$	0.99	0.003 8±0.000 7	0.002 6~0.005 5

（二）不同杀虫剂的毒力比较

从图 5-1 可见，丁烯氟虫腈与氟虫腈相比，对大垫尖翅蝗毒力分别是 0.029 8 μg/头和 0.025 1 μg/头，95% 置信区间完全重合，直线方程斜率 b 也趋于一致，分别是 4.060 4 和 3.680 9，毒力没有明显差异。二者的生物活性明显高于有机磷类杀虫剂，可以替代有机磷类农药防治草原蝗虫。

图 5-2 可以看出，3 种生物杀虫剂对大垫尖翅蝗的毒力较高，其中苦参碱和印楝素两种植物源杀虫剂的毒力相当，两者高于阿维菌素的毒力，且 95% 置信区间与阿维菌素的完全不重合，说明印楝素和苦参碱对大垫尖翅蝗的毒力明显高于阿维菌素。3 种生物农药的毒力也明显高于有机磷农药，也高于苯基吡唑类农药。阿维菌素的毒力与菊酯类农药相当，差异不大。所以这 3 种生物杀虫剂可以作为有机磷和菊酯类农药的替代药剂来防治草原蝗虫。

三、结论与讨论

采集于非药剂防治区草原优势种蝗虫——大垫尖翅蝗，在经过室内继代培养后进行毒力测定，建立 10 种常用药剂对大垫尖翅蝗的敏感基线。10 种杀虫剂对大垫尖翅蝗的 LC_{50} 值从小到大顺序为 0.003 8 μg/头、0.004 1 μg/头、0.007 1 μg/头、0.007 3 μg /

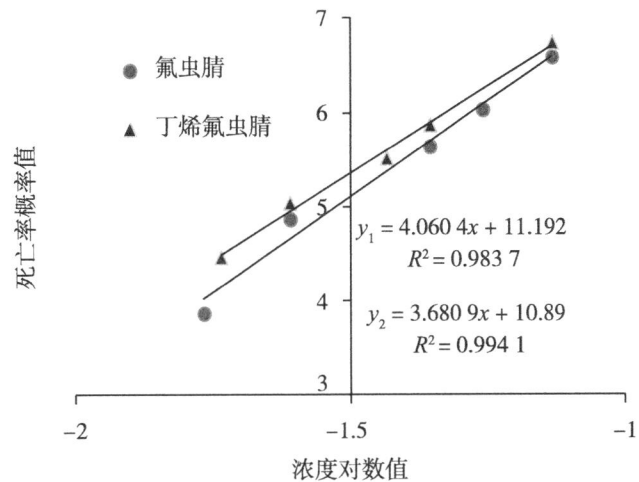

图 5-1　氟虫腈与丁烯氟虫腈毒力比较

注：y_1 表示氟虫腈毒力直线方程，y_2 表示丁烯氟虫腈毒力直线方程。

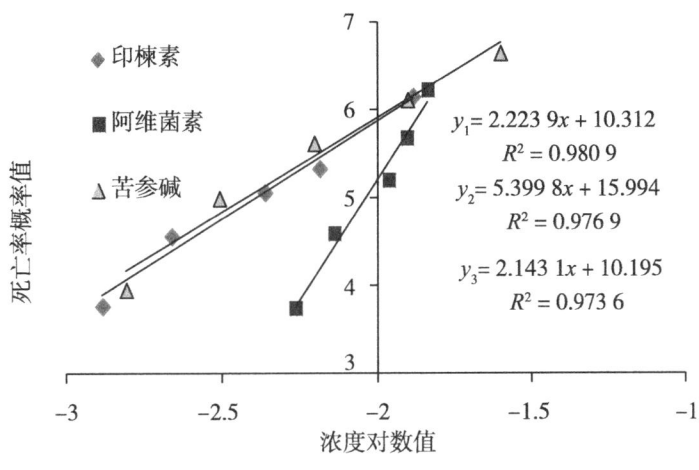

图 5-2　三种生物杀虫剂毒力比较

注：y_1 表示印楝素毒力直线方程，y_2 表示阿维菌素毒力直线方程，y_3 表示苦参碱毒力直线方程。

头、0.009 2 μg/头、0.025 1 μg/头、0.029 8 μg/头、0.087 4 μg/头、0.090 3 μg/头、0.221 8 μg/头，即苦参碱≈印楝素＞高效氯氰菊酯≈氰戊菊酯＞阿维菌素＞氟虫腈＞丁烯氟虫腈＞辛硫磷＞三唑磷＞马拉硫磷。其中苦参碱和印楝素对大垫尖翅蝗毒力最大，马拉硫磷毒力最小。这些数据可为监测蝗虫抗药性发展提供参考依据，也可以为蝗虫治理提供药剂选择和应用的指导。

在一个地区，对于新开发、新引进的农药，需要建立某种害虫对它的毒力回归直线，考虑到药剂间的交互抗性问题，虽然不能完全以此直线作为敏感基线，但是这些数据对于监测农药使用后害虫抗药性的发展是非常有应用价值的。目前关于害虫毒力敏感基线建立的报道比较多。例如，大豆蚜（*Aphis glycines*）、二化螟（*Chilo suppressalis*）、甜菜夜蛾（*Spodoptera exigua*）、棉铃虫（*Helicoverpa armigera*），但关于蝗虫对杀虫剂的毒力敏感基线未见的报道。

本研究是以2010年采自天然草原的蝗虫，在不接触任何药剂的条件下培养5代后的品系为敏感品系，采用点滴法对10种杀虫剂对其进行生物测定获得的毒力敏感基线，从毒力回归方程上看，在10种杀虫剂中，斜率b均大于2，说明群体对这10种药剂同质性较高，群体的相似性和稳定性好，适合建立敏感基线。从毒力结果LC_{50}值上看，关于蝗虫的文献报道很少。例如，关于东亚飞蝗抗性的评定，大部分研究利用药剂频繁防治区与少防治区蝗虫的毒力进行比较，得到相对抗性水平。同时，还有大量地关于防治蝗虫的室内药剂筛选研究的报道，但是所测定的LC_{50}值与本研究结果存在一定的差异。其中最主要的原因在于害虫生物测定的方法各不相同所导致的。关于害虫的生测方法包括点滴法、浸渍法、药膜法、玻璃管药膜法等多种，但是大多数学者采用点滴法进行毒力测定。也有学者采用两种或多种方法同时进行毒力测定。例如，张扬（2014）利用人工饲料药膜法和点滴法测定了二化螟对不同药剂抗性水平，结果发现两种方法测得的抗药性趋势一致，药膜法更加灵敏，测得的抗性更加明显。杨红军（2002）利用点滴法和浸渍法同时测定东亚飞蝗对马拉硫磷的抗药性，两种方法测得的抗性倍数分别是2.9倍和4.5倍。同时，影响生物测定结果的因素也很多，其中供试的蝗虫种类、虫龄和生境不同，导致对药剂的敏感性也不同；还有药剂的作用方式、药剂的纯度、处理时间、死亡判定标准等不同，导致最终毒力结果都会存在较大差异。本研究结果表明，氟虫腈＞辛硫磷＞马拉硫磷，其中马拉硫磷的毒性最低，与纪明山等（2012）、李前等（2007）毒力测定结果相一致。苦参碱毒力高于菊酯类农药，与张新等（2012）测定的对意大利蝗的毒力结果较一致。

第五节　大垫尖翅蝗田间种群抗药性检测及治理

很多学者对黑龙江省草原蝗虫的发生情况进行了详细的调查和分类。任炳忠等在黑龙江省蝗虫的调查研究中，将黑龙江省蝗虫分成6科29属，76种，赵岩等收集黑龙江省蝗虫6科，32属，84种。其中中华稻蝗、大垫尖翅蝗等种类在黑龙江省分布广泛，是黑龙江省草场和农牧交错地带的优势种蝗虫，对草场和农田为害严重。目前，黑龙江省草原蝗虫呈中等偏重发生，时而会大暴发。孟凡华等报道，2001年黑龙江省富裕县蝗虫大发生面积达到14万hm^2，虫口密度最高可达700~800头/m^2。蝗虫防治措施以化学杀虫剂应用比较普遍，所应用的杀虫剂主要有辛硫磷、氰戊菊酯、氯氰菊酯、氯氟氰菊酯等及其它们的混剂，还有苯并吡唑类的氟虫腈悬浮剂等。随着化学农药应用剂量的提高、防治次数的增加，蝗虫对药剂的敏感性必然会发生不同程度的改变。目前还没有发现关于黑龙江省草原蝗虫抗性监测的报道，所以本研究针对黑龙江省西部草原优势种蝗虫大垫尖翅蝗，选取10种杀虫剂对其进行毒力测定，与敏感基线相对照，以确定大垫尖翅蝗对各种杀虫剂的敏感性变化情况，判断是否有抗性产生。特别关注新型药剂丁烯氟虫腈对蝗虫的敏感性。据报道由于害虫对新药抗性产生有加快的趋势，为此当新药被推荐用于防治某种害虫时，必须对其进行抗性检测及相关的抗性研究，才有可能开展预防性抗性治理,尽可能延长化学农药的应用寿命。同时利用田间抗性种群,通过限制用药和混用增效剂来控制抗性的发生发展,为蝗虫的治理提供理论依据。

一、材料与方法

(一) 供试虫源

大垫尖翅蝗 *Epacromius coerulipes* Ivanov:将2010年采集于黑龙江省肇源、杜尔伯特和林甸天然草原的大垫尖翅蝗分别放置于室内不同的养虫笼中,并饲喂新鲜麦苗待用。同时,将肇源的大垫尖翅蝗在不接触药剂条件下继代饲养3代后再次进行毒力测定。2013年再次采集肇源草原的大垫尖翅蝗进行毒力测定。

(二) 供试药剂

试验选用药剂参见本章第四节。

(三) 试验方法

1. 毒力测定

选择大小一致的5龄若虫进行毒力测定。毒力测定采用点滴法进行。具体操作参见本章第四节1.3。计算不同杀虫剂对不同虫源地蝗虫的毒力,并与相对敏感基线进行比较抗性倍数。计算公式如下。

$$抗性比 = \frac{田间种群 LC_{50}}{室内敏感种群 LC_{50}}$$

2. 抗性级别划分标准

参照孙洪武等(1999)对家蝇抗性级别划分标准,以抗性倍数的高低划分抗性水平的级别。<3倍为敏感,3~5倍为敏感水平下降,5~10倍为低抗水平,10~40倍为中抗水平,40~160倍为高抗水平,>160倍为极高抗水平。

3. 增效剂对杀虫剂的增效作用测定

选择2013年采集于黑龙江省肇源草原的当代5龄若虫用于增效试验,与室内筛选的敏感虫源作对照。增效试验方法参考李春生(2006)方法,将3种常用杀虫剂增效剂增效醚(PBO)、磷酸三苯酯(TPP)和顺丁烯二酸二乙酯(DEM)用丙酮稀释后,用微量注射器取2 μL点滴在五龄若虫腹部(增效剂的点滴量为2 μg/头),增效剂作用1 h再用微量注射器点滴杀虫剂进行毒力测定,具体操作同本章第二节1.6。以点滴增效剂后再点滴丙酮的为对照。将测定结果与不使用增效剂的测定结果相比较,计算增效比。

$$增效比值(SR) = \frac{药剂单用 LC_{50}}{(药剂+增效剂) LC_{50}}$$

(四) 数据处理

利用SPSS软件分析试验数据,求出各药剂的毒力回归方程、致死中量(LC_{50})和95%置信区间。

二、结果与分析

(一) 抗药性检测情况

2010 年对大庆不同区域草原蝗虫的抗药性进行检测,同敏感虫源(大庆红岗虫源经过 5 代长期不接触药剂饲养)相比较,计算抗性倍数。检测结果见表 5-13。有机磷杀虫剂马拉硫磷、三唑磷和辛硫磷对肇源大垫尖翅蝗的毒力分别是 0.249 6 μg/头、0.219 2 μg/头、0.289 2 μg/头,抗性比分别为 1.13 倍、2.43 倍、3.30 倍。杜蒙和林甸的毒力与肇源趋势较一致,但抗性比均小于 3 倍。说明大庆草原蝗虫对有机磷类杀虫剂没有产生抗药性,只有肇源蝗虫对辛硫磷的敏感性有所下降。下降的原因可能是由于长期用药造成的,也可能是与其他药剂的交互抗性相互影响而导致的。

表 5-13 2010 年大垫尖翅蝗抗性检测结果

杀虫剂	虫源地	回归方程	R	LC_{50}/(μg/头)	95%置信区间	抗性比
马拉硫磷	杜蒙	$y=0.816\ 5x+5.366\ 0$	0.95	0.356 2±0.301 4	0.167 8~0.570 3	1.61
	林甸	$y=1.692\ 2x+6.045\ 3$	0.97	0.241 1±0.047 9	0.163 3~0.356 0	1.09
	肇源	$y=1.583\ 3x+5.954\ 2$	0.96	0.249 6±0.052 8	0.164 9~0.377 9	1.13
三唑磷	杜蒙	$y=1.954\ 9x+6.944\ 9$	0.97	0.101 2±0.017 6	0.072 0~0.142 2	1.12
	林甸	$y=1.877\ 0x+6.569\ 2$	0.95	0.145 9±0.025 6	0.091 2~0.203 1	1.62
	肇源	$y=1.878\ 0x+6.238\ 2$	0.99	0.219 2±0.045 0	0.154 8~0.332 7	2.43
辛硫磷	杜蒙	$y=1.122\ 4x+5.718\ 8$	0.98	0.228 9±0.075 3	0.120 1~0.436 3	2.61
	林甸	$y=1.282\ 9x+5.752\ 6$	0.97	0.259 1±0.080 9	0.140 4~0.477 9	2.96
	肇源	$y=1.514\ 9x+5.816\ 2$	0.94	0.289 2±0.080 2	0.167 9~0.497 9	3.30
高效氯氰菊酯	杜蒙	$y=1.858\ 5x+7.683\ 3$	0.99	0.036 0±0.007 0	0.024 6~0.052 6	5.07
	林甸	$y=1.793\ 5x+7.360\ 9$	0.98	0.048 3±0.011 4	0.030 4~0.076 6	6.80
	肇源	$y=1.821\ 4x+7.562\ 9$	0.99	0.039 2±0.008 1	0.026 2~0.058 6	5.52
氰戊菊酯	杜蒙	$y=3.607\ 3x+10.803\ 4$	0.96	0.024 6±0.002 3	0.020 5~0.025 6	3.00
	林甸	$y=3.568\ 2x+10.710\ 6$	0.98	0.025 1±0.002 4	0.020 8~0.028 2	3.06
	肇源	$y=3.192\ 9x+9.396\ 8$	0.96	0.042 0±0.003 9	0.034 8~0.050 6	4.24
氟虫腈	杜蒙	$y=2.476\ 8x+8.990\ 8$	0.97	0.024 5±0.004 0	0.017 7~0.033 8	0.98
	林甸	$y=2.617\ 1x+9.183\ 7$	0.98	0.025 2±0.003 9	0.018 6~0.034 1	1.00
	肇源	$y=2.851\ 4x+9.714\ 8$	0.99	0.022 2±0.003 7	0.016 1~0.030 7	0.88
丁烯氟虫腈	杜蒙	$y=4.714\ 9x+11.891\ 8$	0.96	0.034 5±0.002 5	0.029 9~0.039 9	1.16
	林甸	$y=4.147\ 0x+11.333\ 6$	0.96	0.029 7±0.002 8	0.024 6~0.035 8	1.00
	肇源	$y=3.613\ 7x+10.458\ 3$	0.94	0.030 8±0.003 1	0.025 3~0.037 7	1.03
阿维菌素	杜蒙	$y=3.457\ 6x+11.972\ 5$	0.95	0.009 6±0.001 0	0.007 9~0.011 7	1.04
	林甸	$y=3.255\ 8x+11.145\ 2$	0.97	0.012 9±0.001 4	0.010 5~0.016 0	1.40
	肇源	$y=3.560\ 7x+12.360\ 7$	0.96	0.008 8±0.000 9	0.006 9~0.010 6	0.93

续表

杀虫剂	虫源地	回归方程	R	LC$_{50}$/(μg/头)	95%置信区间	抗性比
印楝素	杜蒙	$y=2.1166x+9.9697$	0.95	0.0045±0.0007	0.0032~0.0062	1.10
	林甸	$y=1.8116x+9.3512$	0.95	0.0040±0.0007	0.0028~0.0056	1.00
	肇源	$y=1.9316x+9.2608$	0.99	0.0041±0.0007	0.0029~0.0057	1.00
苦参碱	杜蒙	$y=2.1214x+10.0535$	0.97	0.0041±0.0008	0.0029~0.0060	1.08
	林甸	$y=2.0063x+9.7272$	0.98	0.0044±0.0008	0.0030~0.0064	1.16
	肇源	$y=2.0118x+9.8384$	0.98	0.0039±0.0008	0.0027~0.0058	1.03

拟除虫菊酯类杀虫剂对大垫尖翅蝗毒力测定结果表现为，高效氯氰菊酯和氰戊菊酯对杜蒙、林甸和肇源蝗虫的致死中量分别为 0.0360 μg/头、0.0483 μg/头、0.0392 μg/头和 0.0246 μg/头、0.0251 μg/头、0.0420 μg/头，3 个地点蝗虫对高效氯氰菊酯和氰戊菊酯抗性指数分别为 5.07 倍、6.80 倍、5.52 倍和 3.00 倍、3.06 倍、4.24 倍。说明大庆地区蝗虫对拟除虫菊酯类杀虫剂的已经产生了低水平的抗性。

苯基吡唑类杀虫剂氟虫腈和丁烯氟虫腈对 3 个地点大垫尖翅蝗的致死中量为 0.0245 μg/头、0.0252 μg/头、0.0222 μg/头和 0.0345 μg/头、0.0297 μg/头、0.0308 μg/头，抗性比均小于 1.16 倍，可见大庆地区蝗虫对苯基吡唑类杀虫剂敏感。阿维菌素、印楝素和苦参碱是害虫治理过程中常用的生物类杀虫剂。测试结果见表 5-13，三类杀虫剂对蝗虫的生物活性均较高，抗性比小于 1.4 倍，所以说大庆地区草原大垫尖翅蝗对阿维菌素、印楝素和苦参碱敏感性高，可以替代化学杀虫剂来应用，延缓化学杀虫剂抗性的发展。

2013 年利用 10 种杀虫剂再次对肇源田间蝗虫进行抗药性检查，结果见表 5-14。有机磷类杀虫剂马拉硫磷、三唑磷毒力与 2010 年毒力相当、抗性比变化不大，辛硫磷的抗性比 2010 年增加，达到了 4.05 倍。对高效氯氰菊酯和氰戊菊酯的抗性水平也增加，分别达到了 9.41 倍和 8.04 倍，仍处于低抗水平；但与 2010 年抗性水平相比较，95% 置信限仍有少部分重叠，即蝗虫对菊酯类杀虫剂抗性虽上升，但是差异不显著。其他 5 种杀虫剂的毒力与 2010 年相比变化不大，抗性比维持在原有水平，处于敏感阶段。其中，氟虫腈的抗性增加到 1.35 倍，但仍处于敏感阶段。可见害虫抗性的产生和发展是由于长期、连续应用化学杀虫剂选择的结果。

将 2010 年抗菊酯类杀虫剂的肇源田间草原蝗虫采集回室内，进行连续饲养（不接触任何杀虫剂）3 代后，选择辛硫磷、高效氯氰菊酯和氰戊菊酯 3 种杀虫剂进行毒力测定，结果见表 5-15。辛硫磷的抗性比由 2010 年的 3.30 倍下降到 1.21 倍，即恢复到敏感阶段。高效氯氰菊酯和氰戊菊酯的抗性比分别由 2010 年的 5.52 倍、4.24 倍降至 1.69 倍、2.09 倍，即对药剂的敏感性也均得到恢复。但是与有药剂选择压力的田间种群相比，抗性下降比例则相对较大。所以，对害虫产生低水平抗性的农药，通过限制或停止使用该药剂 3 年或以上，即可使害虫恢复到敏感阶段，可以有效延长该药剂的使用寿命。

表 5-14　2013 年肇源大垫尖翅蝗田间种群的抗药性检测结果

杀虫剂	回归方程	R	LC_{50}/(μg/头)	95%置信区间	抗性比
马拉硫磷	$y=1.3622x+5.7467$	0.95	0.2830±0.0764	0.1668~0.4803	1.28
三唑磷	$y=1.7661x+6.1041$	0.99	0.2371±0.0553	0.1501~0.3744	2.63
辛硫磷	$y=1.3808x+5.6221$	0.95	0.3544±0.1179	0.1847~0.5802	4.05
高效氯氰菊酯	$y=1.5260x+6.7935$	0.97	0.0668±0.0219	0.0351~0.1272	9.41
氰戊菊酯	$y=2.8764x+8.3976$	0.98	0.0659±0.0111	0.0474~0.0916	8.04
氟虫腈	$y=2.1131x+8.1099$	0.97	0.0338±0.0050	0.0252~0.0452	1.35
丁烯氟虫腈	$y=2.7922x+9.0753$	0.97	0.0347±0.0038	0.0280~0.0431	1.16
阿维菌素	$y=5.6821x+16.5963$	0.95	0.0091±0.0005	0.0081~0.0102	1.00
印楝素	$y=2.3009x+10.3690$	0.96	0.0046±0.0007	0.0035~0.0062	1.12
苦参碱	$y=2.1010x+10.0890$	0.98	0.0038±0.0007	0.0026~0.0056	1.00

表 5-15　2013 年肇源大垫尖翅蝗种群对 3 种杀虫剂的抗药性变化

杀虫剂	回归方程	R	LC_{50}/(μg/头)	95%置信区间	抗性比
辛硫磷（室内）	$y=2.1622x+7.1092$	0.98	0.1058±0.0167	0.0776~0.1443	1.21
辛硫磷（田间）	$y=1.3808x+5.6221$	0.95	0.3544±0.1179	0.1847~0.5802	4.05
高氯（室内）	$y=2.4081x+9.6266$	0.99	0.0120±0.0017	0.0090~0.0159	1.69
高氯（田间）	$y=1.5260x+6.7935$	0.97	0.0668±0.0219	0.0351~0.1272	9.41
氰戊菊酯（室内）	$y=3.1752x+10.6074$	0.98	0.0171±0.0021	0.0135~0.0217	2.09
氰戊菊酯（田间）	$y=2.8764x+8.3976$	0.98	0.0659±0.0111	0.0474~0.0916	8.04

（二）增效剂在抗性治理中的作用

针对室内连续饲养的敏感虫源和 2013 年采集于肇源草原的大垫尖翅蝗抗性虫源，选择 3 种增效剂对两种杀虫剂辛硫磷和高效氯氰菊酯的增效作用测定。结果见表 5-16 和表 5-17，图 5-3 和图 5-4。增效剂 PBO 对辛硫磷没有表现出增效作用，TPP、DEM 对辛硫磷表现出增效作用，其中 TPP 增效作用最显著。尤其对于抗性品系增效作用更明显，混用 TPP 增效剂后，增效比达到 3.48 倍。辛硫磷对大垫尖翅蝗的毒力大小恢复到敏感基线水平，即由 0.2892 μg/头降到 0.0830 μg/头。增效剂 DEM 对高效氯氰菊酯没有增效作用，而 PBO、TPP 对高效氯氰菊酯表现出增效作用，尤其以 PBO 增效作用最大，在抗性品系中增效比为 3.77 倍，敏感品系中增效比为 2.29 倍。对菊酯类杀虫剂处于低抗阶段的害虫种群，使用 PBO 可以使药剂毒力达到敏感阶段的水平。所以在菊酯类杀虫剂中混用 PBO 可以明显降低农药的使用量，减轻药剂对害虫的选择压，延缓抗药性的发生和发展。

表 5-16 增效剂对杀虫剂的增效作用（大垫尖翅蝗敏感虫源）

杀虫剂	回归方程	R	LC$_{50}$/（μg/头）	95%置信区间	增效比
辛硫磷	$y=1.4019x+6.4824$	0.99	0.0876±0.0189	0.0573~0.1339	—
PBO	$y=1.5867x+6.6141$	0.97	0.0961±0.0205	0.0633~0.1459	0.91
TPP	$y=1.5350x+1.1818$	0.99	0.0379±0.0147	0.0177~0.0811	2.31
DEM	$y=1.4600x+6.7844$	0.95	0.0600±0.0174	0.0339~0.1059	1.46
高效氯氰菊酯	$y=3.7980x+13.1587$	0.99	0.0071±0.0008	0.0057~0.0089	—
PBO	$y=1.8380x+9.6069$	0.99	0.0031±0.0006	0.0022~0.0044	2.29
TPP	$y=1.7469x+9.1712$	0.96	0.0041±0.0008	0.0028~0.0059	1.73
DEM	$y=1.4771x+8.1203$	0.99	0.0078±0.0024	0.0043~0.0140	0.91

表 5-17 增效剂对杀虫剂的增效作用（大垫尖翅蝗田间抗性虫源）

杀虫剂	回归方程	R	LC$_{50}$/（μg/头）	95%置信区间	增效比
辛硫磷	$y=1.5149x+5.8162$	0.94	0.2892±0.0802	0.1679~0.4979	—
PBO	$y=1.3904x+5.7428$	0.96	0.2922±0.0833	0.1671~0.5110	0.99
TPP	$y=3.4547x+8.7336$	0.99	0.0830±0.0093	0.0666~0.1035	3.48
DEM	$y=1.7153x+6.0955$	0.95	0.2298±0.0503	0.1496~0.3528	1.26
高效氯氰菊酯	$y=1.8214x+7.5629$	0.99	0.0392±0.0081	0.026~0.0586	—
PBO	$y=2.2140x+9.3910$	0.99	0.0104±0.0017	0.0075~0.0143	3.77
TPP	$y=2.6397x+9.7797$	0.97	0.0155±0.0019	0.0122~0.0196	2.53
DEM	$y=1.4571x+7.0345$	0.98	0.0402±0.0100	0.0246~0.0656	0.98

三、结论与讨论

（一）结论

在化学杀虫剂长期应用的过程中逐渐形成了害虫的抗药性，并且随着化学杀虫剂的大量应用而害虫抗药性的发展趋势越来越严峻。研究蝗虫对常用杀虫剂的敏感性变化情况，建立有效的抗性治理策略，对于各区域蝗害的综合治理是极其必要的。

以大庆草原大垫尖翅蝗为研究对象，利用10种杀虫剂对其抗性情况进行监测，结果表明：大垫尖翅蝗对菊酯类杀虫剂产生低抗水平抗性，对辛硫磷的敏感性下降，对氟虫腈、丁烯氟虫腈、阿维菌素、苦参碱、印楝素较敏感。同时，害虫抗性水平较低的情况下停止用药，害虫会在很短的时间内恢复对药剂的敏感性。所以根据目前对在大庆地区草原蝗虫的抗性监测结果，在该地区应该限制使用菊酯类、有机磷类杀虫剂的应用剂量、应用频率或停用，交替轮换使用敏感的杀虫剂，例如氟虫腈、丁烯氟虫腈、阿维菌

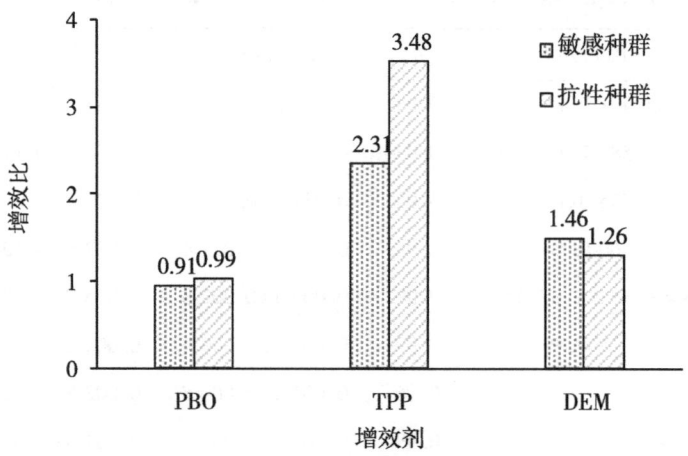

图 5-3　增效剂对辛硫磷增效作用

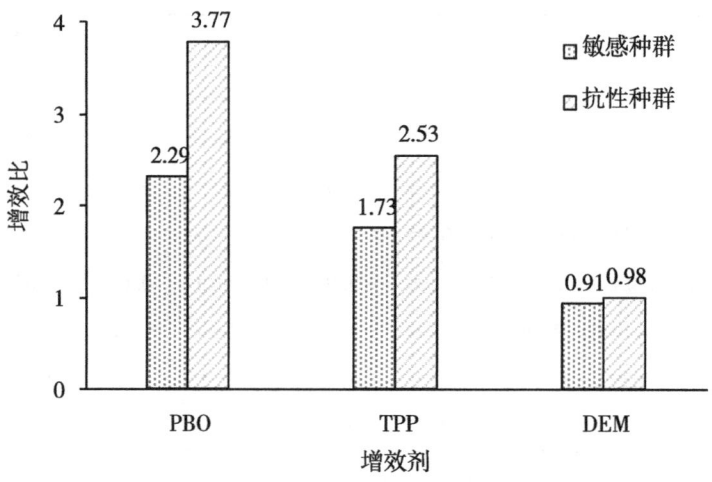

图 5-4　增效剂对高效氯氰菊酯增效作用

素、苦参碱、印楝素等。或者应用增效剂，根据本研究结果，在辛硫磷杀虫剂中混用 TPP，在菊酯类农药中混用 PBO 增效作用明显，这样可以减少农药的用量，提高防治效果，以此延缓抗性的发展速度。

（二）讨论

选择 10 种常用杀虫剂对大庆草原优势种蝗虫大垫尖翅蝗进行敏感性测定分析，发现各类药剂对大庆不同区域内蝗虫的敏感性变化较一致，相互间没有大的差异。2010 年监测结果表明，与敏感基线相比较，大垫尖翅蝗对有机磷类杀虫剂马拉硫磷、三唑磷抗性比在 1.09~2.43，处于敏感阶段。辛硫磷的抗性比在 2.61~3.30，处于敏感性开始下降阶段。菊酯类杀虫剂高效氯氰菊酯、氰戊菊酯抗性比在 3.00~6.80，处于敏感性下降和低抗水平阶段。其他 5 种杀虫剂氟虫腈、丁烯氟虫腈、阿维菌素、苦参碱和印楝素对大垫尖翅蝗比较敏感，抗性比在 0.93~1.40 倍。2013 年敏感性测定结果为，肇源蝗虫田间种群对辛硫磷的抗性水平稍有增加，菊酯类农药的抗性水平上升至 8.04~9.24 倍，但仍处于低水平抗性阶段。唐振华等研究表明大多数拟除虫菊酯类杀虫剂之间存在严重的交互抗性的问题，本研究的高效氯氰菊酯和氰戊菊酯的抗性发生发展情况较一致，可能是存在交互抗性所导致。同时，可见在大庆不同区域内采集的蝗虫，其对药剂的敏感性存在小的差异，与不同区域用药量、用药频率等具体情况有关。尤其是农牧交错地带，用药量和频率会更高一些，导致敏感性下降趋势会更大。

有机磷类和拟除虫菊酯类杀虫剂是农业生产上的常用药剂，由于广泛和大量的应用，大量的农业害虫、卫生害虫对其产生了抗药性。关于这方面的研究也有大量的报道。测定浙江杭州和嘉兴地区二化螟种群对三唑磷的敏感性，结果证实两地区二化螟种群已经产生了 21.1~218.8 倍不同水平的抗性。斜纹夜蛾 SZ 种群对乙酰甲胺磷、辛硫磷、毒死蜱三种有机磷农药均产生了较高水平的抗性。采用点滴法测定浙江、江苏、湖北、四川等地水稻二化螟 4 龄幼虫对三唑磷、毒死蜱等药剂的抗性，发现二化螟种群对三唑磷产生 40 倍以上的抗性，对毒死蜱产生 22 倍以上的抗性，即抗性水平已普遍达到中等至高等水平。利用点滴法对各地绿盲蝽种群进行抗药性监测，发现绿盲蝽对毒死蜱没有产生抗药性，而对马拉硫磷和三氟氯氰菊酯则产生低水平抗性。测定氰戊菊酯对潜叶蛾的毒力，结果表明柑橘潜叶蛾对氰戊菊酯产生了最高达到 104.5 倍的抗性。关于蝗虫抗药性监测及研究的报道相对较少，目前仅有东亚飞蝗对有机磷杀虫剂抗性的报道。如以东亚飞蝗山东无棣种群为对照，其中天津北大港、河北黄骅和河北平山种群对马拉硫磷的敏感性分别下降了 1.96 倍、1.8 倍和 1.02 倍。东亚飞蝗河北黄骅种群对毒死蜱和辛硫磷分别产生了 5.4 倍和 2.9 倍的抗性，而黄骅和黄流两个种群对马拉硫磷产生了 57.5 倍和 14.8 倍的抗药性。本研究结果发现，黑龙江省大庆市草原大垫尖翅蝗对菊酯类农药（高效氯氰菊酯、氰戊菊酯）产生了低水平的抗药性，对辛硫磷的敏感性下降。

近几年苯基吡唑类杀虫剂也用于大面积的蝗虫防控过程中，而且防治效果较理想。这类化合物的代表品种为氟虫腈和丁烯氟虫腈，二者对东亚飞蝗若虫都表现出了较高活性，且在黑龙江省的蝗虫防控过程中也有大量的应用，但丁烯氟虫腈相对于有机磷和菊酯类农药则用量小，防治历史短。目前已有大量农业、卫生害虫对氟虫腈产生不同水平抗性的报道。也有个别害虫对丁烯氟虫腈产生了抗性。例如，南方稻田个别地区的二化螟对丁烯氟虫腈（0.1~5.3 倍）已经产生了低水平抗性。所以对丁烯氟虫腈进行抗性监测及相关抗性研究，有利于该药剂在生产上科学合理地应用。在本研究中，不同田间种群大垫尖翅蝗对氟虫腈和丁烯氟虫腈仍非常敏感，这两种药剂可能和菊酯、有机磷杀虫剂之间不存在交互抗性，仍可以继续用于当地蝗虫的治理中。白背飞虱氰戊菊酯 169 倍抗性，其对氟虫腈没有交互抗性。研究杀虫剂混配对斜纹夜蛾菊酯和有机磷抗性种群的效果中表明，氟虫腈与菊酯和有机磷农药之间没有交互抗性。但是，由于本研究中大垫尖翅蝗对菊酯和有机磷农药抗性水平较低，所以氟虫腈、丁烯氟虫腈针对大垫尖翅蝗是否与菊酯和有机磷等药剂间存在交互抗性，还需要进一步的验证，才能保证田间药剂的合理搭配应用。

随着人们生活水平的提高和发展绿色生态农业的需要，减少化学农药的使用量已在全球范围展开。经济高效、环境友好的生物农药便成为全球共同的选择。阿维菌素是一类具有杀虫、杀螨、杀线虫活性的广谱的十六元大环内酯化合物，防治水稻螟虫、稻纵卷叶螟、小菜蛾、菜青虫、各种害螨方面表现优异，成为高毒农药主要替代品种。与此同时，其在害虫中的抗性水平也在不断提高。本研究结果表明，大垫尖翅蝗对阿维菌素较敏感，在草原蝗虫的治理中应适当控制其使用剂量和范围。印楝素、苦参碱等植物源农药在草原蝗虫治理中也得到广泛的应用。总之，根据本文的研究结果可以选择阿维菌素、印楝素和苦参碱或其他生物药剂进行交替轮换应用，或者与化学杀虫剂混用来治理当地的蝗虫。同时也要随时监测其敏感性变化情况，以便及时制定和修订害虫的治理方案，避免高抗害虫品系的出现。

在害虫抗性治理过程中，除了上述农药的交替轮换使用和混用之外，农药的限制使用和增效剂的应用也是最有效的控制手段之一。例如白背飞虱的田间种群对氟虫腈产生50.5 倍抗性，但是在不接触任何杀虫剂的条件下，利用新鲜水稻饲养 11 代，敏感性恢复到 5.2 倍。而在氟虫腈选择压力下，连续筛选 11 代后抗性水平达到了 137.5 倍。本研究将肇源田间种群大垫尖翅蝗不接触任何药剂培养，3 年后抗性监测结果也表明对菊酯类杀虫剂的抗性恢复到了敏感阶段。而连续用药 3 年后的抗性监测发现，对菊酯类杀虫剂的抗性由 3.0~6.8 倍提高到了 8.04~9.24 倍。以上说明了同样的问题：既农药的选择压力会导致害虫对杀虫剂的敏感性发生变化。根据此结果，为了保证有机磷和菊酯这两类药剂使用的持续性，在大庆地区制定限制使用措施，延缓抗药性发展程度，避免产生高抗害虫品系。增效剂对昆虫基本没有生物活性，但与农药混用时，会显著提高杀虫剂的毒力，在杀虫剂抗性治理中也发挥着重要的作用。尤其，目前已有大量的研究证明 PBO 是菊酯类杀虫剂典型的增效剂，可以减少农药的施用量，延缓害虫的抗药性。本研究结果也证实了这一点，TPP 对辛硫磷有显著的增效作用，PBO 和 TPP 对高效氯氢菊酯有显著的增效作用，尤其是对于抗性种群，增效作用更明显。由于增效剂也是酶的特异性抑制剂，所以也可以作为判断杀虫剂抗性的诊断工具。

第六节　大垫尖翅蝗丁烯氟虫腈抗性品系筛选及抗性生化机理研究

随着甲胺磷等高毒农药退出市场，N-取代苯基吡唑类化合物在国际上的研究较为广泛，其代表产品氟虫腈由于存在对蜜蜂、水生生物高毒等严重缺陷，而严重限制了它的应用。丁烯氟虫腈（butene-fipronil）是在此基础上经过结构修饰开发出的替代产品，以触杀和胃毒作用为主，其杀虫效果和氟虫腈相当，但它对环境友好，对水生生物和蜜蜂的毒性大大降低。目前已进行了大量的推广和应用。

丁烯氟虫腈对水稻、蔬菜等许多害虫表现出高活性，尤其对有机磷、菊酯类等杀虫剂产生抗性的害虫。丁烯氟虫腈对蝗虫也表现出良好的生物活性，目前已经作为国际蝗虫治理的替代农药之一。本研究测定大垫尖翅蝗对几种杀虫剂敏感性结果也显示，丁烯氟虫腈对大垫尖翅蝗有较好的生物活性。同时，苑志军报道，丁烯氟虫腈可以加工成除乳油以外的可湿性粉剂、水分散粒剂和水悬浮剂等剂型，且水悬浮剂加工成本较低，对害虫防治效果显著，最主要的是对环境友好，所以丁烯氟虫腈在蝗虫及其他害虫防治方面将有更进一步的发展和应用。为此，研究蝗虫对丁烯氟虫腈的抗性具有一定实践意义。

本研究以北方优势种蝗虫大垫尖翅蝗为靶标生物，通过丁烯氟虫腈抗性筛选和诱导，研究其抗性产生的生化机理。昆虫对杀虫剂产生抗性的主要机理之一就是代谢抗性，即昆虫体内的解毒酶活性增强。其中细胞色素 p450 氧化酶、酯酶及谷胱甘肽硫转移酶三大酶系在杀虫剂代谢方面扮演着最重要的角色。一般情况下，研究酶的活性作用主要采取活体和离体试验两个方面同时进行比较分析。在活体条件下，最快捷、简便的抗性检测方法通常是利用代谢酶的抑制剂对杀虫剂进行增效试验，通过增效结果可以初步确定抗性发生的生化机理。但是由于活体试验受多方面因素影响，必须结合离体条件下的解毒酶活性测定才能得到更加直接和准确的抗性判断结果。本研究分别测定了大垫尖翅蝗敏感和抗性品系体内多功能氧化酶、酯酶和谷胱甘肽硫转移酶三类解毒代谢酶的活力差异，同时比较了大垫尖翅蝗敏感和抗性品系经过丁烯氟虫腈诱导后这 3 种解毒酶的变化情况，并研究了 3 种解毒酶抑制剂 PBO、TPP 和 DEM 对丁烯氟虫腈的增效作用，以期初步了解大垫尖翅蝗对丁烯氟虫腈抗性形成的生化机理，旨在为延长杀虫剂的使用寿命和开展预防性抗性治理提供依据。

一、材料与方法

（一）供试昆虫与饲养

供试昆虫为大垫尖翅蝗 *Epacromius coerulipes* Ivanov（2009 年采集于黑龙江省大庆市红岗区天然草原），若虫和成虫期在日光温室内采用笼罩式（罩有透明筛网的笼子，长宽高为 1 m）饲养。待大部分成虫产卵死亡后，将虫卵挑出统一放在室外草原上的笼罩内越冬，春季卵孵化若虫后，将盆栽麦苗放入笼罩内，然后将载有初孵若虫的麦苗转移至温室内继续饲养。

用于测试的蝗虫，首先从温室带回养虫室内（温度 28 ℃±2 ℃，湿度 RH 为 65%±6%，光周期为 L：D = 14：10）稳定 2~3 d，每日饲喂新鲜的麦苗，然后挑选活泼好动、大小一致的 5 龄若虫用于后续试验。

（二）供试农药

96%丁烯氟虫腈原药和 5%丁烯氟虫腈乳油：大连瑞泽农药股份有限公司（参见本章第二节）。

（三）主要试剂

参见本章第二节。

（四）抗性品系筛选

1. 丁烯氟虫腈对蝗虫抗性筛选方法

主要采用饲喂法选择抗性品系。在日光温室内设置长宽高均为 1 m 的笼罩 8 个，其中 3 个非药剂处理，培养敏感品系，5 个药剂处理，筛选抗性品系。将配制好的 5%丁烯氟虫腈乳油喷洒到盆栽麦苗上，然后饲喂蝗虫，带药麦苗取食完毕后更换新鲜的，未经药剂处理的麦苗继续饲喂。同时，每天清理死掉的蝗虫，避免啃食蝗虫的尸体，造成二次中毒。每个笼罩内蝗虫数量为100~800头，死亡率控制在30%~70%，存活个体作为下一代虫种，逐渐淘汰选择培养。每次筛选用药剂量主要根据前一代测定的LC_{50}的剂量和具体的虫量进行适当的调整，既能够使蝗虫种群连续繁衍下去，又可以保证蝗虫始终在一定的药剂选择压力下。即用前一代测定的LC_{50}的剂量喷洒盆栽麦苗。同时利用点滴法测定各个世代的LC_{50}值的变化情况（毒力测定方法参考本章第四节），监控抗性发展进程。

2. 抗性现实遗传力

抗性现实遗传力（Realized heritability）的估算采用域性状分析法（Tabashnik et al., 1994），计算公式如下。

现实遗传力：$h^2 = R/S$；

选择反应：$R = [\log(终LC_{50}) - \log(始LC_{50})]/n$（$n$ 为选择代数）；

选择差异：$S = i\delta_p$；

选择强度：$i \approx 1.583 - 0.019\,333\,6p + 0.000\,042\,8p^2 + 3.651\,94/p$（$10\% < p < 80\%$）；

表现型标准差：$\delta_p = [1/2(初斜率+终斜率)]^{-1}$；

根据现实遗传力 h^2，可以预测筛选后抗性上升 x 倍所需代数：$Gx = \log x/(h^2S)$；不同选择压力（50%~99%）下，抗性上升10倍所需的代数：$G = 1/(h^2S)$。

（五）增效剂的活体增效试验

针对敏感品系和丁烯氟虫腈筛选的抗性品系，参考李春生（2006）方法，选择增效醚（PBO）、磷酸三苯酯（TPP）和顺丁烯二酸二乙酯（DEM），采用点滴法进行活体增效测定。用丙酮稀释增效剂一定的浓度后，用微量注射器点滴在五龄若虫腹部，增效剂作用1 h再用微量注射器点滴杀虫剂于大垫尖翅蝗若虫腹部。杀虫剂共设置6个浓度梯度，每个浓度重复5次。将测定结果与不使用增效剂的测定结果相比较，计算增效比。增效比计算参考本章第五节。

（六）解毒酶活性测定

1. 供试昆虫的处理

选取大垫尖翅蝗敏感品系5龄若虫制备酶原；选择丁烯氟虫腈筛选过的大垫尖翅蝗抗性品系（F_5代和F_7代，抗性比分别是5.95倍和11.74倍）5龄若虫制备酶原。

针对大垫尖翅蝗敏感品系和丁烯氟虫腈抗性品系 F_7 代，根据毒力测定的直线回归方程计算各自的 LC_{10}、LC_{20}、LC_{50} 值，然后利用丁烯氟虫腈 LC_{10}、LC_{20}、LC_{50} 剂量点滴分别处理敏感和抗性 F_7 代的5龄若虫（点滴法测定），观察24 h后取存活的若虫制备酶原。

2. 解毒酶活性测定

（1）羧酸酯酶活性测定

取供试蝗虫雌雄各一头放入玻璃匀浆器，加1 mL匀浆缓冲液（0.1 mol/L、pH值7.5、含0.3%Triton X-100的磷酸缓冲液）匀浆，将匀浆液（15 000 g，4 ℃）离心20 min，离心后取上清液作为酶原置于冰上或冻存（-20 ℃）备用。酯酶活性的测定参考Asperen（1962）的方法，加以修改。以 α-NA 为底物测定酯酶活性，加入0.3 mmol/L α-NA（含毒扁豆碱 1∶1）底物溶液 1.35 mL，0.15 mL 待测酶液，以 0.15 mL 0.1 mol/L、pH 值 7.5、0.3%triton X-10 的磷酸缓冲液为对照，重复 3 次。在 37 ℃条件下，温浴 30 min，然后加入 0.5 mL 固蓝 B-SDS 溶液终止反应后在 600 nm 波长下测 OD 值。根据制作的标准曲线和酶源蛋白含量的测定结果，计算酶比活力。

$$酶活性 = \frac{\alpha-萘酚产量(\mu g)}{\alpha-萘酚分子量 \times 样品体积(L) \times 30 \text{ min}}$$

酶比活性 [nmol/(min·mg)] = 15.415×α-萘酚产量（μg）/样品蛋白浓度（mg/mL）

α-萘酚标准曲线制定（刘新，2004）：配制 0.028 μg/μL α-萘酚溶液，称量 α-萘酚 14.28 mg 溶于 5 mL 的丙酮中，取 0.1 mL 加入 9.9 mL 0.1 mol/L pH 值 7.5 的磷酸缓冲液；配制 1%丙酮-磷酸缓冲液溶液；固蓝-SDS 配制，将 1%固蓝 B 盐（0.10 g 固蓝 B 盐溶解在 10 mL 5% 的 HCl 中）与 5% 的 SDS（5.00 g SDS 溶解在 100 mL 双蒸水中）溶液按照 2∶5（体积比）混合；室温静止 15 min，在 600 nm 处测定 OD 值。用直线回归来建立吸光度（OD）和 α-萘酚的标准直线方程。各试剂加入量见表 5-18。

表 5-18　α-萘酚标准曲线测定

α-萘酚/μg	0	0.28	0.84	1.4	1.96	2.52	3.08	3.64
0.1 mol/L pH 值 7.5，0.3%triton X-10 磷酸缓冲液	0.15	0.15	0.15	0.15	0.15	0.15	0.15	0.15
α-萘酚/mL	0	0.1	0.3	0.5	0.7	0.9	1.1	1.3
磷酸缓冲液-1%丙酮溶液	1.35	1.25	1.05	0.85	0.65	0.45	0.25	0.05
固蓝 B-SDS/mL	0.5	0.5	0.5	0.5	0.5	0.5	0.5	0.5
总体积/mL	2	2	2	2	2	2	2	2

（2）谷胱甘肽硫转移酶活性测定

取供试蝗虫雌雄各一头放入玻璃匀浆器，加入 1 mL 匀浆缓冲液（0.1 mol/L，pH 值 7.5，含 0.3%Triton X-100 的磷酸缓冲液）匀浆，将匀浆液（15 000 g，4 ℃）离心 20 min，离心后取上清液作为酶原置于冰上或冻存（-20 ℃）备用。谷胱甘肽硫转移酶活性的测定方法，参考 Oppnoorth et al.（1979）方法，根据试验情况加以修改。以 CDNB 为反应底物。取 0.1 mL 稀释的酶液加入 2.65 mL 磷酸缓冲液（0.1 mol/L，pH 值 7.5）和 0.15 mL 20 mol/L GSH，然后放在水浴锅中 25 ℃下温浴 5 min；加入 0.1 mL 30 mmol/L CDNB，在 25 ℃，340 nm 立刻测试 5 min 内吸光值的变化（每隔 20 s 测一次）。记录反应速度（OD340/min），以每 min 催化生产 1 nmol 产物为 1 个活性单位，酶活力计算公式如下。

$$GSTS\ (nmol/min) = (\triangle OD_{340} \times V)/(\varepsilon \cdot L)$$

$\triangle OD_{340}$ 为每 min 光吸收的变化值；V 为酶促反应体积；ε 为消光系数：0.009 6 L/μmol·cm；L 为比色杯光程（cm）。

(3) 多功能氧化酶 O-脱甲基活性测定

多功能氧化酶 O-脱甲基活性测定，参照 Hansen et al.（1971）方法。取供试蝗虫雌雄各一头放入玻璃匀浆器，加入 1 mL 匀浆缓冲液（0.1 mol/L、pH 值 7.5 磷酸缓冲液，含 1 mmol/L 的 EDTA、DTT、PTU、PMSF 和 20% 的甘油）进行匀浆，将匀浆液（10 000 g，4 ℃）离心 15 min，离心后取上清液作为酶原备用。取 0.7 mL 酶液加入试管中，再依次加入 1 mL 3.0 mmol/L 的对硝基苯甲醚，在 37 ℃下水浴 5 min，再加入 0.3 mL 20 mmol/L 的还原型 NADPH，迅速在 405 nm 下测定 20 min 内的吸光值变化（每 20 s 记录一次）。以反应速度表示酶活力 OD405/min。

（七）蛋白含量测定

酶原蛋白质含量测定，采用 Bradford（1976）的考马斯亮蓝 G-250 染色法。

首先，配制标准蛋白溶液：用牛血清蛋白配成 100 μg/mL 标准 Pro 溶液。

其次，染色液 G-250：称取 0.1 mg G-250 溶于 50 mL 90% 乙醇中，加入 85% 的磷酸 100 mL，加入蒸馏水定容到 1 000 mL（存放在棕色瓶中，可常温保存 1 个月）。

最后，将各样品混合后 25 ℃放置 5 min 用比色杯在 595 nm 处比色，以蛋白浓度为横坐标，以吸光值为纵坐标绘制标准曲线，具体操作顺序和加入各个试剂浓度见表 5-19。

表 5-19 蛋白标准曲线制定

编号	1	2	3	4	5	6	7	8	9	10	11
Pro 标准溶液/mL	0	0.1	0.2	0.3	0.4	0.5	0.6	0.7	0.8	0.9	1.0
蒸馏水/mL	1.0	0.9	0.8	0.7	0.6	0.5	0.4	0.3	0.2	0.1	0
G250 溶液/mL	5	5	5	5	5	5	5	5	5	5	5
Pro 含量/μg	0	10	20	30	40	50	60	70	80	90	100

（八）数据统计

用 SPSS 13.0 数据处理软件对数据进行转换处理及统计分析，用 Duncan 氏新复极差法检验数据，分别在 0.05 和 0.01 水平比较其差异显著性。

二、结果与分析

（一）丁烯氟虫腈对大垫尖翅蝗的抗性筛选

利用盆栽麦苗喷洒 5% 丁烯氟虫腈乳油饲喂大垫尖翅蝗进行抗性筛选。本研究用丁烯氟虫腈对大垫尖翅蝗种群进行了 7 代的筛选，选育结果见表 5-20。大垫尖翅蝗 5 龄若虫对丁烯氟虫腈的敏感性变化情况为，F_0 代的 LC_{50} 值为 0.0298 μg/头，F_7 代的为 0.3499 μg/头，既经过 7 个世代选育，抗性增长了 11.74 倍。但是各个世代抗性增长速度表现不一致，从 F_0 代至 F_3 代抗性仅仅增长了 2.00 倍，从 F_4 代至 F_7 代由 2.26 倍增加到 11.74 倍。可见从 F_4 代开始，抗性增长速度加快（图 5-5）。

表 5-20　丁烯氟虫腈对大垫尖翅蝗的抗性选育结果（点滴法）

世代	回归方程	R	$LC_{50}/(\mu g/头)$	95%置信区间	抗性比
F_0	$y=4.0604x+11.1918$	0.99	0.0298 ± 0.0028	$0.0248\sim0.0360$	1.00
F_1	$y=3.3558x+9.8290$	0.96	0.0364 ± 0.0061	$0.0262\sim0.0505$	1.22
F_2	$y=3.5985x+9.7159$	0.97	0.0489 ± 0.0052	$0.0397\sim0.0603$	1.64
F_3	$y=3.0545x+8.7409$	0.97	0.0596 ± 0.0091	$0.0442\sim0.0805$	2.00
F_4	$y=3.0010x+8.1589$	0.96	0.0892 ± 0.0100	$0.0714\sim0.1115$	2.76
F_5	$y=2.8880x+7.1694$	0.95	0.1773 ± 0.0326	$0.1236\sim0.2544$	5.95
F_6	$y=2.8174x+6.8471$	0.95	0.2210 ± 0.0255	$0.1762\sim0.2472$	7.42
F_7	$y=2.8622x+6.3055$	0.96	0.3499 ± 0.0543	$0.2581\sim0.4743$	11.74

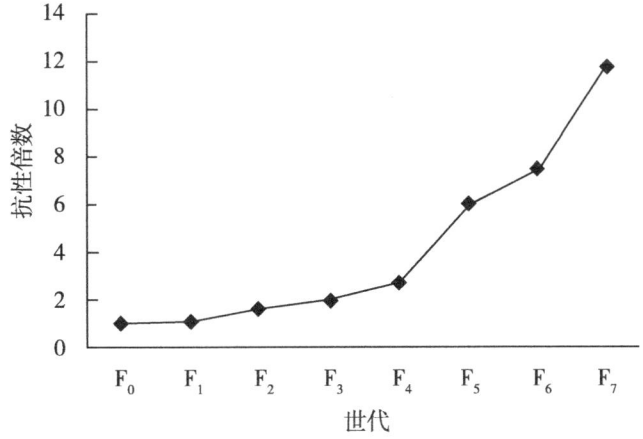

图 5-5　大垫尖翅蝗对丁烯氟虫腈抗性发展情况

（二）现实抗性遗传力及抗性风险评估

用丁烯氟虫腈对大垫尖翅蝗筛选 7 个世代后，利用 Tabashnik et al.（1994）的计算方法估算大垫尖翅蝗的抗性现实遗传力（h^2）为 0.319 1。从表 5-21 可以看出，丁烯氟虫腈筛选的大垫尖翅蝗不同世代的抗性现实遗传力是不同的，即不同世代抗性发展速度不一致。但是均表现为随着选择压力的增大，抗性现实遗传力也增大，致使抗性的发展速度也随之变化。

表 5-21　大垫尖翅蝗对丁烯氟虫腈的抗性现实遗传力

世代	选择反应			选择差异						现实遗传力
	始LC_{50}	终LC_{50}	选择反应	存活率	选择强度	始斜率	终斜率	标准差	选择差异	
F_1	0.0298	0.0364	0.0869	32.2	1.1182	4.0604	3.3558	0.2697	0.3016	0.2881
F_2	0.0298	0.0489	0.1075	38.5	0.9969	4.0604	3.5985	0.2611	0.2603	0.4131
F_3	0.0298	0.0596	0.1003	30.2	1.1591	4.0604	3.0545	0.2811	0.3258	0.3079
F_4	0.0298	0.0892	0.1190	41.2	0.9477	4.0604	3.0010	0.2832	0.2684	0.4434
F_5	0.0298	0.1773	0.1549	32.1	1.1203	4.0604	2.8880	0.2878	0.3224	0.4803

续表

世代	选择反应			选择差异						现实遗传力
	始 LC_{50}	终 LC_{50}	选择反应	存活率	选择强度	始斜率	终斜率	标准差	选择差异	
F_6	0.029 8	0.221 0	0.145 0	28.5	1.194 9	4.060 4	2.817 4	0.290 8	0.347 4	0.417 3
F_7	0.029 8	0.349 9	0.152 8	12.1	1.657 1	4.060 4	2.862 2	0.288 9	0.478 7	0.319 1

根据抗性筛选得到的 h^2,假设丁烯氟虫腈对大垫尖翅蝗的防治效果分别是 50%、60%、70%、80%和 90%,计算抗性倍数提高 10 倍所需要的代数(如果抗性筛选前后斜率按照平均斜率 3.204 7 计算,则 $\delta p = 0.312\ 0$),在 $h^2 = 0.319\ 1$ 时,群体中个体的死亡率分别在 50%~90%时,要达到 10 倍抗性则需要 6~12 世代。但是,由于抗性筛选过程中,环境等外部条件相对比较稳定,受各种因素干扰较小,所以 h^2 要比田间实际情况偏高。如果按照 h^2 一半进行估算($h^2 = 0.16$),群体中有 50%~90%个体死亡的情况下,抗性倍数提高 10 倍则需要 11~25 世代(图 5-6)。以上这些结果说明丁烯氟虫腈对大垫尖翅蝗存在一定的抗性风险。但是由于蝗虫本身的生物学特性决定其世代周期较长,所以相对于其他害虫来说抗性发展会较慢。

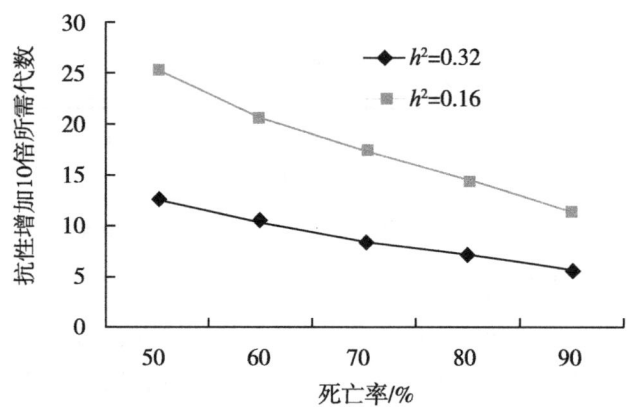

图 5-6 不同选择压力和 h^2 对丁烯氟虫腈抗性发展影响

(三)3 种增效剂对丁烯氟虫腈的增效作用

以大垫尖翅蝗室内敏感虫源为测试对象,3 种增效剂对丁烯氟虫腈的作用效果见表 5-22。其中增效醚(PBO)和磷酸三苯酯(TPP)对敏感虫源的增效作用随着试验剂量的提高,增效作用都表现出先上升再下降的趋势。即在试验剂量为 10 μg/头时,PBO 和 TPP 的增效比分别是 1.60 倍和 1.35 倍;20 μg/头时,增效比增加到最大,分别是 2.16 倍和 1.78 倍;40 μg/头时,增效比为 0.85 倍和 1.09 倍,且此时,毒力的 95%置信限与药剂单独作用时相互重合,基本没有增效作用。而顺丁烯二酸二乙酯(DEM)在 3 个试验剂量下对敏感虫源均没有表现出明显的增效作用。

根据以上敏感虫源的增效结果,选择 20 μg/头的剂量对抗性虫源(F_7 代抗性比为 11.74)进行增效作用测定,试验结果见表 5-23。3 种增效剂对丁烯氟虫腈均表现出了增效作用，其中 PBO 的增效作用最好，其次为 TPP 和 DEM，增效比分别是 3.45 倍、2.73 倍和 1.81 倍。抗性品系与敏感品系相比（与表 5-22 结果相比）发现，PBO、TPP 对丁烯氟虫腈的增效作用提高了，且在抗性品系中 DEM 也表现出了比较显著的增效作用。为此，PBO、TPP 和 DEM 的增效作用结果说明，昆虫体内的多功能氧化酶、酯酶和谷胱甘肽硫转移酶都可能参与了外源化学物质包括化学杀虫剂丁烯氟虫腈在内的代谢解毒作用。总之，PBO 无论在抗性品系还是敏感品系中的增效作用均是最强的。

表 5-22　3 种增效剂对丁烯氟虫腈的增效作用（大垫尖翅蝗敏感品系）

药剂处理	回归方程	R	LC_{50}/(μg/头)	95%置信区间	增效比
丁烯氟虫腈	$y=4.060\ 4x+11.191\ 8$	0.99	0.029 8±0.002 8	0.024 8~0.036 0	—
丁烯氟虫腈+10 μgPBO	$y=3.281\ 7x+10.672\ 7$	0.96	0.018 6±0.002 2	0.016 2~0.024 1	1.60
丁烯氟虫腈+10 μgTPP	$y=3.576\ 3x+10.921\ 2$	0.95	0.022 1±0.002 2	0.018 1~0.025 1	1.35
丁烯氟虫腈+10 μgDEM	$y=4.120\ 4x+11.163\ 3$	0.98	0.031 9±0.002 8	0.026 9~0.037 9	0.93
丁烯氟虫腈+20 μgPBO	$y=2.546\ 5x+9.740\ 6$	0.95	0.013 8±0.003 1	0.008 8~0.021 4	2.16
丁烯氟虫腈+20 μgTPP	$y=3.310\ 3x+10.887\ 2$	0.95	0.016 7±0.002 4	0.012 4~0.022 2	1.78
丁烯氟虫腈+20 μgDEM	$y=3.917\ 7x+10.876\ 7$	0.99	0.031 6±0.002 8	0.026 5~0.037 7	0.94
丁烯氟虫腈+40 μgPBO	$y=3.058\ 8x+9.448\ 4$	0.98	0.035 1±0.004 2	0.027 8~0.044 4	0.85
丁烯氟虫腈+40 μgTPP	$y=2.861\ 4x+9.476\ 0$	0.98	0.027 3±0.003 0	0.022 0~0.033 8	1.09
丁烯氟虫腈+40 μgDEM	$y=4.026\ 5x+10.928\ 4$	0.99	0.033 7±0.003 1	0.028 1~0.040 4	0.88

表 5-23　3 种增效剂对丁烯氟虫腈的增效作用（大垫尖翅蝗抗性品系）

药剂处理	回归方程	R	LC_{50}/(μg/头)	95%置信区间	增效比
丁烯氟虫腈	$y=1.543\ 2x+5.703\ 8$	0.96	0.349 9±0.076 7	0.227 6~0.537 8	—
丁烯氟虫腈+20 μgPBO	$y=2.549\ 2x+7.534\ 5$	0.99	0.101 3±0.023 9	0.064 3~0.160 8	3.45
丁烯氟虫腈+20 μgTPP	$y=1.589\ 3x+6.417\ 1$	0.97	0.128 3±0.075 4	0.040 5~0.206 1	2.73
丁烯氟虫腈+20 μgDEM	$y=2.626\ 3x+6.811\ 7$	0.98	0.193 8±0.040 8	0.128 3~0.294 7	1.81

（四）代谢解毒酶活性比较

1. 标准曲线

图 5-7 为考马斯亮蓝蛋白标准曲线，回归直线方程 $y=0.000\ 9x+0.034\ 5$（$R^2=0.997\ 8$）的现行拟合度大于 0.99，可以用来计算昆虫蛋白含量的依据。图 5-8 为 α-萘酚含量和 α-萘酚吸光度相关关系，回归直线方程 $y=8.583\ 5x+3.161\ 8$（$R^2=0.993\ 1$）标准曲线的现行拟合度大于 0.99，可以该标准曲线来计算反应过程中 α-萘酚的生产量。

2. 敏感品系与抗性品系代谢解毒酶活性比较

选择敏感品系、抗性品系 F_5、F_7 代的大垫尖翅蝗作为供试虫源，测试解毒酶的活性，结果见表 5-24 及图 5-9。大垫尖翅蝗抗性品系 F_5、F_7 代体内羧酸酯酶活性分别为

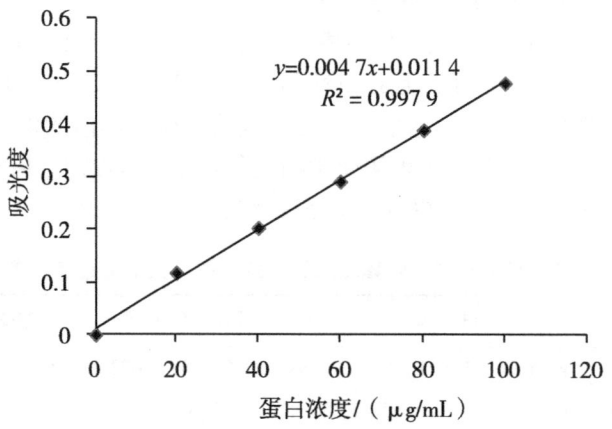

图 5-7　蛋白标准曲线

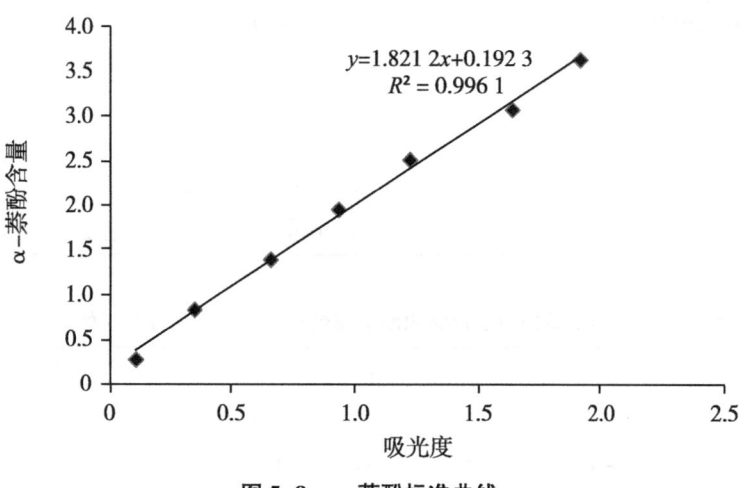

图 5-8　α-萘酚标准曲线

49.26 nmol/(min·mg) 和 86.22 nmol/(min·mg)，是敏感品系的 1.11 倍和 1.94 倍，其中敏感品系羧酸酯酶活性与 F_5 代相比差异不显著，而与 F_7 代差异则极显著。抗性品系 F_5 代和 F_7 代体内多功能氧化酶活性分别是敏感品系的 2.29 倍和 4.04 倍，且在 F_5、F_7 代中多功能氧化酶活性均极显著的高出敏感品系。抗性品系 F_5 代和 F_7 代体内谷胱甘肽硫转移酶活性也有所提高，分别是敏感品系的 1.04 倍和 1.34 倍，但是 F_5 代抗性品系与敏感品系差异不显著，F_7 代则差异极显著。总之，与敏感品系相比，抗性品系中 3 种解毒酶活性均增加。且随着抗性倍数的增加，解毒酶活性也提高。但是，在抗性水平较低的情况下，多功能氧化酶活性增加显著，羧酸酯酶和谷胱甘肽硫转移酶活性增加则不显著。最终以多功能氧化酶活性增加的倍数最高，达到了 4.04 倍。可见，本结果说明这 3 种解毒酶都可能参与了丁烯氟虫腈抗性的形成，与抗性关系最紧密的可能是多功能氧化酶。

表 5-24 抗性品系与敏感品系解毒酶活性比较

解毒酶系	品系	比活力	比值
多功能氧化酶 /[mOD/(min·mg)]	敏感品系	0.24±0.03cC	—
	抗性品系 F_5	0.55±0.02bB	2.29
	抗性品系 F_7	0.97±0.02aA	4.04
羧酸酯酶 /[nmol/(min·mg)]	敏感品系	44.35±3.52bB	—
	抗性品系 F_5	49.26±2.15bB	1.11
	抗性品系 F_7	86.22±1.98aA	1.94
谷胱甘肽硫转移酶 /[μmol/(min·mg)]	敏感品系	84.74±2.60bB	—
	抗性品系 F_5	88.35±1.89bB	1.04
	抗性品系 F_7	113.27±1.82aA	1.34

注：抗性品系 F_5，F_7 代抗性比为 5.95 倍和 11.74 倍。表中所有数据经 Duncan 氏新复极差检测，小、大写字母分别表示 $P_{0.05}$ 和 $P_{0.01}$ 水平差异，且差异比较在昆虫不同品系同种酶之间进行比较，下同。比值为抗性种群与敏感种群解毒酶比活力之比。

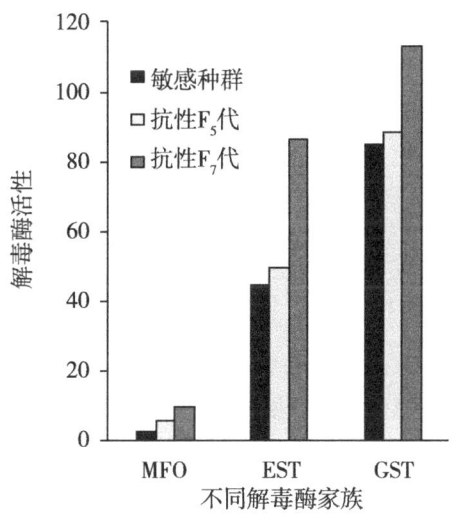

图 5-9 敏感品系与抗性品系解毒酶活性比较

3. 丁烯氟虫腈诱导对解毒酶活性的影响

选择敏感品系和抗性品系（F_7 代，抗性比为 11.74 倍）而经过丁烯氟虫腈不同剂量诱导处理后选择活虫制作酶原，测定解毒酶活性的变化动态过程。测定结果见图 5-10、图 5-11、图 5-12 和表 5-25。

（1）丁烯氟虫腈诱导下多功能氧化酶活性的变化情况

针对敏感品系，未经过丁烯氟虫腈处理的大垫尖翅蝗多功能氧化酶活性为 0.24 mOD/(min·mg)，经丁烯氟虫腈 3 个不同剂量诱导后多功能氧化酶活性均增强，分别是处理前的 1.38 倍、2.38 倍和 2.58 倍。其中，处理前多功能氧化酶活性与 LC_{10} 剂量诱导后差异不显著，而与 LC_{20} 和 LC_{50} 剂量则差异极显著，但是 LC_{20} 和 LC_{50} 之间则差异不显著，说明 LC_{20} 剂量诱导过程中酶活性增加最快。

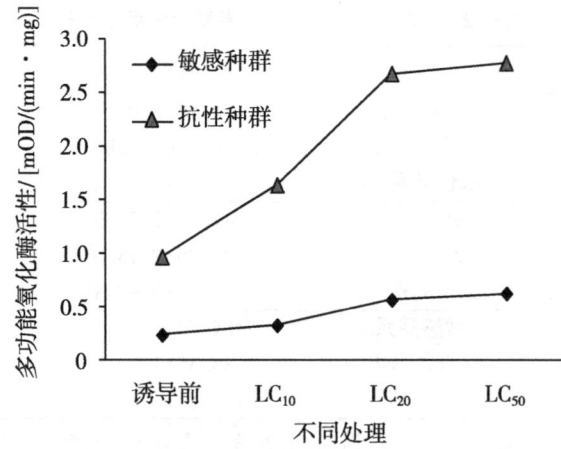

图 5-10　丁烯氟虫腈诱导的多功能氧化酶活性变化

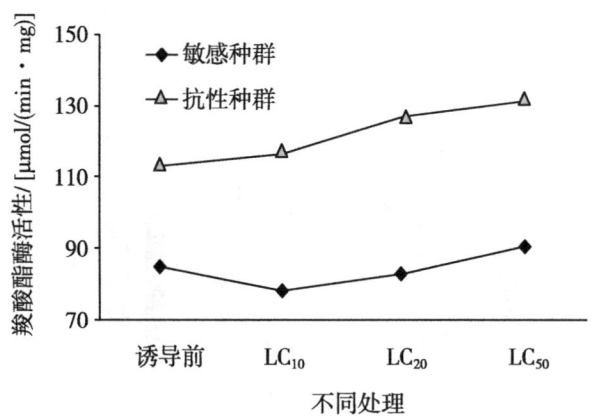

图 5-11　丁烯氟虫腈诱导羧酸酯酶活性变化

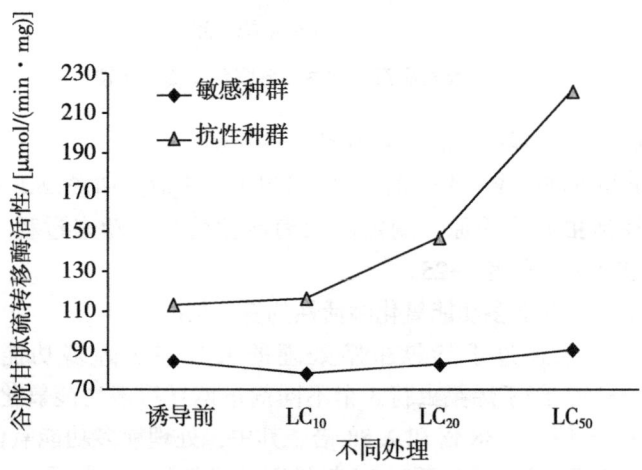

图 5-12　丁烯氟虫腈诱导的谷胱甘肽硫转移酶活性变化

针对抗性品系，3 种剂量诱导后的多功能氧化酶活性相对于处理前分别提高了 1.69 倍、2.76 倍和 2.87 倍，其中 LC_{10}、LC_{20} 和 LC_{50} 剂量诱导和处理前酶活性间差异极显著，LC_{20} 和 LC_{50} 之间则差异不显著。从酶变化动态曲线图 5-10 也可以看出，敏感品系不同处理间曲线坡度变化较小，而抗性品系相对较大，即抗性品系体内酶受药剂的影响较大。抗性品系诱导前与 LC_{10} 之间，LC_{20} 与 LC_{50} 之间曲线坡度均较小，酶活性提高幅度较小；而 LC_{10} 到 LC_{20} 之间曲线相对于前两者坡度显著增加，酶活性提高幅度较大，也同样说明在抗性品系中 LC_{20} 对多功能氧化酶活性的诱导作用最大。总之，以上结果说明，敏感品系和抗性品系经过丁烯氟虫腈诱导后，体内的多功能氧化酶活性均比诱导前提高，表现出随着诱导剂量的加大，酶活力也随着增加。但是对抗性品系的诱导作用要高于敏感品系。

（2）丁烯氟虫腈诱导下羧酸酯酶活性变化情况

敏感品系经过丁烯氟虫腈不同剂量诱导后，羧酸酯酶活性在 $40.67 \sim 53.22$ μmol/(min·mg) 范围内变化，与诱导前 44.35 μmol/(min·mg) 相比，增加倍数分别是 0.92 倍、1.07 倍和 1.24 倍，从羧酸酯酶活性变化动态图看出其活性呈现先下降再上升的变化趋势。即 LC_{10} 剂量诱导羧酸酯酶活性稍低于诱导前，但是差异不显著；LC_{20} 剂量诱导羧酸酯酶活性开始上升，超过诱导前的羧酸酯酶活性，但是彼此间差异仍不显著。LC_{50} 剂量诱导羧酸酯酶活性上升则与诱导前相比差异达到及显著水平。

抗性品系经丁烯氟虫腈 LC_{10}、LC_{20} 和 LC_{50} 诱导后羧酸酯酶活性为 90.48 μmol/(min·mg)，104.12 μmol/(min·mg) 和 108.26 μmol/(min·mg)，分别是诱导前的 1.04 倍、1.19 倍和 1.24 倍，表现出随着丁烯氟虫腈诱导剂量的增加，羧酸酯酶活性也随着增加的变化趋势。从羧酸酯酶变化曲线图 5-11 也看出，无论是敏感还是抗性品系，羧酸酯酶的活性变化都比较平缓。总之，以上结果说明，敏感品系经过丁烯氟虫腈 LC_{10} 低剂量诱导，羧酸酯酶活性降低，随着诱导剂量增加，羧酸酯酶活性缓慢提高。抗性品系则表现为随着诱导剂量增加，羧酸酯酶活性也逐渐升高。

（3）丁烯氟虫腈诱导下谷胱甘肽硫转移酶活性变化情况

敏感品系经丁烯氟虫腈不同剂量诱导之后，酶活性在 $78.24 \sim 90.57$ μmol/(min·mg) 范围内变化，与诱导前 84.74 μmol/(min·mg) 相比，分别是 0.92 倍、0.97 倍和 1.07 倍，从谷胱甘肽硫转移酶活性变化动态图看出其活性也同羧酸酯酶一样呈现先下降再上升的变化趋势。具体表现为酶活性经 LC_{10} 和 LC_{20} 诱导后均低于诱导前，但是它们之间差异不显著；而经 LC_{50} 诱导后酶活性超过诱导前的活性，但与诱导前相比差异仍未达到显著水平。但是，与 LC_{10} 相比差异达到显著水平。与 LC_{20} 相比差异不显著。说明在敏感品系中，丁烯氟虫腈对谷胱甘肽硫转移酶活性没有表现出明显的诱导作用。

针对抗性品系来说，经丁烯氟虫腈 LC_{10}、LC_{20} 和 LC_{50} 诱导后谷胱甘肽硫转移酶活性分别为 116.46 μmol/(min·mg)，147.16 μmol/(min·mg) 和 221.23 μmol/(min·mg)，分别是诱导前的 1.03 倍、1.30 倍和 1.95 倍，表现出随着丁烯氟虫腈诱导剂量的增加，酶活性也随着增加的变化趋势。具体表现为 LC_{10} 诱导后与诱导前相比酶活性增加，但二者差异并不显著。而经 LC_{20} 和 LC_{50} 诱导后与诱导前及 LC_{10} 诱导后的酶活性相比均显著升高，且在 LC_{20} 和 LC_{50} 之间也差异显著。从谷胱甘肽硫转移酶变化曲线图（图 5-12）也可以看出，敏感品系谷胱甘肽硫转移酶的活性变化曲线比较平缓，没有大的差异;而抗性品系酶活性变化曲线斜率较大,尤其是随着诱导剂量的增加,斜率也随之变大。总之,以上结果说明:敏感品系经过丁烯氟虫腈处理,谷胱甘肽硫转移酶没有表现出明显的诱导作用。抗性品系则表现为随着诱导剂量增加,酶活性也随之升高,其升高幅度也随之加大。

综合以上结果,对于大垫尖翅蝗的敏感品系或是抗性品系,经过丁烯氟虫腈处理后,对多功能氧化酶的诱导效果最好,药剂处理剂量从低到高对酶活性都起到诱导上升的作用,而且在抗性品系中表现则更显著。对酯酶的诱导效果表现为:LC_{10}低剂量处理对酯酶诱导不显著,LC_{20}、LC_{50}剂量对酯酶表现出明显的诱导上升作用。对谷胱甘肽硫转移酶的诱导效果表现为:敏感品系经过丁烯氟虫腈不同剂量处理对谷胱甘肽硫转移酶活性均没表现出明显的诱导作用,而在抗性品系中则表现出显著的诱导作用,且随着诱导剂量的增加酶活性也随之显著增加。

为此,根据敏感品系和抗性品系体内解毒酶活性的大小,结合解毒酶活性的诱导变化情况可以得出更进一步的判断,即多功能氧化酶、酯酶和谷胱甘肽硫转移酶它们三者可能都与丁烯氟虫腈抗性的形成有关,只是各自表现的强弱不同。

表 5-25 丁烯氟虫腈不同剂量诱导对大垫尖翅蝗解毒酶活性影响

解毒酶	剂量	比活力			
		敏感品系	比值	抗性品系	比值
多功能氧化酶 /[mOD/(min·mg)]	0	0.24±0.03eE	—	0.97±0.02cC	—
	LC_{10}	0.33±0.03eE	1.38	1.64±0.02bB	1.69
	LC_{20}	0.57±0.02dD	2.38	2.68±0.06aA	2.76
	LC_{50}	0.62±0.01dD	2.58	2.78±0.06aA	2.87
羧酸酯酶 /[μmol/(min·mg)]	0	44.35±3.52deD	—	87.22±2.56bB	—
	LC_{10}	40.67±1.22deD	0.92	90.48±1.22bB	1.04
	LC_{20}	47.32±2.15cdCD	1.07	104.12±1.36Aa	1.19
	LC_{50}	53.22±2.02cC	1.20	108.26±1.51Aa	1.24
谷胱甘肽硫转移酶 /[μmol/(min·mg)]	0	84.74±2.60deD	—	113.27±1.82cC	—
	LC_{10}	78.24±1.39eD	0.92	116.46±0.46cC	1.03
	LC_{20}	82.92±3.93deD	0.97	147.16±1.49bB	1.30
	LC_{50}	90.57±6.36cdD	1.07	221.23±1.92aA	1.95

注:比值为敏感或抗性品系经丁烯氟虫腈诱导后解毒酶比活力/未经诱导的解毒酶比活力。

三、结论与讨论

(一)结论

利用丁烯氟虫腈对大垫尖翅蝗进行 7 代筛选,抗性增加到 11.74 倍。抗性现实遗传力 $h^2 = 0.3191$,田间条件下,如果抗性现实遗传力减小 50% ($h^2 = 0.16$),大垫尖翅蝗对丁烯氟虫腈抗性倍数提高 10 倍则需要 12~25 代。由于大垫尖翅蝗在东北一年发生一代,相对来说抗性风险不高。

利用离体增效试验测试解毒酶抑制剂对丁烯氟虫腈的增效作用,发现 PBO 对抗感试虫的增效作用最显著，TPP 次之。DEM 则仅对抗性品系表现出增效作用。抗性品系中三种解毒酶的活性均显著高于敏感品系。经过丁烯氟虫腈不同剂量处理诱导后，多功能氧化酶和羧酸酯酶在抗感品系中都得到诱导，谷胱甘肽硫转移酶在抗性品系中诱导显著，敏感品系中不显著。说明多功能氧化酶、羧酸酯酶和谷胱甘肽硫转移酶都可能是大垫尖翅蝗对丁烯氟虫腈抗性产生的因素之一。

（二）讨论

1. 抗性选育及抗性风险评估

本研究用丁烯氟虫腈对大垫尖翅蝗品系进行了 7 代的筛选，到 F_7 代抗性增为 11.74 倍。牛洪涛利用丁烯氟虫腈对小菜蛾的抗性选育过程中，F_3 至 F_7 代是小菜蛾抗性迅速增长期，抗性倍数从 7.07 倍增加到 77.58 倍，然后又趋于平缓，表现出先慢-迅速-再缓慢的特点（牛洪涛等，2008）。由于对蝗虫选育代数较少的原因，还没有高水平抗性产生。也没有出现缓慢-加速-再缓慢的现象出现，有待于进一步的抗性选育进行研究其抗性的发生发展规律。利用高效氯氰菊酯选育家蝇抗性品系，到第 9 代抗性趋势才明显加快，到第 22 代抗性达到 104.23 倍。利用吡虫啉筛选棉蚜田间品系，经过 40 代选育抗性倍数提高了 42.4 倍，也表现为 F_6 代后增长加快，到 F_{15} 代后增长速率又比较缓慢的特点。为了观察该抗性品系对氯氟氰菊酯抗性的变化趋势，对田间抗性品系通过抗性选育汰选 28 代，对氯氟氰菊酯抗性发展结果为：前 7 代抗性缓慢上升，从第 8 代开始抗性迅速上升，第 15 代抗性达到 2 765.4 倍；此后抗性增长速度缓慢，最后抗性到达 3 049.3 倍。在 40%~70% 死亡率的药剂选择压力下，经过 10 代 6 次抗性选育，小菜蛾对茚虫威的抗性达 15.63 倍。

利用抗性现实遗传力 h^2（假设田间情况 $h^2 = 0.16$），对大垫尖翅蝗丁烯氟虫腈的抗性风险评估，抗性上升 10 倍需要 12~25 代完成。牛洪涛等（2008）同样利用丁烯氟虫腈对小菜蛾抗性风险评估结果为 10~22 代，由于蝗虫在东北一年仅发生一代，而小菜蛾世代周期短，一年可以发生 3~4 代，所以抗性风险比蝗虫高得多。

2. 增效剂的研究

增效剂也是酶的特异性抑制剂，可以作为判断杀虫剂抗性的诊断工具。增效剂作用于大垫尖翅蝗对丁烯氟虫腈的增效作用表现为：增效醚（PBO）和磷酸三苯酯（TPP）对敏感品系都有增效作用，其中 PBO 增效作用最好。而顺丁烯二酸二乙酯（DEM）对敏感品系则没有增效作用。对于大垫尖翅蝗抗性品系，这 3 种增效剂均表现出了增效作用，增效强弱表现为 PBO＞TPP＞DEM。说明大垫尖翅蝗体内的多功能氧化酶、酯酶和谷胱甘肽硫转移酶都可能参与了外源化学物质丁烯氟虫腈的代谢作用。前人关于增效剂对不同杀虫剂增效作用已经进行了大量的研究，也有关于对苯基吡唑类杀虫剂增效的研究，但是相对较少，大部分对氟虫腈的增效研究。据报道，TPP 和 DEM 对二化螟敏感品系没有增效作用，对氟虫腈抗性品系有增效作用，酯酶和谷胱甘肽转移酶可能参与了二化螟对氟虫腈抗性的形成。但是，PBO 在二化螟对氟虫腈的抗感品系中，均没有显著的增效作用。姜卫华（2011）报道，在二化螟敏感品系中，TPP 和 DEM 对氟虫腈没有增效作用，而 PBO 有明显增效作用；在氟虫腈抗性品系中（19 倍抗性），

DEM 和 TPP 都有增效作用。多功能氧化酶在抗感试虫体内均是氟虫腈的重要代谢酶。在不同昆虫体内，增效剂因虫种不同而异，但是在同种昆虫中，也表现不一致，具体原因需要进一步的讨论和验证。在灰飞虱对氟虫腈抗性的研究中发现，4 种增效剂顺丁烯二酸二乙酯（DEM）、磷酸三苯酯（TPP）、氧化胡椒基丁醚（PBO）及脱叶磷（DEF）在原始和抗性品系中对氟虫腈均没有增效作用（敏感品系 SR 分别为 0.77、0.89、0.91 和 0.93；抗性品系 SR 分别为 1.27、1.18、1.18 和 1.00）。

3. 解毒酶系的研究

害虫对杀虫剂抗性产生的直接原因是由于体内代谢解毒酶活性的增强，因此测定昆虫体内解毒酶活性变化可以判断抗性发生的生化机制。目前，关于杀虫剂抗性生化机制的研究主要集中在对多功能氧化酶、酯酶和谷胱甘肽硫转移酶这三大酶系。本研究针对敏感和抗性大垫尖翅蝗，测定了其体内三类解毒酶的活性，结果发现抗性品系的多功能氧化酶、羧酸酯酶和谷胱甘肽硫转移酶活性均高于敏感品系，说明对大垫尖翅蝗对丁烯氟虫腈抗性可能是这 3 种酶参与的结果。由于丁烯氟虫腈应用历史较短，关于其抗性机理的研究报道较少。但是，对于同类产品氟虫腈的抗性研究则相对较多。氟虫腈对大螟和二化螟体内多功能氧化酶活性均具有较强的诱导作用，对羧酸酯酶也有一定的诱导作用，而对谷胱甘肽硫转移酶活性影响不明显，说明多功能氧化酶、酯酶可能是大螟、二化螟抗性产生的原因。小菜蛾敏感种群经氟虫腈处理后，其体内 MFO、EST、GST 3 种解毒酶的活性均显著高于未经处理的对照，并且随着处理时间的延长，解毒酶活性逐渐提高，说明氟虫腈对小菜蛾敏感品系的解毒酶具有一定的诱导作用。而李阿根曾报道，比较小菜蛾不同品系（氟虫腈 352 倍抗性品系、对照种群和敏感品系）多功能氧化酶、酯酶和谷胱甘肽硫转移酶的活性，结果显示出不同品系小菜蛾的 3 种酶活力均没有明显的差异。说明小菜蛾对氟虫腈的高水平抗性可能与解毒代谢增强没有关系，而与靶标不敏感性有关。灰飞虱抗性品系（抗性倍数为 86.6）的多功能氧化酶、酯酶及谷胱甘肽硫转移酶与原始品系的比活力分别为：0.90 倍、0.99 倍和 0.99 倍。说明多功能氧化酶、酯酶及谷胱甘肽硫转移酶不是引起灰飞虱对氟虫腈产生高水平抗性的主要因素。据报道对白背飞虱氟虫腈抗性机理研究表明酯酶和单加氧酶可能是室内筛选种群（抗性倍数为 137.5）对氟虫腈抗性产生的主要因素。但是对于筛选种群，生化因子不能导致如此高的抗性，靶标不敏感将是另一个或是更重要的因素。通过以上结果说明，害虫对氟虫腈的低水平抗性形成与解毒酶有联系，而高水平抗性形成可能与靶标有关或几个因素综合作用的结果。

根据以上分析，结合本研究结果说明，针对不同昆虫和不同杀虫剂，抗药性产生的原因是比较复杂的，羧酸酯酶、多功能氧化酶和谷胱甘肽硫转移酶只是大垫尖翅蝗对丁烯氟虫腈抗性产生的原因之一，关于其抗性机理还需要进一步的研究。

第七节　大垫尖翅蝗转录组测序分析

转录组（Transcriptome）广义上指在特定条件下，某个物种或者特定组织、细胞内所有转录产物的集合。狭义上的转录组则是所有 mRNA 的集合。转录组可以随时空的改变而改变，如生长环境条件不同，生长周期不同，同一组织或细胞的转录组也不同。转录组学（Transcriptomics）是以转录组为基础，从整体水平上研究基因转录以及转录调控规律的科学。转录组测序（Transcriptome sequencing）是对所有 mRNA 进行的高通量测序，其是在转录组水平上研究分子生物学信息的高效、快捷的途径。可以在任何条件下，任何地点的任意时间内，对任何物种进行转录组测定，能够动态反映物种的基因转录水平。对于无参考基因组的物种，也可以进行转录组测序，即通过头组装获得该物种的转录本序列。转录组及其测序技术的发展促进了各种生物基因及基因组的研究，为生物学研究项目提供分子水平依据。

目前对蝗虫的研究主要集中于产卵习性、空间分布、食物选择、生长发育、种间竞争、遗传多样性、经济阈值及防治等方面。但是，关于蝗虫基因方面的研究相对较少。Badisco et al.（2011a）首次对沙漠蝗 Schistocerca gregaria 的中枢神经系统进行了 EST 研究，共得到中枢神经系统 34 672 条原始 EST 序列，并装配成了 12 709 条转录本序列，其中约有 1/3 条序列已被注释，该研究填补了直翅目昆虫转录组数据。同时 Badisco et al.（2011b）又依据沙漠蝗神经系统的 EST 数据库设计了寡核苷酸微阵列，对独居型和群居型沙漠蝗的中枢神经系统基因进行了比较，共识别了 214 个差异表达基因。随着下一代高通量测序技术的发展，关于昆虫基因组、转录组的研究得到了极大的提高，高通量测序的方法也引入了蝗虫的转录组研究。Jiang et al.（2012）首次对没有提供参考基因组的飞蝗物种进行了从头组装转录组的逆转录因子的分析，在飞蝗转录组中共识别了 105 个逆转录因子（Retroelements），这有助于全面了解飞蝗转录组中反转录子的图谱，更重要的是，研究结果揭示非 LTR 反转录子在飞蝗转录组中是极其丰富和多样的。Chen et al.（2010）对飞蝗的转录组进行了从头组装。该研究可以为不完全变态昆虫的遗传资源以及对昆虫变形起源提供更深的理解。而且，若能识别出与蝗虫发育和变相关的基因和途径，对防治蝗灾有极大的帮助。吕红娟（2012）对中华稻蝗成虫和若虫进行转录组分析，同时比较了二者的差异基因。杨婧（2013）比较了短额负蝗 3 种虫态的转录组，并进行线粒体转录组作图研究，丰富了直翅目昆虫转录组数据库。然而，到目前为止，转录组还没有被应用于大垫尖翅蝗的研究中，因此，对于无参考基因的物种，我们借助高通量 Illumina de novo 测序技术获得大垫尖翅蝗的转录本序列，并进行基因功能注释和分析，可以为将来大垫尖翅蝗的基因和基因组研究提供有用的信息资源。

一、材料与方法

（一）供试昆虫

大垫尖翅蝗 Epacromius coerulipes Ivanov 作为供试虫源：一个敏感品系，采集于黑龙江省大庆市红岗区天然草原，在室内连续饲养，不接触任何杀虫剂，以下简称 PS。一个抗性品系，采集于大庆红岗地区，在室内经过杀虫剂丁烯氟虫腈连续筛选获得抗药性（F7 代抗性倍数为 11.74 倍），以下简称 PR。

（二）试验试剂和仪器

氯仿、无水乙醇、异丙醇（天津市大茂化学试剂厂），乙二胺四乙酸、焦碳酸二乙酯、Tris base（Sigma 公司），TRIzol（Invitrogen Trizol Reagent of RNA extraction kit 15596018）。

冷冻离心机：Himac CF16RX，日本；电泳仪：JUNYI，北京；凝胶成像系统：BIO-RAD，美国；-80 ℃ 超低温冰箱：Bio-Rad，美国；双模块梯度 PCR 仪：BIO-RAD，美国；实验超纯水器：MILLIPORE，美国；Nanodrop 2000，Thermo 基因有限公司；安捷伦 2100，Agilent；Illumina Hiseq™2500 高通量测序仪。

（三）RNA 提取与检验

选用上述 PS 和 PR 品系的 5 龄雌性若虫，整头提取 RNA。总 RNA 的提取采用 Trizol 方法，按照试剂盒（Invitrogen Trizol Reagent of RNA extraction kit 15596018）说明进行。以保证使用合格的样品进行转录组测序，分别采用凝胶、Nanodrop2000（ThermoFisher Scientific）、Agilent Bioanalyzer 2100（Agilent）方法检测 RNA 样品的纯度、浓度和完整性。RNA 提取步骤如下。

第一，一般约 100 mg 组织加 1 mL Trizol 在液氮中研磨成粉末。在室温中放置 5 min，12 000 r/min，4 ℃，离心 15 min。

第二，吸取上清液至另一离心管，上清液按每毫升 Trizol 液加入 0.2 mL 氯仿，震荡 30 s，室温放置 10 min，12 000 r/min，4 ℃，离心 15 min。

第三，吸取约 2/3 上清液，按每毫升 Trizol 液加入 0.5 mL 异丙醇沉淀 RNA，颠倒混匀，室温放置 10 min，12 000 r/min，4 ℃，离心 10 min。

第四，弃上清液，RNA 沉于管底，按每毫升 Trizol 液加入 1 mL 75%（DEPC 水配制）乙醇，轻轻颠倒洗管壁，5 000 r/min，4 ℃，离心 5 min，重复清洗一次。

第五，弃上清液，室温干燥，看到白色沉淀变成半透明后加入 30~50 μL RNAse-free water 溶解 RNA，取其中的 5 μL 用于琼脂糖凝胶电泳等检测，将质量检测合格的 RNA 送往北京百迈客生物科技有限公司进行后续的转录组测序工作。剩余的保存在 -80 ℃ 中备用。

（四）cDNA 文库构建和测序

RNA 样品检验合格后，使用 NEB kit 进行文库构建，主要流程如下：利用带有 oligo（dT）的磁珠从总 RNA 中富集真核生物 mRNA。在高温（94 ℃）条件下，利用二价阳离子随机打断 mRNA，以 mRNA 目的片段为模板，用六碱基随机引物合成第一条 cDNA 链，然后加入缓冲液、dNTPs、RNase H 和 DNA polymerase I 合成第二条 cDNA 链，利用 AMPure XP beads 纯化 cDNA（用 1.8 倍的磁珠纯化 cDNA，即 100 μL 的反应体系加 180 μL 磁珠）。纯化的双链 cDNA 再进行末端修、复（末端修复主要利用 NEB kit 所带的末端修复酶进行修复，主要是 exonuclease 和 polymerase 两种酶）、加 A 尾并连接测序接头，然后再利用 AMPure XP beads 进行片段大小（去掉接头后实际插入片段为 150~250 bp）选择。通过 PCR（PCR 条件：98 ℃ 10 s，65 ℃ 30 s，72 ℃ 30 s，72 ℃ 5 min，12 cycles）富集得到 cDNA 文库。最后将准备好的文库 DNA 放入 Illumina HiSeq2500 进行测序（北京百迈客生物科技有限公司），测序读长为 PE125。两个样品在同一个 RUN 上测序，在测序前给每个样品加上不同的 index 来区分。

(五) 测序数据及其质量控制

基于边合成边测序的技术原理,使用 Illumina HiSeq2500 高通量测序平台进行测序,将测序产生的高质量的 Reads 或碱基称为原始数据(Raw Data),其大部分碱基质量打分到达或超过 Q30。为保证序列组装和后续分析的准确,首先要截除 Raw Data 中少数 Reads 测序接头和引物序列,过滤掉低质量值数据,得到高质量 Reads,称为 Clean Data,方可用于后续的分析。

碱基质量值(Q-score)是碱基识别出错的概率的整数映射,碱基质量值越高说明碱基识别越可靠,出错的可能性就越小(表 5-26)。通常使用的 Phred 质量评估公式如下。

$$Q\text{-score} = -10 \times \log_{10}^{P}$$

式中,P 为碱基识别出错的概率。

表 5-26 碱基质量值与碱基识别出错的概率对应关系

碱基质量值	碱基识别错误概率	碱基识别准确率/%
Q10	1/10	90
Q20	1/100	99
Q30	1/1 000	99.9
Q40	1/10 000	99.99

(六) 转录组测序数据组装

同物种测序样品采用合并组装,间接增加测序深度,使转录结果更完整。测序得到的原始数据经过处理去除序列接头、ploy-N 和低质量 Reads,获得高质量的 Clean Data(Q30>85%)。同时,计算 Q20、Q30、GC 含量和重复序列水平,所有下游分析都是在高质量的 Clean Data 基础上进行的。获得高质量的测序数据之后,利用 Trinity 软件进行组装。首先将测序 Reads 打成较短的片段(K-mer)构建 K-mer 库,选择频率最高的 K-mer 为种子向两端进行延伸得到较长的 Contig,并利用这些 Contig 之间的重叠得到 Component,最后利用 De Bruijin 图的方法和 Read 信息,在各个 Component 中分别识别转录本序列。

(七) 转录组测序文库质量评估

本研究从 3 个不同角度对转录组测序文库进行质量评估,第一,mRNA 片段化的随机性检验;第二,插入片段的长度检验;第三,转录组测序数据饱和度检验,来评估文库容量和比对到 Unigene 库的 Reads 是否充足。

(八) 基因功能注

使用 BLAST 软件将 Unigene 序列与下列数据库比对,获得 Unigene 的注释信息。数据库分别为:NCBI Non-redundant Protein Sequences(Nr);Clusters of Orthologous Groups(COG);A Manually Annotated and Reviewed Protein Sequence Database(Swiss-Prot);Kyoto Encyclopedia of Genes and Genomes(KEGG);Gene Ontology(GO)。

二、结果与分析

（一）RNA 样品检验结果

利用琼脂糖凝胶电泳、紫外分光光度计和 Agilent 2100 Bioanalyzer 检测 RAN 样品质量结果见表 5-27。RNA 变性胶电泳图可以看到 28S 和 18S 两条带，RNA 的完整度较好。OD260/280 是检测 RNA 的纯度，比值体现了 RNA 样品中蛋白质的污染程度，纯 RNA 的比值为 2.0。若比值在 1.8~2.2 则表示 RNA 质量较好，符合标准。OD260/230 也是检测 RNA 的纯度，纯 RNA 的比值约等于 2.0。两个样品的 OD260/280、OD260/230 值均在 2 左右，说明提取的 RNA 样品纯度较高。RIN（RNA integrity number）指的是 RNA 的完整性指数，也是评价 RNA 质量的重要指标。其值在 0~10，值越大说明 RNA 完整性越好，两个样品的 RIN 值均大于 8，表明 RNA 完整性好。以上这些检测结果均表明 RNA 符合构建 cDNA 文库的质量要求。

表 5-27 RNA 样品的检验结果

样品	浓度/（ng/μL）	体积/μL	总量/μg	OD260/280	OD260/230	RIN	28S/18S	结果
PR	6 414.6	27	173.2	2.05	1.93	8.9	0.6	合格
PS	4 502.6	27	121.6	2.04	1.91	8.1	0.8	合格

（二）测序质量控制

大垫尖翅蝗 cDNA 提取样本利用 Illumina 测序平台测序，每个样本生成超过 6.6 Gb 的高质量数据。样本 GC 含量维持在 50.71%~50.81%。每个样本测得数据 Cycle Q20 均为 100%，Q30 碱基百分比不小于 90.09%（表 5-28）。测序结果是高度准确的，可以用于后续分析。

从测序饱和度图（图 5-13）表现出，随着测序量的增多，即 reads 数量的增多，在两个样品 PR 或 PS 中分别检测到的基因数量也随着升高，当测序数量高于 10 mol/L 时，检测到的基因数量不再增长，曲线趋于平缓，说明检测到的基因总数趋于饱和状态，说明 Clean reads＞6.6G 的测序量已经全部覆盖蝗虫体内全部表达的基因。

利用比对到参考基因序列上的 reads 数量来评估 cDNA 片段的随机性分布情况。但是不同的参考基因长度不同，必须对不同长度的参考基因做均一化处理。如果 reads 在参考基因上分布均匀就表示 cDNA 片段的随机性好。本研究随机性分布图（图 5-14）表现出，横坐标在 0~100，纵坐标 reads 百分比在 0.5~1.5 波动，说明 cDNA 片段分布比较均匀。

表 5-28 大垫尖翅蝗两个 cDNA 样品测序数据评估统计

样品编号	Reads 数	高质量 Reads	GC 含量/%	Cycle Q20	Q30/%
PR	26 869 615	6 766 002 460	50.71	100.00	90.63

续表

样品编号	Reads 数	高质量 Reads	GC 含量/%	Cycle Q20	Q30/%
PS	26 428 337	6 653 605 161	50.81	100.00	90.09

注：GC 含量：Clean data G 和 C 两种碱基占总碱基的百分比；Cycle Q20：平均质量值大于或等于 20 的 Cycle 所占的百分比；Q30：Clean data 质量值大于或等于 30 的碱基所占的百分比。

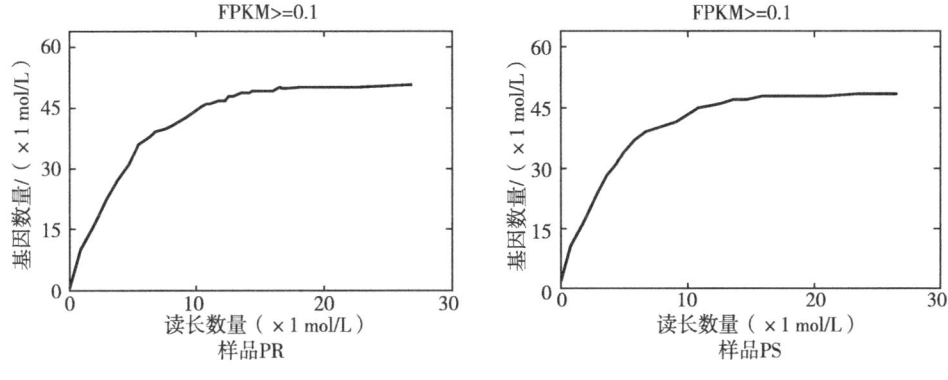

图 5-13 测序饱和度曲线

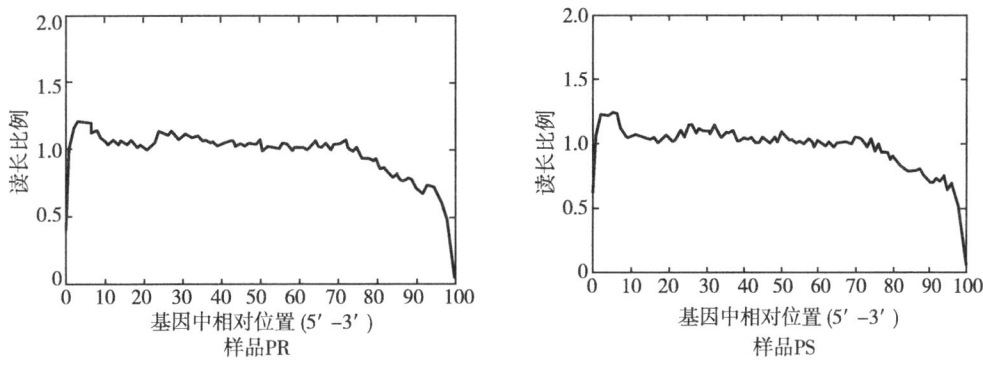

图 5-14 随机性分布

（三）转录组组装结果

利用 Trinity 软件进行序列组装，结果见表 5-29：共得到 6 272 631 条 Contig，其 N50 长度为 47 条；组装得到 96 151 条转录本，总长度为 105.999 Mb，平均长度为 1 102 bp，N50 长度为 2 269 条，其中长度在 1 000 bp 以上的有 30 921 条，占 32.16%；2 000 bp 以上的 15 947 条，占 16.59%。对转录本进行聚类和组装分析得到 63 033 unigenes，总长度为 48.663 Mb，平均长度为 772 bp，N50 长度为 1 589 bp。Unigenes 的长度分布情况：超过 1 000b 的 12 893 条占 20.45%，超过 2kb 的 6 038 条，占 9.58%。这些数据说明组装效果理想。

表 5-29 大垫尖翅蝗转录组组装结果

长度范围/bp	重叠片段	转录本	基因
200~300	6 232 095（99.35%）	30 249（31.46%）	26 218（41.59%）
300~500	15 971（0.25%）	18 617（19.36%）	14 150（22.45%）
500~1 000	10 968（0.17%）	16 364（17.02%）	9 772（15.50%）
1 000~2 000	7 402（0.12%）	14 974（15.57%）	6 855（10.88%）
>2 000	6 195（0.10%）	15 947（16.59%）	6 038（9.58%）
总数	6 272 631	96 151	63 033
总长度	306 171 970	105 999 072	48 663 063
N50 长度	47	2 269	1 589
平均长度	48.81	1 102.42	772.03

（四）基因功能注释

我们使用 BLAST 软件将获得的 unigenes 序列与 Nr、Swiss-Prot、KEGG、COG 及 GO 各数据库进行比对，获得 unigene 的注释信息。本研究通过选择 BLAST 参数 E-value 不大于 10-5，最终 25 132 条 unigenes 获得成功注释，占 39.87%（表 5-30）。Nr 数据库注释 24 841 条 unigenes，占 39.41%，Swiss-Prot 数据库注释 16 490 条 unigenes，占 26.16%，COG 数据库注释 8 013 条 unigenes，占 12.71%，GO 数据库注释 11 558 条 unigenes，占 18.34%，KEGG 数据库注释 7 218 条 unigenes 占 11.46%。然而，还有 37 901 条 unigenes（60.13%）未能被注释，Hou et al.（2011）报道这些 unigenes 可借助测序技术获得短序列，进行相关分析。同时从各个数据库被注释的基因序列的长度可以看到，长度大的序列被注释的概率高于短序列。

表 5-30 大垫尖翅蝗转录组功能注释

注释数据库	被注释的基因数量	占比/%	300 bp≤长度<1 000 bp	长度≥1 000 bp
COG	8 013	12.71	2 603	355
GO	11 558	18.34	3 863	5 064
KEGG	7 218	11.46	2 260	3 694
Swiss-Prot	16 490	26.16	5 676	7 889
nr	24 841	39.41	9 079	9 881
All	25 132	39.87	9 185	9 895

1. NR 分析

注释到 NR 数据库的 unigene 共计 24 841 个，统计其在各物种中的分布情况发现，与拟赤谷盗（Tribolium castaneum）同源的基因数是 2 762，占全部基因比例的 11%，与体虱、豌豆长管蚜同源的基因数分别为 1 688 和 1 140，所占比例为 7% 和 5%。与切叶蜂（Megochile rotundata）、金小蜂（Nasonia vitripennis）、家蚕（Bombyx mori）等 12 个物种的同源基因数比例均小于 5%，即与所比较的几个物种同源的基因数目所占比例较小。其他物种为 48%。因为没有搜索到直翅目同源物种 gff 文件，因此缺乏与直翅目同源昆虫的同源基因的比较。同时发现，基因数据库中直翅目昆虫基因信息比较匮乏。

2. GO 分析

GO 数据库共有 3 个主要类别，分别是分子功能（Molecular function）、细胞组分（Cellular component）和生物学过程（Biological process）。分子功能（Molecular function）unigenes 有 14 429 条，其中具有催化活性（Catalytic activity）和绑定（Binding）的 unigenes 数量最多，分别是 6 061 条和 5 726 条，其余均在 1 000 以下。细胞组分（Cellular component）unigenes 16 937 条，其中细胞组分中细胞（Cell）和细胞部分（Cell part）unigenes 数量最多，分别是 3 446 和 3 468，其余的大部分在 300 以下；生物学过程（Biological process）unigenes 27 502 条，其中代谢过程（Metabolic process）、细胞过程（Cellular process）和生物调节（Biological regulation）unigenes 数量最多，分别是 6 870，5 823 和 2 367 条，其余的均在 2 000 条以下。

3. COG 分析

此外，所有 unigenes 经过 COG 数据库功能预测和分类，其中 63 033 条基因中共有 8 013 条被分为 25 类。其中只有一般功能（General function prediction only）的 unigenes 数量最多，为 2 128 条（20.43%），是最大的类群；其次分别是参与复制、重组和修复（Replication, recombination and repair）的，1 107 条（10.63%），参与翻译、核糖体结构和生物合成（Translation, ribosomal structure and biogenesis）的 768 条（7.38%），参与碳水化合物运输和代谢（Carbohydrate transport and metabolism）的 724 条（6.95%），参与翻译后修饰、蛋白质转换、分子伴侣（Posttranslational modification, protein turnover, chaperones）的 701 条（6.73%），参与氨基酸运输和代谢（Amino acid transport and metabolism）的 682 条（6.55%），与转录（Transcription）相关的 599 条（5.75%），参与信号传导机制（Signal transduction mechanisms）的 489 条（4.70%），参与能源生产和转换（Energy production and conversion）的 470 条（4.51%），参与无机离子运输和代谢（Inorganic ion transport and metabolism）的 425 条（4.08%），参与脂质运输和代谢（Lipid transport and metabolism）的 422 条（4.05%）。参与次生代谢物生物合成、运输和代谢（Secondary metabolites biosynthesis, transport and catabolism）的也是重要的类群，共计 275 条占 2.64%，因为在昆虫体内，次生代谢物对杀虫剂的影响是非常重要的。未知功能（Unknownfunction）的 271 条，参与细胞壁/膜/包膜的生物发生（Cell wall/membrane/envelope biogenesis）的 254，参与细胞周期控制、细胞分裂和染色体分区（Cell cycle control, cell division, chromosome partitioning）的 208，其他的 unigenes 数量均少于 200，其中与核结构（Nuclear structure）和真核生物胞外结构（Extracellular structures）有关的 unigenes 更少，所占比例分别为 0.038% 和 0.019%。

4. KEGG Pathway 分析

使用 KEGG 注释系统进行 unigene 代谢途径分析，7 218 条 unigenes 归属于 218 条通路，首先含有 200 条 unienes 以上的通路有：RNA 运输（RNA transport），382 条，mRNA 监测途径（mRNA surveillance pathway），272 条；内质网蛋白质加工（Protein processing in endoplasmic reticulum），239 条；核糖体（Ribosome），230 条；泛素介导的蛋白水解（Ubiquitin mediated proteolysis），203 条。含有 150~200 条 unigenes 的通路有：剪接体（Spliceosome），189 条；氧化磷酸化（Oxidative phosphorylation），186 条；嘌呤代谢（Purine metabolism），186 条和溶酶体（Lysosome），162 条。其他通路的 unigenes 数量均在 150 以下。其中 266 条 unigenes 涉及以下代谢途径：细胞色素 p450 外源物质代谢（Metabolism of xenobiotics by cytochrome P450），67 条；细胞色素 p450 药物代谢（Drug metabolism-cytochrome P450），65 条；其他酶的药物代谢途径（Drug metabolism-other enzymes），57 条；谷胱甘肽代谢（Glutathione metabolism），77 条（表 5-31）。

表 5-31　大垫尖翅蝗 KEGG 通路分析

代谢通路	通路 ID	基因数量
RNA 运转	ko03013	382
mRNA 监控途径	ko03015	272
内质网蛋白加工	ko04141	239
核糖体	ko03010	230
泛素介导的蛋白水解	ko04120	203
剪接体	ko03040	189
氧化磷酸化	ko00190	186
嘌呤代谢	ko00230	186
溶酶体	ko04142	162
其他通路	—	<150
外源物质细胞色素 p450 的代谢	ko00980	67
药物细胞色素 p450 代谢	ko00982	65
借助其他酶的药物代谢	ko00983	57
谷胱甘肽代谢	Ko00480	77
通路总数	218	7 218

（五）SSR discovery

利用 MISA 软件对筛选得到的 1 000 b 以上的 unigene 做 SSR（Simple sequence repeat）分析。本研究中有 12 893 条 unigenes 用来生成潜在的微卫星。包含 SSR 的序列数目为 4 248 条，被识别的 SSR 总数为 5 696。其中检测到单碱基重复 SSR 2 008 条，占 35.25%；双碱基重复 SSR 2 267 条，占 39.80%；三碱基重复 SSR 1 330 条，占 23.35%；四碱基重复 SSR 82 条，占 1.44%；五碱基和六碱基重复 SSR 分别是 6 条

(0.11%)和 3 条（0.05%）（表 5-32）。双碱基重复 SSR 最丰富的是 TG 重复类型，其次是 GT，AC，CA；三碱基重复 SSR 最丰富类型是 CAG，其次是 GCC，GCA 和 CGC；四碱基重复 SSR 最丰富类型是 AAAT。针对这些 SSR 还需要进一步的试验验证。

表 5-32 SSR 分析结果统计

搜索项目	数量	百分比/%
评估的序列数目	12 893	
评估序列总碱基量	30 231 290	
识别的 SSRs 总数	5 696	
包含 SSR 的序列数目	4 248	
包含 1 个以上 SSR 的序列数目	1 068	
以复合物存在的 SSR 数目	339	
单碱基重复	2 008	35.25
二碱基重复	2 267	39.80
三碱基重复	1 330	23.35
四碱基重复	82	1.44
五碱基重复	6	0.11
六碱基重复	3	0.05

三、结论与讨论

利用 Illumina/SolexaHiseq™2500 二代测序平台，在无参考基因组的情况下对大垫尖翅蝗转录组测序，共获得 13.4 Gb 原始数据并组装成 63 033 条 unigenes，平均长度为 772 bp 和 N50 为 1 589 bp。共计有 25 132 条 unigenes 被 Nr，Swiss-Prot，GO，COG 和 KEGG 数据库成功注释，占大垫尖翅蝗总 unigenes 数目的 39.87%。GO 数据库注释显示，代谢过程基因数量所占有的比例最高；213 unigenes 被确认为可能参与外源性物质的解毒，29 条 unigenes 被确定为编码杀虫剂目标蛋白质。KEGG 分析，7 218 unigenes 形成 218 代谢或信息通路。其中，266 unigenes 参与外源性物质或药物的代谢途径。此外，5 696 简单序列重复被检测到。同时通过 Nr 同源性比对发现，蝗虫基因组信息缺乏。该转录组测序分析为进一步研究大垫尖翅蝗杀虫剂的抗药性机制及基因功能分析奠定分子基础。

随着高通量测序技术不断地成熟，测序质量也在不断地提高。大垫尖翅蝗转录组组装的 Unigene 平均长度达到 772 bp，其中长度超出 2 000 bp 的 Unigene 数量也达到了 9.58%。质量参数 Q20 的 reads 数均达到了 100%。吕红娟（2012）对中华稻蝗转录组测序，Unigene 平均长度 460 bp，长度在 2 000 bp 以上的 Unigene 数量仅占 2.18%，质量参数 Q20 的 reads 数为 97.11%。据报道对烟粉虱转录组测序获得 7 万个 Unigene 平均长度 619 bp。另外，大垫尖翅蝗转录组信息在 Nr 数据库中 200~300 bp 的基因序列有 5 881 个被注释，约占总数的 22.4%，300~1 000 bp 的基因序列有 9 079 个被注释，约占总数的 38.0%，成功得到注释的基因序列在 1 000 bp 以上的有 9 881 条，约占总数 76.6%。在其他数据库的注释情况也显示出同样的规律，即转录组基因序列长度不断增加，其在数据库中被成功注释的机会也随之提高，同时也说明基因序列的长度是影响其功能成功注释的最主要因素之一。

基因数据库中的参考基因序列的数量决定转录组测序数据的注释程度。在现有的研究中，已经有近百种昆虫完成了全基因组测序，例如，黑腹果蝇、埃及伊蚊、家蚕、小菜蛾、烟粉虱、豌豆蚜、金小蜂、拟赤谷盗等物种的基因组信息为其他昆虫的基因序列注释、基因功能鉴定等分子生物学的进一步研究提供了极大的方便，也促进了对其他物种分子研究的进程。但是，基因组数据库中直翅目昆虫基因序列信息比较匮乏，同源性分析相对比对较困难。本实验对大垫尖翅蝗的高通量测序将推进对大垫尖翅蝗以及其他蝗虫的研究向更高水平发展。

SSRs 目前已经广泛用于进化论和遗传学研究中。然而，根据报道在节肢动物基因组中 SSRs 并不丰富，例如蛱蝶 Euphydryas editha 中只有 92 条 SSRs 被检测到，柑橘粉虱 Dialeurodes citri 中只检测到 149 条，在烟粉虱转录组中检测到 SSR 数量较大，9 075 条。在大垫尖翅蝗转录组中，被识别的 SSR 总数为 5 696 条，相对较多。此研究结果关于 SSR 数据及分析可以用于后续大垫尖翅蝗遗传进化的深入研究。

总之，在大垫尖翅蝗转录组测序基础上，可以对大垫尖翅蝗的相关基因进行分析，为生物学研究项目提供分子水平上的依据。同时，也为直翅目其他昆虫分子水平的相关研究提供参考。

第八节 大垫尖翅蝗差异表达基因分析

人类和很多动植物基因组测序不断完成，随着以基因组功能研究为目标的后基因组时代的到来，获取基因功能信息便成为基因研究的重点。其中基因差异表达分析是获取基因功能信息的主要途径之一。因为在生物体细胞内仅有少部分基因被选择性表达，控制生物的形态和生理过程。转录组研究的主要目的是对差异表达基因进行分析和研究，比如在不同发育阶段进行生物的转录组研究，可以得到各个生长时期基因表达的差异，还有在不同的刺激或胁迫条件下比较生物的转录组信息，可以得到特殊功能的差异基因，为研究生命活动提供重要的信息。即对差异基因的表达、可变剪切以及基因的结构进行研究，可以发现一些与特定生理反应相关的基因，对研究人类疾病、动物疾病、动植物的生长发育等都有着重要的作用。

昆虫在受到外界环境、外源物质包括杀虫剂胁迫的情况下，基因的表达均会受到一定的影响。目前，转录组测序技术在这方面的研究中已经发挥了举足轻重的作用，是获取差异表达基因最快捷和有效的技术手段之一。在本研究中，笔者基于对大垫尖翅蝗转录组测序的基础上，对大垫尖翅蝗的两个品系即敏感品系和丁烯氟虫腈抗性品系的差异表达基因的注释、聚类和富集以及代谢通路进行比较分析，旨在为大垫尖翅蝗抗性分子机理研究提供更多的遗传信息和候选基因。

一、分析方法

(一) Unigene 表达量计算

基于大垫尖翅蝗敏感品系和抗性品系两个样品,利用 Bowtie 将两样品测序得到的 Reads 与 Unigene 库进行比对 (Langmead et al., 2009),再利用 RSEM 软件计算,得到的基因表达量值 (FPKM) 表示对应 Unigene 的表达丰度。计算公式如下。

$$\text{FPKM} = \frac{\text{cDNA Fragments}}{\text{Mapped Fragments(Millions)} \times \text{Transcript Length(kb)}}$$

式中,cDNA Fragments 表示比对到某一转录本上的片段数目,即双端 Reads 数目;Mapped Fragments (Millions) 表示比对到转录本片段总数,以 10^6 为单位;Transcript Length (kb):转录本长度,以 10^3 个碱基为单位。分别对每个基因的信息进行统计。

(二) 差异表达基因筛选与聚类分析

使用 EBSeq 进行基因的差异表达分析,获得敏感品系和抗性品系之间的差异表达基因集。同时采用 Benjamini-Hochberg 方法对原有假设检验的显著性 P 值进行校正。要求 FDR (False Discovery Rate) <0.01,差异倍数 FC (Fold Change) ≥2 (FC 表示两样品间表达量的比值)。同时,对筛选出的差异表达基因做层次聚类分析,展示不同条件下基因集的差异表达模式。

(三) 差异表达基因功能注释和富集分析

对筛选出的差异表达基因进行 GO 功能富集,绘制直方图,提取差异基因的 GO 注释,以所有 Unigene 的 GO 注释为背景,将所有的 GO 功能映射到其对应的二级功能,然后使用 Fisher 精确检验得到 GO 功能的富集结果。

TopGO 的功能富集:使用 TopGO 软件,对差异基因的 GO 注释结果,以所有 Unigene 的 GO 注释未背景,对每个 GO 的节点进行富集分析,TopGO 使用的算法是 elim,采用的显著性值是 KS 值。

COG 分类,提取差异基因的 Cog 注释结果,绘制直方图。

KEGG 通路富集分析:提取差异基因的 Pathway 信息,以所有 Unigene 的 Pathway 信息为背景,计算富集因子,并使用 Fisher 精确检验检测期显著性。富集因子越小,Q 值对数值越大,差异表达基因富集水平越显著,富集显著性越可靠。其中富集因子的计算公式如下。

$$\text{富集因子} = \frac{\text{所有差异表达基因数/KEGG 中所有的基因数}}{\text{Pathway 中的差异表达基因数/Pathway 中的所有基因数}}$$

二、结果与分析

(一) 差异表达基因注释及其聚类分析

对大垫尖翅蝗的 PS 和 PR 两个品系的基因表达丰度进行比较,并对识别到的差异表达基因进行功能注释,共得到 2 568 条差异表达基因,注释到各个数据库总数达到 1 798 条。上调基因 1 646 条中有 1 177 条被注释,下调差异基因 922 条中有 621 条被注释。差异基因统计及注释结果见表 5-33。

表 5-33 差异表达基因数目及基因注释情况

项目	差异表达基因总数	注释基因数	COG	GO	KEGG	Swiss-Prot	Nr
差异表达基因	2 568	1 798	760	815	584	1 424	1 784
上调基因	1 646	1 177	537	579	453	956	1 168
下调差异基因	922	621	223	236	131	468	616

(二) 差异表达基因 GO 分析

1. 差异表达基因 GO 分析及 GO 显著富集分析

差异表达基因和所有基因在 GO 各二级功能中的注释情况为，细胞组分中，共有 1 222 条差异基因注释到 14 个 GO 条目中，其中细胞（Cell）和细胞部分（Cell part）差异表达基因数目也最多，均在 270 以上；细胞器 organelle，大分子复合物 macromolecular complex 差异表达基因分别为 198 条、148 条，所占比例较总基因所占比例有所提高。

分子功能中，968 条差异表达基因注释到 13 个 GO 条目中。其中催化活性（Catalytic activity）基因总数和差异表达基因数量均最多，所占比例也最高；其次是绑定（Bangding）308 条 DEGs；结构分子活性（Structural molecule activity）、电子载体活性（Electron carrier activity）、抗氧化活性（Antioxidant activity）、通道调节活性（Channel regulator activity）差异表达基因数量所占比例有所提高。

在生物学过程中，1 975 条差异表达基因注释到 18 个 GO 条目中，metabolic process 代谢过程注释基因总数目最多（6 870，27.34%），差异表达的基因注释数目也最多（544，30.25%），所占比例也提高。其次为细胞过程（Cellular process）386 条 DEGs、单一的组织过程（Single-organism process）313 条 DEGs、生物调节（Biological regulation）114 条 DEGs、定位（Localization）105 条 DEGs、刺激应答（Response to stimulus）90 条 DEGs。免疫系统差异表达基因所占比例也相对提高（132，0.52%；10，0.56%）。

大垫尖翅蝗敏感品系与抗性品系差异表达基因 GO 显著富集结果见表 5-34（$P<0.05$）。共有 361 条 DEGs 富集到细胞组分 98 个 GO 条目中，显著富集的有 61 条，其中核糖体（Ribosome）43 条、细胞质大核糖体亚基（Cytosolic large ribosomal subunit）10 条、小亚基（Small ribosomal subunit）8 条。538 条 DEGs 富集到生物学过程 616 个 GO 条目中，显著富集的有 150 条，其中翻译（Translation）69 条 DEGs、microtubule-based process 10 条 DEGs、胚胎发育结束（Embryo development ending in birth or egg hatching）21 条 DEGs、中心体复制（Centrosome duplication）10 条 DEGs、蛋白质聚合（Protein polymerization）10 条 DEGs、碳水化合物代谢过程（Carbohydrate metabolic process）19 条 DEGs、有丝分裂纺锤体延伸（Mitotic spindle elongation）11 条 DEGs。687 条 DEGs 富集到分子功能 276 个 GO 条目中，显著富集的有 127 条，其中 68

structural constituent of ribosome、4inositol oxygenase activity、5beta-glucosidase activity、13 hydrolase activity、37oxidoreductase activity。其中氧化还原酶活性基因序列表达量上调23条（c30338.；c23816.；c24156.；c33100.；c29987.；c32168.；c31511.；c33062.；c38487.；c12446.；c39192.；c29348.；c24012.；c39470.；c31603.；c33845.；c31416.；c36605.；c36020.；c22711.；c26552.；c30882.；c34452.），下调14条（c24995.；c32911；c39082.；c36801.；c19713.；c37426.；c35841.；c36968.；c39618.；c31707.；c36013；c32058.；c32148.）。其中有5条序列在Nr数据库中注释为p450基因序列（c23816、c39082、c31707、c32058、c32148）。

利用topGO软件对注释到GO数据库的两样品（PS和PR）组间差异表达基因进行富集分析，本研究将显著富集节点的结果统计于表格中（表5-35）。

分子功能中富集显著的10个节点，其中节点GO：0052689具有羧酸水解酶活性，其中注释的基因序列有16条（c22727.graph_c0；c41392.graph_c0；c33871.graph_c0；c34612.graph_c0；c37197.graph_c0；c25994.graph_c0；c23613.graph_c0；c33452.graph_c0；c25886.graph_c0；c35820.graph_c0；c30386.graph_c0；c23249.graph_c0；c30559.graph_c0；c38332.graph_c0；c35381.graph_c0；c27991.graph_c0），上调表达的有8条，其中4条在Nr数据库中注释为羧酸酯酶。说明羧酸酯酶可能参与蝗虫体内外源物质的代谢作用，即该节点可能与蝗虫抗性形成。其中上调的羧酸酯酶基因序列将是下一步研究的重点基因序列。

表5-34 差异基因的GO显著富集分析结果

GO条目	注释该GO条目的差异基因与所有GO条目的差异基因比值/%	注释该GO条目所有基因与注释到所有GO条目的所有基因比值/%	P值
Cellular Component ribosome（GO：0005840）	11.91	3.43	0
Cellular Component cytosolic large ribosomal subunit（GO：0022625）	2.77	0.45	0
Cellular Component small ribosomal subunit（GO：0015935）	2.21	0.41	0.007
Biological Process translation（GO：0006412）	12.82	3.29	0
Biological Process microtubule-based process（GO：0007017）	1.85	0.37	0.010
Biological Process embryo development ending in birth or egg hatching（GO：0009792）	3.90	1.45	0.015
Biological Process centrosome duplication（GO：0051298）	1.85	0.41	0.026
Biological Process protein polymerization（GO：0051258）	1.85	0.41	0.026
Biological Process carbohydrate metabolic process（GO：0005975）	3.53	1.29	0.032

GO 条目	注释该 GO 条目的差异基因与所有 GO 条目的差异基因比值/%	注释该 GO 条目所有基因与注释到所有 GO 条目的所有基因比值/%	P 值
Biological Process mitotic spindle elongation（GO：0000022）	2.04	0.51	0.037
Molecular Function structural constituent of ribosome（GO：0003735）	9.89	2.57	0
Molecular Function：inositol oxygenase activity（GO：0050113）	0.58	0.05	0.030
Molecular Function beta-glucosidase activity（GO：0008422）	0.72	0.09	0.044
Molecular Function oxidoreductase activity（GO：0016491）	5.38	3.07	0.046
Molecular Function：hydrolase activity（GO：0016798）	1.89	0.70	0.047

表 5-35 差异表达基因 topGO 富集的 10 个节点

序号	GOterm		
	分子功能	生物学过程	细胞组分
1	GO：0003735 structural constituent of ribosome	GO：0006412 Translation	GO：0005840 ribosome
2	GO：0003743 translation initiation factor activity	GO：0010468 regulation of gene expression	GO：0022625 cytosolic large ribosomal subunit component
3	GO：0003924 GTPase activity	GO：0015031 protein transport	GO：0015935 small ribosomal subunit
4	GO：0005525 GTP binding	GO：0006413 translational initiation	GO：0005762 mitochondrial large ribosomal subunit
5	GO：0004298 threonine-type endopeptidase activity	GO：0007178 transmembrane receptor protein serine/threonine kinase signaling pathway	GO：0005737 cytoplasm
6	GO：0003712 transcription cofactor activity	GO：0007298 border follicle cell migration	GO：0019773 proteasome core complex
7	GO：0008422 beta-glucosidase activity	GO：0000398 nuclear mRNA splicing	GO：0005750 mitochondrial respiratory chain complex.
8	GO：0052689 carboxylic ester hydrolase activity	GO：0006122 mitochondrial electron transport	GO：0016585 chromatin remodelingcomplex

续表

序号	GOterm		
	分子功能	生物学过程	细胞组分
9	GO：0004553 hydrolase activity	GO：0000022 mitotic spindle elongation	GO：0045177 apical part of cell
10	GO：0008121 ubquinol cytochrome-c reductase activity	GO：0007349 Cellularization	GO：0005622 intracellular

另外，节点 GO：0004553 具有水解酶活性，注释的基因序列共计 9 条（c27413.，c38818.，c29663.，c39616.，c38072.，c32018.，c27921.，c39580.，c33882.），在 Nr 库中大多序列被注释为糖苷水解酶。节点 GO：0008121（ubquinol cytochrome-c reductase activity）具有细胞色素还原酶活性，包含 2 条序列 c24044.graph_c0 和 c19602.graph_c0（在 Nr 数据库中注释为铁硫蛋白）。同时节点 GO：0004553 和 GO：0008121 的所有基因同样注释到其上级节点 GO：0016491（Oxidoreductase activity）和 GO：0016798（Hydrolase activity）以及 GO：0003824（Catalytic activity）中。说明这些基因序列都有可能参与杀虫剂的代谢作用。

2. 差异基因的 COG 分析

General function prediction Only 是最大的类群，差异基因数量为 133 占 14.16%；Carbohydrate transport and metabolism 121（12.89%）；Translation, ribosomal structure and biogenesis 114（12.14%）；Amino acid transport and metabolism 84（8.95%）；Posttranslational modification, protein turnover, chaperones 79（8.41%）；Replication, recombination and repair 61（6.50%）；Inorganic ion transport and metabolism 56（5.96%）；Energy production and conversion 50（5.32%）；Lipid transport and metabolism 47（5.01%）；Cell wall/membrane/envelope biogenesis 30（3.19%）；Secondary metabolites biosynthesis, transport and catabolism 是 COG 分类中的重要类群，差异表达基因数量 28，占总数 2.98%。因为在昆虫体内，次生代谢物对杀虫剂的影响是非常重要的。Transcription 22，其余的差异基因数目均在 20 以下。

3. 差异表达基因 KEGG 富集分析

对差异表达基因 KEGG 的注释结果按照 KEGG 中通路类型进行分类，共有 415 条 DEGs 富集于 130 个代谢通路中。其中 50 个代谢通路中富集的差异基因在 5 条以上。metabolism 通路所占的比例最大，共计有 310 条 DEGs。其中细胞色素 p450 外源物质代谢（Metabolism of xenobiotics by cytochrome p450 14）、细胞色素 p450 药物代谢（Drug metabolism-cytochrome p450 15）、其他酶的药物代谢（Drug metabolism-other enzymes 7）和谷胱甘肽代谢通路的差异基因数量和所占比例分别是 14（3.4%），15（3.6%），7（1.7%）和 15（3.6%）。这些代谢通路均与杀虫剂在昆虫体内的降解代谢作用相关关。

差异表达基因 Pathway 显著富集分析结果见表 5-36。挑选了富集显著性最可靠

（即 Q 值最小）的前 20 个通路进行结果展示。其中核糖体，淀粉和蔗糖代谢 Starch and sucrose metabolism，抗坏血酸和代谢 Ascorbate and aldarate metalolism，借助细胞色素 p450 药物代谢 Drug metabolism-cylochromep450，外源物质 p450 代谢 Metabolism of xenobiotics by cytochrome p450，糖酵解/糖的异生 Glycolysis／Gluconeogenesis，谷胱甘肽代谢 Glutathione metabolism 7 个通路富集程度较高。其中与昆虫杀虫剂代谢相关的通路有 3 个，分别是 Drug metabolism－cylochromep450，Metabolism of xemobiotics by cytochrome p450，Glutathione metabolism。差异基因注释到这 3 条代谢通路中的比例也比总基因数分别都提高了 50% 以上。

差异基因 Pathway 富集显著性最高的是核糖体，共有 81 个 DEGs 参与到该通路中，占总量的 19.5%。在该通路中涉及 40s 和 60s 核糖体蛋白基因，均表现为上调。有 21 个 DEGs 参与到淀粉和蔗糖代谢通路中，占总量的 5.1%。在该通路中涉及大量的葡萄糖蛋白酶基因（葡萄糖苷酶，葡萄糖脱氢酶，葡萄糖脱羧酶，变位酶，分支酶，焦磷酸化酶等），有 15 个基因上调，6 个基因下调。

与昆虫解毒代谢相关的 Drug metabolism-cylochrome p450，Metabolism of xenobiotics by cytochrome p450，Glutathione metabolism 3 条代谢通路中共有 23 个 DEGs，上调基因 11 条，下调基因 12 条。其中有 7 条 DEGs 分别参与到这 3 条代谢通路中，而且在 Nr 中均注释为谷胱甘肽硫转移酶，说明谷胱甘肽硫转移酶可能参与了蝗虫体内杀虫剂的降解代谢。其余的大多数差异基因注释为转移酶或脱氢酶，这些酶也可以参与杀虫剂次级代谢过程（表 5-36，表 5-37）。

表 5-36 差异表达基因的 Pathway 显著富集分析结果

通路名	鉴定到的差异基因注释到该通路的数目	比例/%	鉴定到的基因注释到该通路的数目	比例/%	通路 ID	Q 值
核糖体	81	19.52	230	5.25	ko03010	0
Starch and sucrose metabolism	21	5.06	98	2.24	ko00500	0.032
Ascorbate and aldarate metabolism	13	3.13	48	1.10	ko00053	0.046
Drug metabolism-cytochromep450	15	3.61	65	1.48	ko00982	0.108
Glycolysis/Gluconeogenesis	22	5.30	123	2.81	ko00010	0.302
Metabolism of xenobiotics by cytochromep-450	14	3.37	67	1.53	ko00980	0.437
Glutathione metabolism	15	3.61	77	1.76	ko00480	0.642

表 5-37　3 条代谢通路差异表达基因的注释情况

差异基因 ID	代谢通路 ID	Nr 注释	GO 注释	PS-vs-PR
c12852. graph_c0	ko00982ko00980 ko00480	Glutathione S-transferase	—	下调
c29111. graph_c0	ko00982ko00980 ko00480	Glutathione S-transferase	GO：0016740	下调
c30425. graph_c0	ko00982ko00980 ko00480	Glutathione S-transferase	GO：0016740	下调
c34204. graph_c0	ko00982ko00980 ko00480	Glutathione S-transferase	—	下调
c34411. graph_c0	ko00982ko00980 ko00480	Glutathione S-transferase	—	上调
c34099. graph_c0	ko00982ko00980 ko00480	Glutathione S-transferase	—	下调
c8747. graph_c0	ko00982ko00980 ko00480	Glutathione S-transferase	GO：0016740	上调
c29806. graph_c0	ko00982ko00980	—	GO：0051903	上调
c23064. graph_c0	ko00982ko00980	—	GO：0016740	下调
c31603. graph_c0	ko00982ko00980	Alcohol dehydrogenase	GO：0016491	上调
c23722. graph_c0	ko00982ko00980	—	—	下调
c37938. graph_c0	ko00982ko00980	—	—	上调
c38088. graph_c0	ko00982ko00980	—	GO：0016740	上调
c39248. graph_c0	ko00982ko00980	UDP-glucuronosyltransferase	—	下调
c25214. graph_c0	ko00480	Spermine synthase	GO：0004766	下调
c30717. graph_c0	ko00480	Spermidine synthase	GO：0004766	上调
c32648. graph_c0	ko00480	Isocitrate dehydrogenase	GO：0004450	上调
c33511. graph_c0	ko00480	Glutamyltransferase	—	上调
c34153. graph_c0	ko00480	6-phosphogluconate dehydrogenase	GO：0050661	上调
c36040. graph_c0	ko00480	Glutathione peroxidase	GO：0004602	下调
c36153. graph_c0	ko00480	Ornithine decarboxylase	GO：0016829	下调
c37426. graph_c0	ko00480	Glutathione peroxidase	GO：0016740	下调
c33850. graph_c0	ko00982	—	—	上调

注：代谢通路的 ID 分别为 Drug metabolism-cytochrome p450- ko00982, Metabolism of xenobiotics by cytochrome p450- ko00980, Glutathione metabolism-ko00480。GO 功能注释：transferase activity（GO：0016740），zinc ion binding（GO：0008270），S-（hydroxymethyl）glutathione dehydrogenase activity（GO：0051903），oxidoreductase activity（GO：0016491），spermidine synthase activity（GO：0004766），isocitrate dehydrogenase（NADP$^+$）activity（GO：0004450），NADP binding（GO：0050661），glutathione peroxidase activity（GO：0004602），lyase activity（GO：0016829）。

三、结论与讨论

(一) 结论

大垫尖翅蝗的 PS 和 PR 两个品系比较基因表达丰度，共得到 2 568 条差异表达基因，其中 1 798 条注释到各个数据库中。上调基因 1 646 条，下调差异基因 922 条。差异基因 GO 显著富集分析表明共有 361 条 DEGs 富集到细胞组分 98 个 GO 条目中，显著富集的有 61 条；538 条 DEGs 富集到生物学过程 616 个 GO 条目中，显著富集的有 150 条，687 条 DEGs 富集到分子功能 276 个 GO 条目中，显著富集的有 127 条。分子功能中富集显著的节点 GO：0052689 具有羧酸水解酶活性，上调表达的有 8 条，其中 4 条在 Nr 数据库中注释为羧酸酯酶，说明该节点可能与蝗虫抗性形成有关。所以其中上调的羧酸酯酶基因序列（c34612.graph_c0，c35381.graph_c0，c30386.graph_c0）将是下一步研究的重点基因序列。差异表达基因 COG 分类中，General function prediction Only 是最大的类群，差异基因数量为 133 占 14.16%；Secondary metabolites biosynthesis, transport and catabolism 差异表达基因数量达到 28，占总数 2.98%。

KEGG 注释中，共有 415 条 DEGs 富集于 130 个代谢通路中。其中核糖体，淀粉和蔗糖代谢，抗坏血酸和代谢，借助细胞色素 p450 药物代谢，外源物质 p450 代谢，糖酵解/糖的异生，谷胱甘肽代谢 7 个通路富集程度最高。借助细胞色素 p450 药物代谢，外源物质 p450 代谢和谷胱甘肽代谢 3 条代谢通路是与杀虫剂代谢最重要的路径，其中的 23 条差异基因中，上调 11 条，下调 12 条。从代谢通路图中看到，与上调基因有关的蛋白有很多，其中谷胱甘肽硫转移酶 [EC：2.5.1.18] 在 3 条代谢通路图中都有上调的表现，且出现频率最高。所以与谷胱甘肽硫转移酶基因 8747 序列将是下一步研究的重要序列。还有大量的脱氢酶和转移酶在代谢通路中出现上调。这些酶都有可能参与蝗虫对杀虫剂的代谢降解作用。

通过对大垫尖翅蝗转录组差异表达基因的分析，筛选出大量的与抗性相关的差异表达的候选基因，为后期基因的功能鉴定节约了大量的时间，提供了便利的条件。同时也为害虫防治提供重要的分子基础。

（二）讨论

大垫尖翅蝗抗性和敏感品系转录组测序组装成 63 033 unigenes，其中差异表达基因有 2 568 条，占总数的 4.07%。上调基因 1 646 条，下调差异基因 922 条。GO 分类中，代谢过程差异表达基因数目最多 544 条，占 27.54%。Secondary metabolites biosynthesis, transport and catabolism 是 COG 分类中的重要类群，275 条（2.64%），而差异表达基因数量达到 28 条，所占比例增加到 2.98%。借助细胞色素 p450 药物代谢，外源物质 p450 代谢，谷胱甘肽代谢 3 个通路富集程度较高，差异表达基因数量和所占比例分别是 14、3.4%；15、3.6%；7、1.7%；15、3.6%。所占比例均提高。这些代谢通路均与杀虫剂在昆虫体内的降解代谢有关。说明大垫尖翅蝗对丁烯氟虫腈的相互作用过程中，这些差异表达基因发挥了重要的作用。

借助细胞色素 p450 药物代谢，外源物质 p450 代谢和谷胱甘肽代谢 3 条代谢通路中涉及与上调基因有关的蛋白主要是谷胱甘肽硫转移酶 [EC：2.5.1.18]。已有报道谷胱甘肽硫转移酶是昆虫重要的解毒酶，在对有机磷、有机氯和拟除虫菊酯等杀虫剂抗性的形成中扮演着重要的角色。随着部分昆虫基因组全序列的测序完成，近年来对昆虫的谷胱甘肽硫转移酶研究报道也日益增多。GSTs 可以催化 GSH 与杀虫剂进行轭合反应，从而降低杀虫剂对昆虫的毒性。其中，谷胱甘肽硫转移酶高表达也是杀虫剂抗性产生的主要原因。研究发现 GSTs 在果蝇 DDT 抗性品系中高表达。也有研究表明抗性是二者共同作用的结果，例如研究小菜蛾对有机磷类杀虫剂抗性的机制发现，GSTs 活力增高和其与 GSH 轭合反应同时发挥作用。在本研究中，谷胱甘肽硫转移酶在与杀虫剂代谢相关的 3 条代谢通路中均上调表达，所以其可能参与了蝗虫丁烯氟虫腈的代谢。关于其在蝗虫体内的代谢过程还需要进一步的研究和验证。同时，在代谢通路中，还有一些转移酶和脱氢酶也上调表达，所以也不能否定其他酶也同样参与昆虫体内杀虫剂的代谢过程。例如，有报道异柠檬酸脱氢酶可参与昆虫体内杀虫剂次级代谢的过程。

但是，代谢通路也可以看出 CYP2，CYP3、CYP4D 等参与调解以上酶的代谢活动，所以与抗性相关的候选基因离不开 CYP 家族基因。随着分子生物学的发展，对 p450 基因已经进行了大量的研究。虽然这些差异表达基因在蝗虫与杀虫剂的相互作用机理还有待进一步深入研究，但本研究车技的结果为在分子水平上探讨杀虫剂的作用机理提供了深入研究的出发点。

第九节 大垫尖翅蝗抗性相关基因的筛选、鉴定与分析

昆虫抗药性形成的机制主要包括：昆虫解毒代谢能力的增强，靶标对杀虫剂敏感性下降。进一步的分子生物学研究发现，昆虫代谢能力的增强主要是通过其体内解毒代谢酶 mRNA 过表达或基因点突变引起的，昆虫中参与解毒代谢的酶主要有细胞色素 p450、羧酸酯酶及谷胱甘肽硫转移酶等。杀虫剂作用昆虫的靶位点包括 AchE，AchR，GABA，钠离子通道，鱼尼丁受体等。针对昆虫这三大酶系和靶位点的研究，是当前昆虫抗药性研究的主要内容。

大垫尖翅蝗的转录组信息为开展其抗性分子机制提供了丰富的基因资源。本研究以大垫尖翅蝗转录组数据为基础，以与抗性相关的基因为研究对象，从大垫尖翅蝗转录组所有注释的 Unigenes 中查找到与农药代谢或抗性有关的基因（p450、GSTs、羧酸酯酶、AchE、AchR、GABA、钠离子通道、鱼尼丁受体）。抗性基因的生物信息学分析对杀虫剂抗性研究具有非常重要的指导作用，可以预测相关基因的潜在生理功能，同时为研究验证其基因功能提供数据参考。在本章中重点将解毒酶超家族基因鉴定出来进行比较分析，旨在为研究大垫尖翅蝗抗性分子机理提供更多的遗传信息和候选基因。

一、材料与方法

（一）目的基因的筛选

在对大垫尖翅蝗转录组 Unigene 和 DEGs 注释的基础上，筛选与杀虫剂抗性相关的解毒代谢酶基因和靶基因序列。通过 NCBI 中的 BLAST 功能在 Nr 数据库中对这些序列进行重新比对，并根据比对结果对 Unigene 进行初步分类。

（二）抗性基因序列 SNP 位点分析

利用 SOAPsnp 软件进行样品间的 SNP 分析，将每个样品转录组测序得到的 Reads 与组装得到的 Unigene 比对，可以观察到部分基因序列中存在多态性位点。

（三）构建解毒酶基因系统发育树

使用 MEGA5 分析软件中的邻接法（Neighbour-joining）构建系统发育树，Bootstrap

值设为 500。

(四) 解毒酶基因 RT-PCR 检测

1. 试剂与仪器

DNase I 处理试剂：DNase I, RNase-free, EN0521, Fermentas。

反转录试剂盒：Thermo First cDNA Synthesis Kit, #Q1010, SinoGene。

PCR Mix：2×SG PCR MasterMix, #Q1009, SinoGene。

qPCR 试剂：2×SG Green qPCR Mix (with ROX), #Q1002, SinoGene。

双模块梯度 PCR 仪：BIO-RAD, 美国。

电泳仪：JUNYI, 北京。

微量高速冷冻离心机：HERLME, 德国。

凝胶成像系统：BIO-RAD, 美国。

实时荧光定量 PCR 仪：CFX96, BIO-RAD, 美国。

实验超纯水器：MILLIPORE, 美国。

2. 总 RNA 提取

总 RNA 提取与检测参见本章第七节。

3. 内参基因筛选，引物设计

以 GAPDH 为内参基因，用在线软件 Primer 3 设计引物。选择 11 个解毒酶基因序列进行荧光定量 PCR 检测。以 GAPDH 为内参基因。根据 11 基因序列转录组信息，用在线软件 Primer 3 设计引物，见表 5-38。

表 5-38 实时荧光定量引物序列

序列 ID	引物 ID	引物序列 (5′-3′)	长度	Gene 代码
CEc34612.graph_c0	osgQ1267	AAGAAATCCTGTGGCTGTGC	107	Gene1
	osgQ1268	ACACACACACACACACACAC		
CEc30386.graph_c0	osgS28	AGATGTAGACACGCCGCT	114	Gene2
	osgQ1269	AGCACCAACACCAAAATCCC		
CEc35381.graph_c0	osgS32	TCTTCTGGTGTTGGATGC	113	Gene3
	osgS33	TACCTCTTCTTTTCTTGGGC		
GSTc8747.graph_c0	osgS34	GACTTCTTCTTTGCTGGAATCTC	145	Gene4
	osgS35	ACGCTGGTCTCCTGCTTATC		
GSTc31380.graph_c0	osgQ1271	GGTTCGATTTGCTTGCTTGC	108	Gene5
	osgQ1272	CAGCAGCACCAAGAATTCGA		
GSTc33067.graph_c0	osgQ1273	ACCACCGTTATACACAGGCA	116	Gene6
	osgQ1274	TCACGCTGGAGGAGAAGAAG		
p450c34866.graph_c1	osgQ1277	GGTGTTCTACTACCGGCACT	140	Gene7
	osgQ1278	GCTGGTAGATCTCGTCGAGG		
p450c34963.graph_c0	osgS44	GCGTTCACTGAGCAGGGAT	115	Gene8
	osgS45	TGTTGCCTTTCGCTAAGTTGT		

续表

序列 ID	引物 ID	引物序列（5'-3'）	长度	Gene 代码
p450c37409.graph_c0	osgS46	GCAGATGCTATTGCTGAAGGTC	90	Gene9
	osgS47	GGTTTATTTACTGGCTGGGTCC		
p450c37409.graph_c1	osgS48	TTGCGTAGTGGAACTAGACAAT	211	Gene10
	osgS49	GCTTAGATCAGGTGATGAGAGG		
p450c39389.graph_c0	osgS50	GTCACCTTTTCAGCCCCTACG	203	Gene11
	osgS51	AAACCCTCCTTCCTCTCCACC		
GAPDH	osgQ1281	CGATGCCCCAATGTATGTCG	100	
	osgQ1282	TGGTGCCAGACAATTTGTGG		

4. 反转录

首先把 RAN 经 DNase I 处理：将 RNA 5 μg 加入 10×Reaction Buffer+MgCl$_2$ 1.2 μL，再加入 DNase I 2 μL、Ribolock 0.5 μL，最后加入 DEPC 处理水至 12 μL。37 ℃水浴 30 min；65 ℃水浴 10 min，灭活 DNase I。然后按照 20 μL 配制反转录反应体系。

加 DNase I 处理后总 RNA 1 μg；Oligo（dT）$_{18}$ 1 μL；5× Reaction Buffer 4 μL；RT enzyme 1 μL；Dntp 2 μL；DEPC 处理水至总体积 20 μL。

将以上反应体系反转录混匀，离心。42 ℃水浴 60 min。85 ℃水浴 10 min，灭活逆转录酶。

5. Real-time PCR

首先按照要求配制 PCR 体系（20 μL 体系）。

2×SG Green qPCR Mix 10 μL；Forward Primer（5 μmol/L）0.4 μL；Reverse Primer（5 μmol/L）0.4 μL；cDNA 1 μL；Water, nuclease-free 8.2 μL；总体积 20 μL。

其次，混合均匀，离心，分到 8 联排管或者 96 孔 PCR 板里，每个样品每个基因 3 个 PCR 平行反应。

最后，PCR 反应程序设置，见表 5-39。

表 5-39　PCR 反应程序设置

阶段	温度/℃	时间	循环次数
预变性	95	10 min	1
变性	95	20 s	
退火	60	30 s	40
	95	15 s	
延伸	60	30 s	1
	95	15 s	

6. 数据处理

用 $2^{-\triangle\triangle Ct}$ 方法计算各基因相对表达量。用 GraphPad Prism5 软件，t-检验统计，差异显著水平分析 P 值<0.05，用 * 表示；P 值<0.01，用 ** 表示；P 值<0.001，用 *** 表示。

二、结果与分析

（一）杀虫剂抗性相关基因的注释分析

在大垫尖翅蝗转录组中有许多编码杀虫剂解毒酶和靶蛋白的基因序列被标注（表5-40）。在目前的研究中，有316条编码解毒酶的基因被注释，其中43谷胱甘肽硫转移酶（GSTs）、90羧酸酯酶（CarEs）和183细胞色素p450s。这些解毒酶在Nr数据库中的注释情况见表5-40。对这些基因在GO数据库中进行了功能预测和分类。GSTs的GO注释显示有3条glutathione transferase activity（GO：0004364），23条transferase activity（GO：0016740），1条catalytic activity（GO：0003824）；CarEs GO注释显示有56条carboxylic ester hydrolase activity（GO：0052689），10条hydrolase activity（GO：0016787），p450s的GO注释显示79条oxidoreductase activity（GO：0016491）和41条monooxygenase activity（GO：0004497），这些分子功能均与解毒酶参与外源物质代谢有关。有76 unigenes编码杀虫剂的目标蛋白，其中10γ-氨基丁酸受体（GABAR），15烟碱型乙酰胆碱受体（nAChRs），3鱼尼丁受体（Ryanodine receptor），38乙酰胆碱酯酶（AChEenzyme）和10电压门控钠离子通道（VGSC）。GABA受体GO功能预测显示4条G-protein coupled GABA receptor activity（GO：0004965）和3条GABA-A receptor activity（GO：0004890）。烟碱型乙酰胆碱受体GO功能预测显示11条acetylcholine-activated cation-selective channel activity（GO：0004889）和2条ion channel activity（GO：0005216），鱼尼丁受体GO注释显示1 ryanodine-sensitive calcium-release channel activity（GO：0005219）和1 involved in zinc ion binding（GO：0008270），电压门控钠离子通道GO注释显示9 voltage-gated sodium channel activity（GO：0005248）和1 voltage-gated ion channel activity（GO：0005244）；乙酰胆碱酯酶大部分均在Swissprot中被注释，GO分类及功能注释中表现出羧酸水解酶和水解酶的活性，仅有3条注释为乙酰胆碱酯酶活性 acetylcholinesterase activity（GO：0003990），5条序列在Nr数据库中被注释。以上这些靶蛋白在GO数据库功能预测中显示的注释结果，与杀虫剂在昆虫体内的作用相关联。

表5-40 大垫尖翅蝗转录组中与杀虫剂抗药性相关的基因

酶或靶标	被注释的总量	Nr注释	GO注释
GSTs	43	34	3 glutathione transferase activity（GO：0004364），23 transferase activity（GO：0016740），1 catalytic activity（GO：0003824）
CarEs	90	90	56 carboxylic ester hydrolase activity（GO：0052689），10 hydrolase activity（GO：0016787）

续表

酶或靶标	被注释的总量	Nr 注释	GO 注释
p450s	183	151	79 oxidoreductase activity（GO：0016491），41 monooxygenase activity（GO：0004497）
GABAR	10	7	4 G-protein coupled GABA receptor activity（GO：0004965），3GABA-A receptor activity（GO：0004890）
nAchR	15	15	11 acetylcholine-activated cation-selective channel activity（GO：0004889），2 ion channel activity（GO：0005216）
RyR	3	2	1 ryanodine-sensitive calcium-release channel activity（GO：0005219），1 involved in zinc ion binding（GO：0008270）
AchE	38	5	3 acetylcholinesterase activity（GO：0003990）
VGSC	10	10	9 voltage-gated sodium channel activity（GO：0005248），1 voltage-gated ion channel activity（GO：0005244）

注：GSTs（谷胱甘肽硫转移酶），CarEs（羧酸酯酶），p450（细胞色素 p450），GABAR（γ-氨基丁酸受体），nAchR（烟碱型乙酰胆碱受体），RyR（鱼尼丁受体），AchE（乙酰胆碱酯酶），VGSC（电压门控钠离子通道）。

PR 与 PS 品系相比较，对解毒酶基因差异表达情况进行统计，上调的解毒酶基因 GSTs 5 条，CarEs 8 条，细胞色素 p450s 10 条，共计 23 条。下调的解毒酶基因序列共计 25 条。并对这些差异基因序列进行 GO 功能分类，GO 注释的上调序列 GSTs、CarE 和 p450s 分别有 1，8 和 8，下调序列分别为 2，6 和 5（表 5-41）。这些序列在数据库 GO 中的功能注释均参与外源物质或化合物的代谢作用，所以这些基因序列可以用于后续的定量检测和分析。

表 5-41 大垫尖翅蝗转录组中解毒酶差异表达基因

解毒酶	差异表达基因量	GO 注释	
GSTs	上调基因	5（c8747.graph_c0，c34411.graph_c0，c33067.graph_c0，c40846.graph_c0，c31380.gaph_c0）	1（GO：0004364）
	下调基因	6（c34204.graph_c0，c30425.graph_c0，c27726.graph_c0，c34099.graph_c0，c12852.graph_c0，c29111.graph_c0）	2（GO：0016740）

解毒酶	差异表达基因量	GO 注释	
CarEs	上调基因	8（c33871.graph_c0, c30386.graph_c0, c33452.graph_c0, c22727.graph_c0, c27991.graph_c0, c34612.graph_c0, c35381.graph_c0, c30559.graph_c0）	8（GO：0052689）
	下调基因	10（c8848.graph_c0, c26342.graph_c0, c38332.graph_c0, c6899.graph_c0, c35820.graph_c0, c25886.graph_c0, c25994.graph_c0, c29135.graph_c0, c39641.graph_c0, c23613.graph_c0）	5（GO：0052689），1（GO：0016787）
p450s	上调基因	10（c23816.graph_c0, c37409.graph_c0, c29735.graph_c0, c34866.graph_c0, c34963.graph_c0, c34617.graph_c0, c39389.graph_c0, c37409.graph_c0, c22350.graph_c0, c39389.graph_c0）	5（GO：0004497）1（GO：0016491）1（GO：0015321）1（GO：0005506）
	下调基因	9（c31996.graph_c0, c31707.graph_c0, c38570.graph_c0, c32148.graph_c0, c32058.graph_c0, c39082.graph_c0, c37859.graph_c0, c32567.graph_c0, c35986.graph_c0）	4（GO：0016491）1（GO：0004497）

注：GSTs（谷胱甘肽硫转移酶），CarEs（羧酸酯酶），p450（细胞色素）。

（二）SNP 位点分析

对大垫尖翅蝗 PR 和 PS 两个品系的 SNP 位点进行统计分析，共计有 AT、AC、AG、GT、CG、CT 6 种类型，结果见图 5-15 和图 5-16。首先，解毒酶基因的 SNP 位点：PR 与 PS 相比较 p450 的 AC、AG、CT 位点数量共计减少了 11 个；羧酸酯酶基因的 GT、AC、CG、CT、AT 位点数量均增加；GSTs 基因的 CT 位点数量增加，同时增加了 GT 位点类型 1 个。靶位点基因 SNP 位点：PS 和 PR 品系中，GABA 基因 SNP 位点数分别是 28 和 11，鱼尼丁受体基因 SNP 位点数分别是 23 和 44，数量变化最大。在 PR 中，GABA 基因的 CT、GT 类型缺失，AchR 基因增加了 AC 类型的 1 个位点，鱼尼丁受体基因增加了 CG 类型的 3 个位点，AchE 基因缺失 AT 类型，增加 GT、AG 类型各一个位

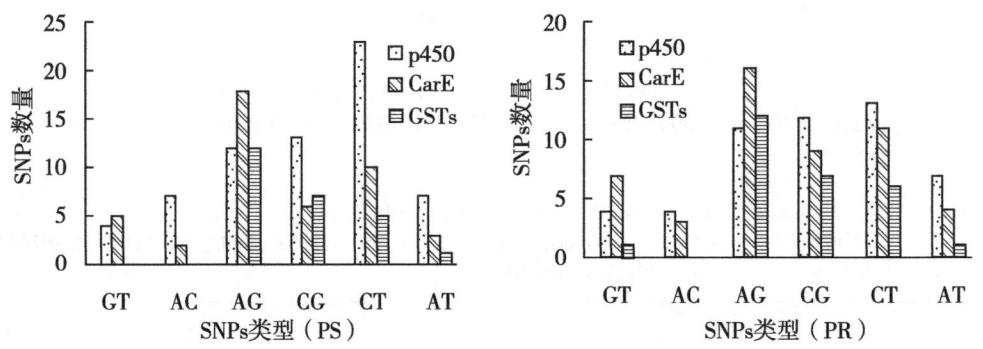

图 5-15 解毒酶基因的 SNPs 数量及类型

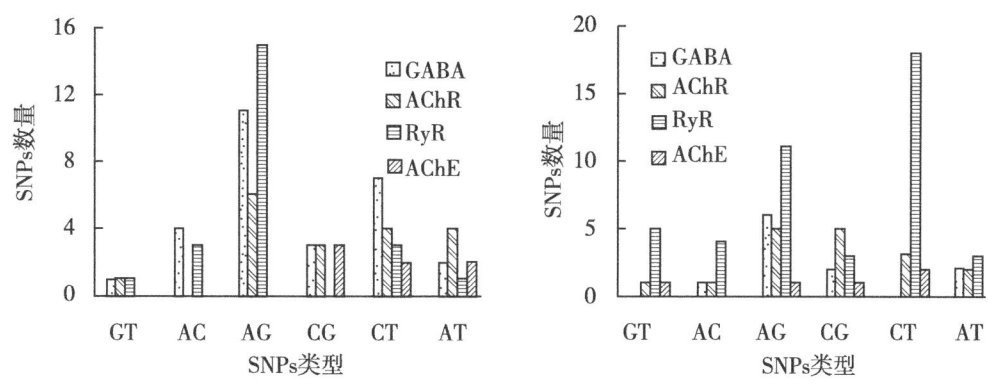

图 5-16 靶标蛋白基因的 SNPs 数量及类型

点。总体来看，AG、CT 类型 SNP 位点数量最多，占总数的 58.4%；其次是 CG 类型。

(三) 解毒酶基因系统发育分析

对大垫尖翅蝗 p450 基因在 Swissprot 数据库注释的有 167 条。分成 *CYP*2、*CYP*4、*CYP*5、*CYP*6、*CYP*9、*CYP*12、*CYP*13、*CYP*304、*CYP*305、*CYP*301、*CYP*28、*CYP*44、*CYP*49、*CYP*508、*CYP*513、*CYP*311、*CYP*516、*CYP*519 共 18 个家族。其中 *CYP*2 家族仅 2 条，*CYP*4 家族 45 条，*CYP*5 家族 1 条，*CYP*6 家族 69 条，*CYP*9 家族 25 条，*CYP*305 家族 6 条，*CYP*304 家族 5 条，*CYP*13 家族 3 条，其余家族例如 *CYP*12、*CYP*28、*CYP*44、*CYP*49、*CYP*301、*CYP*508、*CYP*513、*CYP*311、*CYP*516、*CYP*519 等均各一条。对大垫尖翅蝗 183 个 p450 序列进行进一步的比对，并与已知物种 (*Zootermopsis nevadensis*, *Nasonia vitripennis*, *Drosophila melanogaster*, *Tribolium castaneum*, *Acyrthosiphon pisum*, *Locusta migratoria manilensis*) p450 基因进行系统发育分析，确定其具体的家族分类。结果表现为 58 条成功建树分属于 p450 基因的 14 个家族，18 条 p450 基因属于 *CYP*6 家族，18 条 p450 基因序列属于 *CYP*4 家族，8 条 p450 基因属于 *CYP*9 家族，1 条基因序列属于 *CYP*2 家族，2 条 *CYP*301 家族，3 条 *CYP*304 家族，2 条 *CYP*302 家族，*CYP*305、*CYP*306、*CYP*307、*CYP*315、*CYP*44、*CYP*408 家族各 1 条。在 GO 数据库中，*CYP*2、*CYP*3、*CYP*4、*CYP*6、*CYP*9 家族都包含有 "oxidoreductase activity" "monooxygenase activity" 的功能注释，同时在 *CYP*302、*CYP*305、*CYP*307、*CYP*304、*CYP*18 等也都包含有 "oxidoreductase activity" "monooxygenase activity" 的功能注释。这些家族注释还包括 "electron carrier activity" 以及 "iron ion binding"，说明 p450 基因在大垫尖翅蝗体内行使着复杂的功能。在 COG 数据库中，p450 家族成员，均具有 "second metabolites biosynthesis, transport and catabolism" 功能注释。

在 nr 数据库中共有 90 条羧酸酯酶基因被注释。与已知物种 *Nasonia vitripennis* (Nv)、*Danaus plexippus* (Dp)、*Bombyx mori* (Bm)、*Locusta migratoria* (Lm) 进行比较，建立系统发育树，共有 52 条羧酸酯酶基因被建树，分属于羧酸酯酶的 5 个家族。35 条序列属于 Clade A，7 条序列属于 Clade H，4 条序列属于 Clade D，3 条序列属于 Clade E，3 条序列属于 Clade F。在 GO 数据库中的所有羧酸酯酶均被注释为 "hydrolase activity（GO：0016787）"和"carboxylic ester hydrolaseactivity（GO：0052689）"功能；在 COG 数据库中注释为"lipid transport and metabolism"，说明羧酸酯酶基因对杀虫剂的代谢，尤其是酯类杀虫剂的代谢具有重要作用，其对于研究杀虫剂抗性非常重要。

在大垫尖翅蝗转录组数据库中筛选发现了 43 个 *GSTs* 序列被注释。通过与已知物种 *Bemisia tabaci*（Bt）、*Nasonia vitripennis*（Nv）、*Acyrthosiphon pisum*（Ap）、*Drosophila melanogaster*（Dm）、*Tribolium castaneum*（Tc）、*Locusta migratoria*（Lm）进行系统发育分析，其中有 24 条 GSTs 序列成功建树。其余 19 条由于序列太短不能成功比对外，还有就是有些序列在已知的这几个物种里没有找到其同源性不能成功比对。建树的 24 条序列基因中，10 条分属于 Delta 家族，6 条属于 Sigma，3 条属于 epsilon 家族，2 条属于 Omega，1 条属于 Theta 家族，1 条属于 zeta 家族，序列 c24410.graph_c0 属于 microsomal。在 GO 数据库中，Sigma、Delta、Theta 家族的 GSTs 的功能注释"transferase activity"，Microsomal 的注释为"glutathione transferase activity"这些家族的基因均与昆虫的代谢活性相关。在 COG 数据库中，所有的 GSTs 基因都注释为："post-translational modification，protein turnover，chaperones"，表明 GSTs 具有一定的分子伴侣活性。

（四）解毒酶基因的相对表达量

大垫尖翅蝗转录组差异表达基因分析中显示，选择上调水平较高的解毒酶序列进行 q-PCR 相对表达量检测，11 条验证序列的扩增曲线是 S 形曲线，特异引物扩增的熔解曲线是单一峰。验证结果表明（图 5-17，图 5-18，图 5-19），5 条 p450 序列在 PR 品系中表达量均高于 PS 品系，其中 *gene*10（c37409.graph_c1）差异显著性最高，达到 0.001 水平。*Gene*8（c34963.graph_c0）、*gene*11（c39389.graph_c0）差异显著性到达 0.01 水平，*gene*9（c37409.graph_c0）差异显著性达到 0.05 水平。3 条 *CarE* 序列在 PR 品系中表达量也均高于 PS 品系，其中 *gene*1（c34612.graph_c0）在 0.01 水平差异显著，*gene*2（c30386.graph_c0）在 0.05 水平差异显著。3 条 GST 序列在 PR 品系中表达量也均高于 PS 品系，*gene*4（08747.graph_c1）在 0.01 水平差异显著，*gene*5

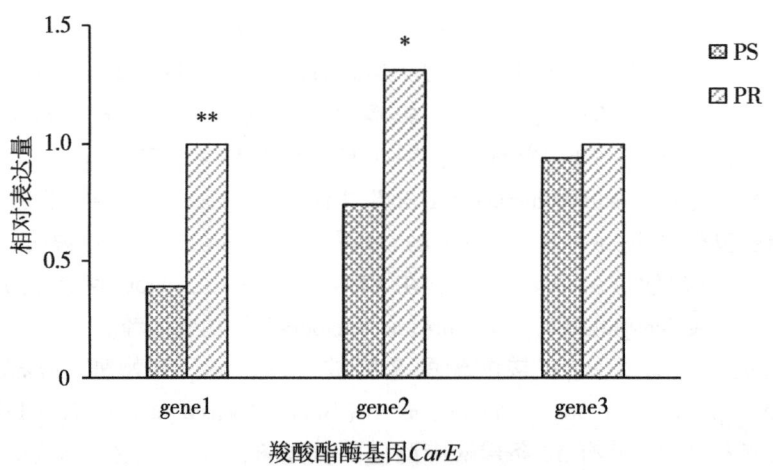

图 5-17 羧酸酯酶相对表达量 q-PCR 检测结果

(c31380. graph_c0) 在 0.05 水平差异显著, *gene*6 (c33067. graph_c0) 虽相对表达量较高, 但是差异不显著。以上结果证明差异表达基因的 q-PCR 检测与转录组测序结果较一致。

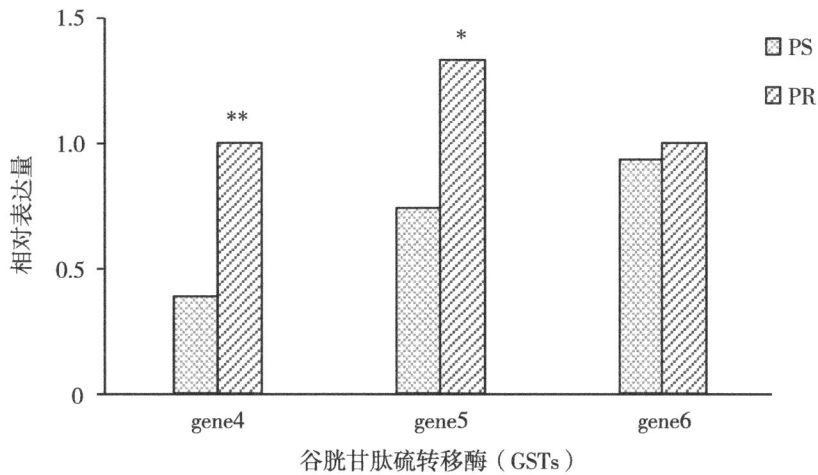

图 5-18 谷胱甘肽硫转移酶相对表达量 q-PCR 检测结果

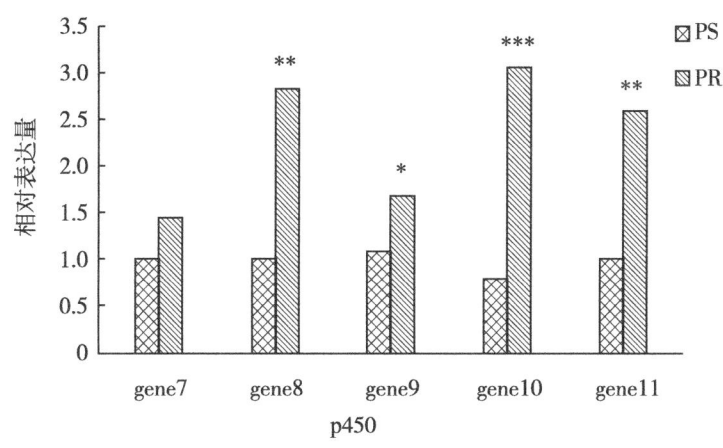

图 5-19 p450s 相对表达量 q-PCR 检测结果

三、结论与讨论

(一) 结论

在目前大垫尖翅蝗的研究中, 有 316 条编码解毒酶的基因被注释, 其中 43 谷胱甘肽硫转移酶 (GSTs)、90 羧酸酯酶 (CarEs) 和 183 细胞色素 p450s。有 76 unigenes 编码杀虫剂的目标蛋白, 其中 11 γ-氨基丁酸受体 (GABAR), 15 烟碱型乙酰胆碱受体 (nAChRs), 3 鱼尼丁受体 (Ryanodine receptor), 38 乙酰胆碱酯酶 (AChEenzyme) 和 10 电压门控钠离子通道 (VGSC)。GO 注释中这些基因的功能均与杀虫剂在昆虫体内的作用及代谢有关。

对这些解毒酶基因及靶蛋白基因的 SNP 位点进行统计分析，有 AT、AC、AG、GT、CG、CT 类型，PS 和 PR 两个品系解毒酶基因的 SNP 位点数分别是 135 和 128，靶蛋白基因的 SNP 位点数分别是 76 和 77。总体位点数量没有大的变化，但是 SNP 类型和数量在敏感品系和抗性品系之间变化较大。通过这些 SNP 位点来挖掘和发现抗性相关的基因突变具有重要的参考价值。

针对大垫尖翅蝗转录组测序结果，共挑选了 3 类具有代表性的抗性相关的基因家族细胞色素 p450（Cytochrome p450，p450）、羧酸酯酶（CarE）、谷胱甘肽硫转移酶（Glutathione S-transferases，GSTs），与已知物种基因进行比对，58 条 p450 基因分属于 14CYP 家族，52 条 *CarE* 分属于 5 类，24 条 GSTs 分属于 Sigma、Delta、Epsilon、Theta、Zeta、Omega 6 个家族和 Micromal。其中大部分家族与昆虫体内杀虫剂代谢关系密切。同时这些解毒酶基因中有 48 条差异表达，其中上调 23 条，下调 25 条。结合第六章差异基因 GO、KEGG 分析结果，筛选出 11 条上调表达的解毒酶基因，进行后续定量分析。

通过 q-PCR 方法检测 11 条上调表达的解毒酶基因，结果 11 条基因均上调，转录组差异表达基因信息相一致。同时，检测的 11 条上调表达基因中，有 8 条表达量差异显著，4 条 p450 基因序列属于的 *CYP*18、*CYP*302 家族和 *CYP*4 家族，2 条 *CarE* 基因序列属于 CladeA 和 CladeD 家族。2 条 *GSTs* 基因，其中 1 条属于 Sigma 的家族，在 CO、COG 和 KEGG 数据库中注释均是代谢杀虫剂的解毒酶基因，这些基因将是进一步研究的抗性发生机理的候选基因。

（二）讨论

1. 靶标抗性

昆虫对杀虫剂的抗性水平从低到高的发展过程不仅与解毒酶代谢增强有关，而且与靶标基因突变有关。一般情况下，低水平抗性由代谢抗性占主导地位而靶标抗性占次要地位，然而随着农药选择压力的加强，会导致靶标突变占主导地位而代谢抗性占次要地位，很多害虫的抗药性都证实了这一观点。本文中抗性品系的抗性倍数仅仅达到 12 倍，还不能肯定抗性是由点突变引起的。虽然在大垫尖翅蝗抗性和敏感品系中检测到不同的 SNP 类型和数量，但是仅凭 SNPs 也不能全面弄清抗性发生的分子机理，但是可以为后期抗性突变检测提供基础信息。

杀虫剂靶标位点包括 GABA 受体、烟碱型乙酰胆碱酯酶受体亚基、鱼尼丁受体、乙酰胆碱酯酶和电压门控钠离子通道（VGSC）。这些目标蛋白已被报道与杀虫剂抗药性有关，也发现这些目标蛋白大量的突变导致昆虫不同程度的不敏感性。例如 VGSC 的 M918V、L925I 和 T929V 位点突变与对拟除虫菊酯的抗性有关，褐飞虱对吡虫啉的抗性与 2 个烟碱型乙酰胆碱受体亚基 Nla1 和 Nla3 保守位置（Y151S）的单一位点突变有关。小菜蛾对氯虫苯甲酰胺的抗性与鱼尼丁受体中的 4 个位点突变有关。

GABA，y-氨基丁酸，是脑内一种重要的抑制性氨基酸类神经递质，至少有 4 种互相变构的结合位点位于同一受体复合物上，且通过与 GABA 受体结合而发挥其生物学功能。在哺乳动物体内 GABA 受体分为 GABAA、GABAC 离子型受体，和 GABAB 代谢性受体 3 种类型。昆虫 GABA 受体类似于哺乳动物的 GABAA 受体，均是由 5 个 50 kD 的亚基组成，分子量为 220~400 kD 的寡聚蛋白。昆虫 GABAR 是环戊二烯（硫丹、七氯）、氟虫腈，以及阿维菌素等多种杀虫剂的作用靶标。曾有研究表明，烟粉虱对硫丹的抗药性与 GABA 受体亚基基因突变有关；家蝇 GABA 受体亚基 TM2 区域 2′发生突变，是昆虫对狄氏剂产生抗性的主要原因。小菜蛾 GABA 受体的 *Rdl* 基因（Rdl1a->Rdl1s）的突变与小菜蛾对氟虫腈的高水平抗性有关。灰飞虱对氟虫腈抗性可能与 GABA 受体基因 *A2′N* 突变有关；丁烯氟虫腈与氟虫腈同属于苯基吡唑类杀虫剂，可能具有相同的作用机理。本研究发现，大垫尖翅蝗 76 unigenes 编码杀虫剂的靶蛋白，其中有 10 个 unigenes 编码 GABA 受体，并检测到 GABA 受体有 38 个 SNP 位点，所以这些基因及其 SNP 位点将是下一步筛选突变位点，研究害虫对丁烯氟虫腈抗性机理与 GABA 受体相关性的基础信息。

2. 代谢抗性

昆虫体内的解毒酶细胞色素 p450s、羧酸酯酶（CarEs）和谷胱甘肽硫转移酶（GSTs）参与外源物质、植物次生物质和杀虫剂的代谢。在大垫尖翅蝗转录组中被注释的 316 unigenes 编码解毒酶蛋白，前人对其他昆虫转录组测序分析，也发现了不同种类和数量的解毒酶基因。例如烟粉虱中发现 35 条 p450s、6 条羧酸酯酶、17 条 GSTs 新的转录本，柑橘粉虱中 53 条 p450s、49 条羧酸酯酶和 15 条 *GSTs* unigenes，热带臭虫中 102 条 p450s 基因。此外，对昆虫全基因组测序分析发现，在埃及伊蚊中 164 条，豌豆长管蚜中 83 条，果蝇中 85 条，冈比亚按蚊中 106 条 p450s。这些解毒酶的 unigenes 序列是进行功能鉴定及抗性分析的首先基因。

细胞色素 p450（Cytochromep450 或 CYP450）是超基因家族，广泛地存在于各类生物体内。参与植物次生物质和杀虫剂的代谢反应，对昆虫生长、发育、繁殖和防御等方面起着重要作用。近年来，越来越多的研究发现 p450s 对杀虫剂的代谢解毒作用是昆虫产生抗药性的主要机制，也是国际学术界研究的热点之一。

在大垫尖翅蝗转录组中，58 条 p450 基因与全基因组的昆虫进行成功建树。被分属于 14 个家族，其中 *CYP4*、*CYP6*、*CYP9* 家族的基因数量最多。柑橘粉虱的研究中发现 17 个 p450s 属于 *CYP2*、*CYP3* 和 *CYP4* 家族。烟粉虱研究中 37 个 p450 转录本中，大部分属于 *CYP6* 和 *CYP4* 家族。已有研究报道 *CYP3*、*CYP4*、*CYP6* 家族的 p450s 在一些昆虫中与其抗药性密切相关。COG 数据库中，p450 家族均有 "second metabolites biosynthesis, transport and catabolism" 的功能注释，也表明 p450s 是昆虫体内主要的解毒代谢酶之一。因此，在抗药性时，这几个家族的基因可以作为重点关注的基因。

果蝇 DDT 中等抗性与 *Cyp6g1* 过量表达有关，冈比亚按蚊对 DDT 的抗性与 *Cyp6Z1* 上调表达有关烟粉虱对吡虫啉抗性与 *CYP6CM1* 的过量表达有关，也与 *CYP4C64* 有关。在 10 个 p450 差异表达基因序列中，选择 5 条进行 Q-PCR 检测，发现 c37409.graph_c1、c37409.graph_c0、c34963.graph_c0 和 c39389.graph_c0 4 条序列均超表达，且差异显著。这 4 条序列在分类中分别属于 *CYP4* 和 *CYP302*、*CYP18* 家族。因此，今后可以重点针对这些基因进行抗药性的深入研究。

GSTs 也是一类超基因家族酶，广泛地分布于多种动植物以及微生物中。*GSTs* 具有

多种功能，广泛参与昆虫对外源性物质的解毒作用，如杀虫剂、除草剂和植物次生物质等均可由其催化代谢。依据 *GSTs* 在细胞中的定位和功能，昆虫体内 *GSTs* 主要属于胞质型，常见的家族有 Sigma、Delta、Epsilon、Theta、Zeta、Omega 6 个家族。大垫尖翅蝗转录组与已知物种相比较，鉴定出 GSTs 分别属于这 6 个家族，还有 1 条序列属于 Microsomal，其中 Delta、家族成员数最多，其次是 Sigma 家族。在温室粉虱转录组中最大的家族是 Delta，然而在柑橘粉虱转录组中只有 3 条基因序列属于 Delta 家族，在 Acyrthosiphonpisum 和 Myzuspersicae 的转录组中未发现 Zeta 和 Epsilon 家族的 *GSTs*。据报道，埃及伊蚊和烟粉虱对 DDT 和新烟碱类杀虫剂抗性的产生与 Sigma 家族的 *GSTs* 有着重要的联系，在大垫尖翅蝗转录组中 Sigma 家族成员也较多，尤其是 c8747.graph_c0 序列，在转录组差异表达基因里被注释上调表达，经过 Q-PCP 检测让然极其显著的上调表达。因此，在下一步抗性研究中它是重点关注 GSTs 基因，即可利用 RNA 干扰等技术进行功能验证，从而揭示 Sigma 家族的 GSTs 在蝗虫抗药性产生过程中的重要作用。

CarEs 属于酯酶超基因家族重要一员，主要催化酯、硫酸酯和酰胺的水解．在昆虫众多的生理活动中均起着重要的作用。据报道，*CarEs* 可以被分为 13 个家族，本研究通过系统进化树分析，52 条 *CarEs* 基因分属于 *CladeA*、*CladeD*、*CladeE*、*CladeF*、*CladeH* 5 个家族，其中 *CladeA* 家族成员最多。在温室粉虱研究中并没有发现 Clade D 家族的 *CarEs*。在 COG 数据库中 *CarEs* 均具有运输和代谢的作用，所以其与昆虫抗药性的产生有着重要的联系，机制包括该酶的过量表达以及结构变化等。在 *CarEs* 中与昆虫抗药性相关的基因属于 *CladeA-C* 家族，本研究中大部分序列属于 *CladeA* 家族。尤其是 1 条经过定量检测显著上调的序列，也属于 *CladeA* 家族，下一步将重点关注 c34612.graph_c0 这条基因序列与大垫尖翅蝗抗药性之间的关系。

许多研究表明，昆虫对杀虫剂的抗性表现为体内各种解毒酶的超表达。例如，温室白粉虱蚊蝇醚抗性品系（TV8pyrsel）p450 基因（*CYP4G61*）超表达 81.7 倍，大豆蚜高效氯氟氰菊酯抗性品系，羧酸酯酶表达水平提高 5.88 倍，基因拷贝数增加 2.93 倍（张桦，2013）。棉蚜溴氰菊酯抗性品系中，羧酸酯酶表达水平提高 6.61 倍。白背飞虱（sogatella furcifera）氟虫腈抗性种群 p450 单加氧酶活性大大增加，烟粉虱（Bemisia tabaci）、灰飞虱（Laodelphax striatellus）对氟虫腈抗性也由多功能氧化酶活力升高所致。羧酸酯酶基因 pxae22 和 pxae31 表达变化影响小菜蛾（plutella xylostella）对氟虫腈的敏感性。二化螟（Chilo suppressalis）对氟虫腈抗性与羧酸酯酶和多功能氧化酶活力增加有关。由于丁烯氟虫腈与氟虫腈属于同类药剂，可能具有相同的抗性机制。根据以上的分析可以判断本研究所发现的 23 条上调的解毒酶基因可能参与了对丁烯氟虫腈的代谢，与抗性形成具有一定的联系。

实现研究基因表达差异的主要方法有 Northern 杂交、点杂交、差异显示技术（DD-PCR）、寡核苷酸芯片、cDNA 阵列（cDNA macroarray 和 cDNA microarray）和实时荧光定量 PCR（real-time PCR，real-time quantitative PCR，qRT-PCR）等。实时荧光定量 PCR 是一种利用荧光信号实时监测体外 DNA 分子 PCR 复制过程中每个循环的扩增产物，通过 Ct 值和标准曲线的分析对起始模板进行定量分析，具有准确、快速、灵敏、特异等优点。荧光染料和双荧光探针定量 PCR 的方法常用于基因表达差异的分析研究中。例如利用荧光定量 PCR 技术检测不同品系家蝇体内的差异表达的基因，与利用基因芯片检测的结果基本吻合。同时，高通量测序后对显著差异表达基因或感兴趣基因也可以进行 qPCR 验证，简单、快速，已确保测序结果的准确性和可靠性提供依据。一般采用 $2^{-\triangle\triangle C_t}$ 方法分析 qPCR 实验中基因表达的相对变化。在大垫尖翅蝗抗性品系中发现 23 条上调表达的解毒酶差异基因，选择其中有 11 条上调基因通过 Q-PCR 的验证，其检测结果与转录组测序结果一致，为差异基因的进一步研究提供了技术保障。

所以根据以上研究结果，今后可以重点针对 c37409.graph_c1、c37409.graph_c0、c34963.graph_c0 和 c39389.graph_c0 4 条 p450 基因，2 条羧酸酯酶序列 c34612.graph_c0 和 c30386.graph_c0 及 1 条 *GST* 基因 c8747.graph_c0 这些基因序列进行抗药性的深入研究。尤其是探究 c8747.graph_c0 序列在代谢通路中的调控作用及与大垫尖翅蝗抗药性之间的关系。同时超表达的 p450 基因序列属于 *CYP*302、*CYP*18 家族，所以更要验证这两个家族与抗性形成的关系，及其在分类上与 *CPY*2 家族的联系。同时，还要通过 RNA 干扰等技术手段对这些差异基因进行功能验证，以期获得大垫尖翅蝗丁烯氟虫腈抗性与解毒酶的确切关系。从而利用解毒酶抑制剂来控制抗性发展速度，发挥化学农药及时高效控制蝗灾的作用。

第六章 食用豆害虫防治技术研究

第一节 几种杀虫剂对豆蚜的毒力比较

近年来，蚜虫的防治技术研究进入了一个新的时期，农业防治、物理防治、化学防治、生物防治、生态调控等技术都取得了重大进展。其中最为有效也是最为重要的就是化学防治，在蚜虫大暴发时化学药剂毒杀是最快控制虫害的方法。但是由于长时间无限制使用化学药剂，造成蚜虫的抗性逐年增加，防治效果逐年下降，使得用药量逐年增加，抗性继续上升，最终形成一个恶性循环。随着近些年国家对环保的重视，农业生产上对于农药的使用越加严格。摒弃传统农药的高毒高残留等特点，新型生物农药越来越被人们所重视。

生物农药属于绿色农药的范围，对于环境的适应能力强，而且无污染，原料比较广泛，抗药性也比较弱，不会对环境造成破坏，具有很高的使用价值。目前生物农药主要分为微生物农药、动物源农药、植物源农药、转基因生物、天敌生物等几大类。我国已经掌握了上百种生物农药的关键技术及产品研制的技术路线，上千个产品获得登记和推广应用，其中苏云金杆菌、阿维菌素、赤霉酸、枯草芽孢杆菌、乙烯利、木霉菌、苦参碱等产品深受农户喜欢。

阿维菌素是一种广谱性昆虫神经毒剂，主要通过刺激害虫神经传递介质释放，扰乱其正常神经传递机理，抑制肌肉神经传递，使其麻痹不活动拒食致死。主要通过胃毒和触杀进行作用，不易产生抗性。植物源农药鱼藤酮是一种强触杀型杀虫剂，同时还具有胃毒作用。主要是通过体壁进入害虫体内，迅速抑制其线粒体的呼吸，使其呼吸链的传递中断，致使害虫迟滞昏迷死亡。植物源农药除虫菊素是一种具有极强触杀效果的杀虫剂，通过害虫体壁进入体内，刺激其中枢神经系统使害虫过度兴奋而后全身麻痹最后死亡，昆虫很难对其产生抗药性。植物源农药印楝素能破坏害虫口器上的化学感受器，使害虫拒食最后饿死，同时印楝素还能阻碍害虫蜕皮激素的合成，从而抑制其生长发育。藜芦碱是一种植物性农药，具有触杀性和胃毒性；经表皮或食入消化系统后，抑制害虫周围神经的传播，导致中枢神经系统紊乱，最终瘫痪死亡；同时藜芦碱还能提高植物本身的免疫力，起到消灭害虫和促进植物生长的双重作用。植物源农药苦参碱具有触杀和胃毒作用，作用机理是使害虫中枢神经系统麻痹，进而使害虫体内蛋白质凝固，气孔堵塞，最后窒息而亡。植物源农药苦皮藤素是一种胃毒型杀虫剂，主要破坏昆虫的消化系统，使昆虫进食困难，最终脱水或者由于饥饿而死亡。

以上7种生物农药在害虫防治上都已经有一定应用,尤其在果蔬害虫防治上已经得到广泛应用。一些农药对蚜虫的防治也有一定的理论依据。为了评价不同生物农药防治豆蚜的效果,本实验选用大庆地区绿豆普遍栽培品种大明绿作为豆蚜的寄主植物,利用浸渍法测定鱼藤酮、除虫菊素、印楝素、藜芦碱、苦参碱、苦皮藤素、阿维菌素7种生物杀虫剂对豆蚜的室内毒力,为生物杀虫剂的应用提供理论依据。

一、材料与方法

(一) 供试昆虫与作物

豆蚜采集于黑龙江八一农垦大学农学院绿豆实验地,带回实验室以盆栽绿豆为寄主,在室温 (25±1)℃、光照周期 L:D=16 h:8 h、相对湿度(RH) 65%~75%饲养条件下形成稳定种群备用,实验前不与任何农药接触。选择大小相近的无翅(3~4龄)豆蚜若虫作为试验对象。供试作物为绿豆品种大明绿。

(二) 试验杀虫剂

供试药剂见表6-1。

表6-1 药剂种类

药剂名称	生产厂家
5%鱼藤酮可溶性液剂	云南南宝生物科技有限责任公司
1.5%除虫菊素水乳剂	云南南宝生物科技有限责任公司
0.5%印楝素乳油	山东惠民中农作物保护有限公司
0.5%藜芦碱可溶性液剂	邯郸市建华植物农药厂
0.5%苦参碱可溶性液剂	韩国生物株式会社
1%苦皮藤素乳油	新乡市东风化工有限公司
2%阿维菌素乳油	青岛瀚生生物科技股份有限公司
80%吡虫啉水分散粒剂	山东惠民中联生物有限公司
25%阿克泰水分散粒剂	先正达投资有限公司
22%氟啶虫胺腈悬浮剂	美国陶氏益农有限公司

(三) 室内毒力测定

使用浸渍法进行毒力测定,将药剂按照等比例配制5~6个浓度,每个浓度处理重复3次。将携带有蚜虫的叶片浸蘸药液 1~2 s 后迅速拿出,将叶柄包上脱脂棉保湿,然后放入13 cm培养皿中正常饲养。以不浸蘸药液的蚜虫为对照。每24 h更换新鲜叶片,并于24 h、48 h分别检查蚜虫死亡数量。用笔尖轻碰豆蚜的腹部,不动则视为死亡。

$$死亡率(\%) = \frac{死虫数}{总虫数} \times 100$$

$$校正死亡率（\%）= \frac{对照组生存率 - 处理组生存率}{对照组生存率} \times 100$$

（四）数据分析

利用 Microsoft Excel 软件计算毒力回归方程、致死中浓度 LC_{50}。

二、结果与分析

（一）化学杀虫剂对豆蚜的毒力

利用各杀虫剂不同浓度及其所对应的豆蚜死亡率，计算出 24 h 各种杀虫剂对豆蚜的毒力回归方程（表6-2），R^2 值均达到 0.9 以上，符合线性规律，可以通过直线方程求出各药剂对蚜虫的 LC_{50}。3 种杀虫剂对豆蚜的毒力不同，其中，噻虫嗪的 LC_{50} 为 10.59 mg/L，氟啶虫胺腈的 LC_{50} 为 15.33 mg/L，吡虫啉的 LC_{50} 为 18.39 mg/L。因此 3 种药剂的毒力大小顺序为：噻虫嗪＞氟啶虫胺腈＞吡虫啉。

表6-2 不同化学药剂对豆蚜的毒力

药剂	毒力回归方程	$LC_{50}/(\mu g/mL)$	R^2
噻虫嗪	$y=1.8933x+3.0609$	10.59	0.91
吡虫啉	$y=1.0926x+3.6193$	18.39	0.90
氟啶虫胺腈	$y=4.8064x-0.6977$	15.33	0.90

（二）生物杀虫剂对豆蚜的毒力

将数据进行转换，利用 Microsoft Excel 软件计算毒力回归方程、致死中浓度 LC_{50} 得到 7 种生物杀虫剂对蚜虫的毒力回归方程。除阿维菌素外其余药剂直线方程的 R 值均在 0.96~0.99，所以所得到的直线方程都成立，得到的 LC_{50} 值可信。6 种生物杀虫剂对蚜虫 24 h 室内毒性试验结果表明，印楝素对蚜虫的毒性最强，致死中浓度为 38.62 μg/mL，其次是苦参碱、藜芦碱、除虫菊素、苦皮藤和鱼藤酮，LC_{50} 值分别是 69.72 μg/mL、156.13 μg/mL、159.85 μg/mL、329.80 μg/mL 和 338.80 μg/mL（表6-3）。

表6-3 7种生物杀虫剂对蚜虫 24 h 室内毒力测定结果

药剂名称	直线方程	$LC_{50}/(\mu g/mL)$	R^2
5%鱼藤酮可溶性液剂	$y=0.831\ 6x+2.896\ 1$	338.80	0.946 0
1.5%除虫菊素水乳剂	$y=1.649\ 6x+1.364\ 7$	159.85	0.967 6
0.5%印楝素乳油	$y=0.541\ 7x+4.140\ 4$	38.62	0.962 7
0.5%藜芦碱可溶性液剂	$y=0.447\ 3x+4.018\ 9$	156.13	0.843 5
0.5%苦参碱可溶性液剂	$y=1.283\ 4x+2.634\ 3$	69.72	0.988 5
1%苦皮藤素乳油	$y=0.902\ 9x+2.726\ 2$	329.80	0.941 9

48 h 各个药剂的毒力由大到小分别是苦参碱、印楝素、藜芦碱、除虫菊素、阿维

菌素、苦皮藤和鱼藤酮，LC_{50}值分别是 0.24 μg/mL、10.49 μg/mL、30.04 μg/mL、64.47 μg/mL、93.72 μg/mL、99.55 μg/mL、133.60 μg/mL（表6-4）。通过24 h、48 h毒力测定结果，7种生物杀虫剂对豆蚜虫的毒力由高到低的顺序依次为苦参碱＞印楝素＞藜芦碱＞除虫菊素＞阿维菌素＞苦皮藤＞鱼藤酮。

表6-4　7种生物杀虫剂对蚜虫48 h室内毒力测定结果

药剂名称	直线方程	LC_{50}/(μg/mL)	R^2
5%鱼藤酮可溶性液剂	$y=0.777\,1x+3.348\,1$	133.60	0.945 0
1.5%除虫菊素水乳剂	$y=1.420\,1x+2.430\,5$	64.47	0.911 2
0.5%印楝素乳油	$y=1.081\,1x+3.896\,6$	10.49	0.877 2
0.5%藜芦碱可溶性液剂	$y=0.503\,5x+4.256\,0$	30.04	0.958 4
0.5%苦参碱可溶性液剂	$y=0.630\,4x+5.392\,7$	0.24	0.971 3
1%苦皮藤素乳油	$y=1.414\,6x+2.173\,6$	99.55	0.933 3
2%阿维菌素乳油	$y=1.008\,3x+3.011\,9$	93.72	0.819 8

三、结论与讨论

（一）结论

通过测定杀虫剂对于豆蚜的室内毒力，结果表明3种化学药剂对豆蚜48 h的毒力大小顺序为：噻虫嗪＞氟啶虫胺腈＞吡虫啉。7种生物杀虫剂对豆蚜24小时室内毒力大小为印楝素、苦参碱、藜芦碱、除虫菊素、苦皮藤素、鱼藤酮，致死中浓度分别为38.62 μg/mL，69.72 μg/mL，156.13 μg/mL，159.85 μg/mL，329.80 μg/mL，338.80 μg/mL和1 174.1 μg/mL。48 h室内毒力大小为苦参碱、印楝素、藜芦碱、除虫菊素、阿维菌素、苦皮藤、鱼藤酮，致死中浓度分别为0.24 μg/mL、10.49 μg/mL、30.04 μg/mL、64.47 μg/mL、93.72 μg/mL、99.55 μg/mL、133.60 μg/mL。通过24 h、48 h毒力测定结果，可知对蚜虫毒力高的药剂是苦参碱、印楝素和藜芦碱，然后是除虫菊素、阿维菌素、苦皮藤和鱼藤酮。

在蚜虫的防治中可以选择以上7种生物药剂与其他化学药剂交替使用，以减少防治过程中蚜虫产生的抗性问题，提高防治的效果。田间对于以上药剂的推广应用较少，仍有必要继续开展药剂的田间防治效果试验，明确环境条件对药剂的毒杀作用、持效期等的影响，进而更加完善药剂的最佳施用技术。

（二）讨论

本试验选择噻虫嗪、吡虫啉、氟啶虫胺腈3种化学杀虫剂对豆蚜进行毒力测定，48 h毒力高于生物杀虫剂。所以在绿豆田豆蚜防治上使用噻虫嗪、吡虫啉、氟啶虫胺腈这3类药效果较好。王鹏南（2015）用70%吡虫啉可湿性粉剂、25%阿克泰水分散颗粒剂、10%吡虫啶悬浮剂、5%啶虫脒乳油和2%阿维菌素可湿性粉剂对烟蚜进行了室内毒力测定得出结论，吡虫啉＞阿克泰＞阿维菌素＞吡虫啶＞啶虫咪，说明氯化烟酰类杀虫剂对蚜虫毒力较高，是防治蚜虫的首选化学药剂。

本试验中的7种生物杀虫剂分别属于植物源农药和微生物农药，这两类生物农药与传统农药相比，对环境的影响更小，用药后的安全间隔期短，对最大残留量限制少，而且具有高效、低毒、抗药性低的特点。有研究利用九种生物农药对两种蔬菜蚜虫进行室内毒力测定，1.5%除虫菊素水乳剂、7.5%鱼藤酮乳油、0.3%印楝素乳油和1.8%阿维菌素乳油等4种药剂对蚜虫48 h死亡率均达到85%以上。本试验结果发现除虫菊素、鱼藤酮、印楝素和阿维菌素对蚜虫48 h死亡率达到了88%以上，与刘春来的室内毒力测定结果一致。在新疆利用5种生物农药对新疆枣树叶螨室内毒力和田间药效实验中指出，在室内毒力测定中0.3%苦参碱水剂和0.5%印楝素乳油的致死中浓度分别为0.02 mg/L和2.26 mg/L，苦参碱毒力远大于印楝素。在本试验中毒力测定中，苦参碱毒力也高于印楝素，结果相似。杜玉宁等（2007）进行的4种生物农药对枸杞蚜虫的室内毒力测定中，得出4种生物农药对枸杞蚜虫的毒力表现出较大的差异，2.5%鱼藤酮乳油对枸杞蚜虫的最大致死中量为3.05 mg/L，0.5%藜芦碱致死中量为6.06 mg/L，这两种生物药剂对枸杞蚜虫具有良好的防治效果，且速效性较好。在徐建陶等（2008）几种植物源农药对蚜虫的生物活性测定试验中，采用浸渍法测定了苦参碱、印楝素和吡虫啉等几种农药的毒力活性。结果表明，其对甜瓜蚜虫的毒性LC_{50}值为0.88 mg/L、3.58 mg/L、33.18 mg/L，两种生物药剂对蚜虫都有非常好的效果。以上研究表明，试验所选的几种生物农药对蚜虫和其他农业害虫均表现出了较好的防治效果，在农业生产中可以进一步推广应用。

无论是普通化杀虫剂还是新型生物杀虫剂，研究害虫对这些杀虫剂产生抗性的机理及抗性治理的措施，尽量避免或延缓抗性也是农业生产亟须解决的问题。

第二节　几种药剂对豆蚜和红蜘蛛的田间防治效果

一、材料与方法

（一）供试药剂和食用豆品种

供试药剂见表6-5。供试绿豆品种为大明绿，红小豆品种为农安红2号。实验地点为黑龙江八一农垦大学实验基地食用豆种植区。

（二）试验方法

将绿豆分成11个区以清水为对照，喷施10种杀虫剂；将红小豆分成7个小区，喷洒6种杀虫剂，喷洒清水为对照区。利用背负式喷雾器，喷液量为300 L/hm^2。喷药前每个小区随机调查15片叶的蚜虫或红蜘蛛数量，喷药后1 d、3 d、7 d、10 d后，每个小区随机调查15片叶蚜虫或红蜘蛛数量，计算虫口减退率。

(三) 计算公式

$$\text{虫口减退率}(\%) = \frac{\text{施药前活虫数} - \text{施药后活虫数}}{\text{施药前活虫数}} \times 100$$

表6-5 药剂种类及用量

药剂	用量/(mL/亩)
1.8%阿维菌素微乳剂	30
10%阿维哒螨灵乳油	25
4.5%高效氯氰菊酯微乳剂	30
1.3%苦参碱水剂	30
0.5%印楝素乳油	100
1%苦皮藤乳油	60
1.5%除虫菊酯水乳剂	75
0.5%藜芦碱可溶性液剂	30
22.4%螺虫乙酯悬浮剂	30
6%鱼藤酮微乳剂	30
17%极显可溶液剂	30

二、结果与分析

(一) 豆蚜田间药剂防治效果

选择10种杀虫剂对豆蚜进行田间防治试验。由图6-1可见，化学农药高效氯氰菊酯、氟吡呋喃酮和抗生素类农药阿维菌素的速效性较好，施药1 d防效在65%以上。植物源农药印楝素、除虫菊素和鱼藤酮的速效性也较好，1 d防治效果也在50%以上。7 d大部分药剂的防治效果达到最高值。其中极显、阿维菌素、高效氯氰菊酯的防效均达到95%以上。植物源农药的最高防效74.29%，其中苦参碱、苦皮藤和藜芦碱对蚜虫的防治效果不理想。

(二) 红蜘蛛田间药剂防治效果

选择6种杀虫剂对红蜘蛛进行田间防治试验。由图6-2可见，6种杀虫剂对红蜘蛛均表现出很好的防治效果。对红蜘蛛速效性好的药剂是螺虫乙酯，前3 d螺虫乙酯的防效在70%~90%，其他几种药剂的防效均低于42%。10 d所有药剂的防治效果达到最高值，即除阿维哒螨灵的防治效果为85%外，其他药剂防治效果均超过90%。鱼藤酮、除虫菊素、印楝素和藜芦碱这几种植物源农药可以建议在田间与其他药剂交替应用来防治红蜘蛛，可以避免田间红蜘蛛对化学药剂抗药性的发生和发展。

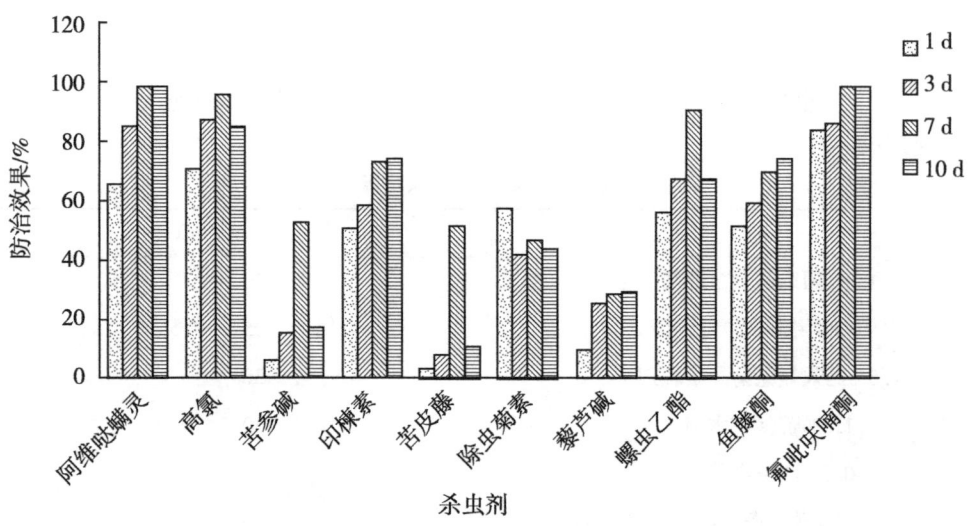

图 6-1　不同杀虫剂对豆蚜防治效果

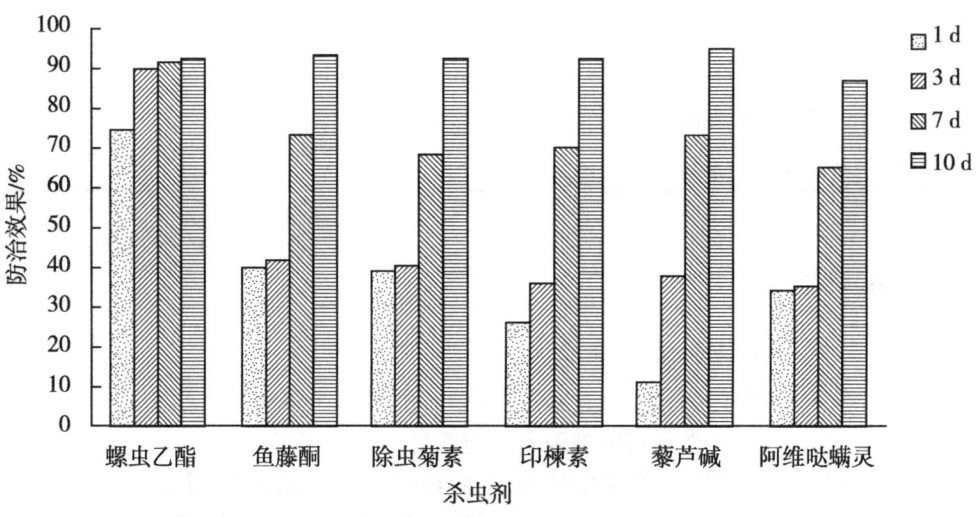

图 6-2　不同杀虫剂对红蜘蛛防治效果

三、结论与讨论

化学农药高效氯氰菊酯、氟吡呋喃酮和抗生素类农药阿维菌素对豆蚜的速效性较好，7 d 的防效均达到 95% 以上。植物源农药鱼藤酮和印楝素的最高防效 74.29%，其中苦参碱、苦皮藤和藜芦碱对豆蚜防治效果较低。6 种杀虫剂对红蜘蛛均表现出很好的防治效果。螺虫乙酯对红蜘蛛防效好于阿维哒螨灵。药后 10 d，鱼藤酮、除虫菊素、印楝素和藜芦碱这几种植物源农药防治效果均超过 90%。可以建议在田间与其他药剂交替应用来防治红蜘蛛，可以避免田间红蜘蛛对化学药剂抗药性的发生和发展。

目前在蚜虫的防治上主要应用高效的氯化烟酰类杀虫剂和菊酯类杀虫剂。生物杀虫剂推广应用较少。在田间试验上赵应等进行的 4 种生物农药对高粱蚜虫的田间防控的结果显示，0.5%苦参碱、0.3%印楝素、5%阿维菌素乳油，施药 3 d 后的虫口退减率分别为 72.28%、74.45%、69.48%，用药 7 d 后的虫口退减率分别为 78.65%、82.38%、73.82%。几种生物制剂都具有较好的防效，可显著降低高粱蚜虫虫口密度，延长持效期。本研究发现几种生物杀虫剂也有较好的控制效果，可以与化学杀虫剂交替应用或混用。

针对杂豆田红蜘蛛，一定要从多方面防治，首先要减少红蜘蛛的越冬虫卵，尽量减少田间的杂草以及枯枝败叶，确保越冬卵孵化期没有食物，从而减少红蜘蛛成活数量。同时早春应进行翻地，减少红蜘蛛越冬场所。红蜘蛛发生时期也可以利用红蜘蛛的天敌进行防治，例如食螨瓢虫，小花蝽，增加天敌数量可以有效地控制红蜘蛛的数量。但最为主要的也较为常用的防治方法是化学防治，常见的杀螨剂种类也有很多，例如：噻螨酮，苯丁锡，乙螨唑等。随着农药的连续以及大量的使用，红蜘蛛早已对其产生抗药性，根据报道，台湾地区的柑橘红蜘蛛已对灭螨特、灭扫利、敌螨通等十余种杀螨剂均产生不同程度上的抗药性。所以本文主要使用 4 种新型植物源农药，以及 1 种较为常见的杀螨剂，挑选出更适合用于杂豆田的高效、安全的药剂是十分必要的。5%鱼藤酮可溶性液剂，7 d 虫口减退率为 73.25%，有研究在柑橘田使用 7.5%鱼藤酮乳油用于防治柑橘红蜘蛛，且 7 d 虫口减退率为 78.93%，与本试验结果接近；1.5%除虫菊素水乳剂，7 d 虫口减退率为 68.19%，据报道使用 5%的除虫菊素进行红蜘蛛的防治，7 d 虫口减退率为 76.7%，可能是药剂含量的差异造成的试验结果相差较大；0.5%印楝素乳油，7 d 虫口减退率为 70.29%，与伍亚琼（2017）在试验中得到的结果相近，其使用 0.3%印楝素防治柑橘田红蜘蛛，其 7 d 虫口减退率为 70.2%；0.5%藜芦碱可溶性液剂，7 d 虫口减退率为 73.38%，8%阿维·哒螨灵乳油，10 d 虫口减退率为 86.25%，有研究使用 10.5%阿维·哒螨灵乳油 10 d 虫口减退率高达 94.5%。

第三节　5 种杀虫剂对大庆地区蝗虫的田间防治效果

目前蝗虫的防治措施有很多，包括农业防治、生态防治、生物防治、化学防治和物理防治等，而化学防治仍是最主要的防治手段，也是在蝗灾大暴发时采取的最有效的应急措施。但是在农业生产过程中，存在化学农药乱用、滥用等一系列错误用药情况，导致害虫抗药性上升，防治效果不佳，严重污染环境、破坏生态系统等。同时，长期大量无限制地使用化学杀虫剂导致害虫的抗药性不断增强，因而形成增加农药使用量和使用次数的恶性循环。所以应用化学农药首先要使用高效、低毒、低残留的新型农药，二要科学用药，做到合理使用、适时使用、适度使用、对症使用。

通过对黄胫小车蝗进行抗性监测发现，菊酯类杀虫剂高效氯氰菊酯、氰戊菊酯对大庆肇源种群敏感性降低，而阿维菌素、丁烯氟虫腈和印楝素敏感性较高。为了更有效地防治大庆地区农牧交错地带蝗虫，本试验选用印楝素、阿维菌素、丁烯氟虫腈、氰戊菊酯和阿维·苏云菌，对蝗虫进行田间药效试验，为黑龙江省蝗虫田间防治及杀虫剂的选用提供参考。

一、材料与方法

(一) 试验地点

试验于 2013 年 7—8 月在大庆市红岗区百草园附近的天然草原进行，主要以碱草为主。

(二) 试验药剂

试验药剂及用量见表 6-6。

表 6-6 试验药剂种类及用量

药剂名称	药剂浓度	厂家	用量/(g/m² 或 mL/m²)
印楝素乳油	0.3%	云南中科生物产业有限公司	0.02 mL/m²
阿维菌素乳油	1.8%	青岛瀚生生物科技股份有限公司	0.20 mL/m²
丁烯氟虫腈乳油	5%	大连瑞泽农药股份有限公司	0.06 mL/m²
氰戊菊酯乳油	50 g/L	南京红太阳股份有限公司	0.06 mL/m²
阿维·苏云菌	0.05%·150 亿活芽孢/g	上海威敌生化（南昌）有限公司	0.20 g/m²
PBO 增效醚	—	SIGMA–ALDRICH CHEMIE GMBH	0.005 mL/m²

(三) 试验方法

采用笼罩式方法进行药效试验。试验共设置 6 个小区，其中包括 5 个处理区和 1 个对照区，各个小区随机排列。其中每个小区设置 3 次重复。每个小区采用纱网围成长 2.0 m、宽 1.5 m、高 1.0 m（面积为 3 m²）的封闭小区。利用捕虫网捕捉蝗蝻放入笼罩内，每个处理区（笼罩内）投放蝗蝻总数为 50 头。

选择适宜天气，利用手动小型喷雾器进行喷药，分别于喷药后 3 d、7 d、12 d 对各个处理区进行调查，检查活虫数量，记录数据。

(四) 数据处理与分析

该试验在喷药前和喷药后定期检查存活的虫口数量，利用存活虫口数量来计算虫口退减率和防治效果，计算公式如下。

$$虫口退减率（\%）= \frac{处理前虫口数量 - 处理后虫口数量}{处理前虫口数量} \times 100$$

$$防效（\%）= \frac{处理区虫口退减率 - 对照区虫口退减率}{1 - 对照区虫口退减率} \times 100$$

利用 SPSS 统计软件进行方差分析，多重比较采用 Duncan 法。

二、结果与分析

5 种药剂对红岗地区蝗虫的田间防效结果见表 6-7，结果表明，施药 3 d 后，阿维·苏云菌防效最低，其次是印楝素乳油，防效仅为 60%，阿维菌素和丁烯氟虫腈防效均较好，分别为76%和80%，且差异不显著，氰戊菊酯防效最高为92%，氰戊菊酯与阿维菌素和丁烯氟虫腈差异显著。施药7 d后，5种杀虫剂的防效均上升，氰戊菊酯防效达到100%，其次是阿维菌素和丁烯氟虫腈分别为91.7%和93.8%，两者差异不显著，氰戊菊酯与阿维菌素和丁烯氟虫腈差异不显著，印楝素防效较好87.5%，阿维·苏云菌防效最低77.1%；施药12 d后，阿维菌素、印楝素和丁烯氟虫腈防效均达到100%，阿维·苏云菌防效最低82.9%，与其他4种药剂差异显著。结果说明，氰戊菊酯防效始终最好、药效最快，其次是丁烯氟虫腈，对蝗虫也表现出很高的防治效果。印楝素和阿维·苏云菌则防效较慢，但是后期药效较理想。

表6-7 不同药剂对红岗地区蝗虫的田间防治效果　　　　　　　　单位：%

处理	药后3 d		药后7 d		药后12 d	
	减退率	防效	减退率	防效	减退率	防效
对照	0	—	4	—	18.0	—
氰戊菊酯	92.0aA	92.0aA	100.0aA	100.0aA	100.0aA	100.0aA
印楝素乳油	60.0cB	60.0cB	88.0abA	87.5abA	100.0aA	100.0aA
阿维菌素	76.0bAB	76.0bAB	92.0aA	91.7aA	100.0aA	100.0aA
丁烯氟虫腈	80.0bA	80.0bA	94.0aA	93.8aA	100.0aA	100.0aA
阿维·苏云菌	56.0cB	56.0cB	74.0bB	77.1bB	86.0bA	82.9bA

注：表中同列数据后相同字母代表方差分析在5%水平差异不显著，不同字母代表差异显著。

5种药剂对肇源地区蝗虫的防效结果见表6-8，在施药3 d、7 d、12 d后，氰戊菊酯防效始终较低。施药3 d后，印楝素防效最低58%，其次是阿维·苏云菌和氰戊菊酯防效分别为60.0%和62.0%且差异不显著，阿维菌素防效较好为80.0%，而丁烯氟虫腈和氰戊菊酯+增效醚（PBO）的防效最高分别为94.0%和92.0%，与其他药剂防效相比差异显著，说明增效醚（PBO）对氰戊菊酯有增效作用；施药7 d后，5种药剂防效均上升，氰戊菊酯防效最低为66.7%，阿维·苏云菌的防效为79.2%，二者差异显著，印楝素防效达到89.6%，阿维菌素防效较好95.8%，氰戊菊酯+增效醚（PBO）和丁烯氟虫腈的防效均达到100%，这4种杀虫剂防效差异不显著；施药12 d后，氰戊菊酯的防效最差为70.7%，而阿维·苏云菌的防效为88.1%，且与氰戊菊酯差异显著，氰戊菊酯+增效醚（PBO）、印楝素、丁烯氟虫腈和阿维·菌素的防效均达到100%，氰戊菊酯和阿维·苏云菌与其他4种杀虫剂防效差异显著。结果说明氰戊菊酯对肇源种群防治效果较差，增效醚（PBO）与氰戊菊酯混用对肇源地区蝗虫防效高，其他几种药剂的防治效果均较好。

表6-8 不同药剂对肇源地区蝗虫的田间防治效果　　　　　　　　单位：%

处理	药后3 d		药后7 d		药后12 d	
	减退率	防效	减退率	防效	减退率	防效
对照	0	—	4.0	—	18.0	—
氰戊菊酯	62.0bB	62.0bB	68.0cB	66.7cB	76.0aB	70.7cB

续表

处理	药后 3 d		药后 7 d		药后 12 d	
	减退率	防效	减退率	防效	减退率	防效
氰戊菊酯+PBO	92.0aA	92.0aA	100.0aA	100.0aA	100.0aA	100.0aA
印楝素乳油	58.0bB	58.0bB	90.0aA	89.6aA	100.0aA	100.0aA
阿维菌素	80.0abA	80.0abA	96.0aA	95.8aA	100.0aA	100.0aA
丁烯氟虫腈乳油	94.0aA	94.0aA	100.0aA	100.0aA	100.0aA	100.0aA
阿维·苏云菌	60.0bB	60.0bB	80.0bAB	79.2bAB	90.2bA	88.1bAB

注：表中同列数据后相同字母代表方差分析在5%水平差异不显著，不同字母代表差异显著。

三、结论与讨论

从对红岗种群和肇源地区黄胫小车蝗田间药效结果可以看出，氰戊菊酯、丁烯氟虫腈、阿维菌素、印楝素、阿维·苏云菌对红岗地区蝗虫的防治效果均很好。氰戊菊酯和丁烯氟虫腈药效迅速，3 d防效达到80%以上。而阿维·苏云菌药效发挥较慢，但是持效性好，药后12 d防效都高达80%以上，其余4种药剂的防治效果均达到100%。所以针对蝗虫的发生情况，可以选择不同类型的药剂进行控制。在蝗虫大发生时应该选择速效性的化学杀虫剂氰戊菊酯、丁烯氟虫腈等进行适时有效控制，当蝗虫虫口数量较少，可以选择生物性农药或化学农药与生物农药混用来控制蝗虫的虫口数量，使其不会大暴发。

氰戊菊酯对肇源地区蝗虫防治效果较差，其他几种药剂如丁烯氟虫腈、阿维菌素、印楝素、阿维·苏云菌对肇源地区蝗虫的防治效果均很好。药后3 d丁烯氟虫腈的防效高达94%，比红岗地区蝗虫防效高。但是将氰戊菊酯和增效醚（PBO）混用，3 d防治效果达到92%，与氰戊菊酯62%相比显著升高，也显著高于其他4种杀虫剂，可见增效醚（PBO）对氰戊菊酯增效作用显著。所以针对防治效果下降的农药，不要通过盲目增加农药用量提高防治效果，造成恶性循环。可以使用增效剂或其他类型农药替代应用来保证防效，既可以减少农药用量，又可以保护生态环境，达到经济效益、生态效益的双赢。

杀虫剂的选则利用对于有效地防治蝗虫起着关键性的作用，近年来随着化学农药抗药性的发生与发展，很多新型生物杀虫剂获得了很好应用。据报道利用8种生物杀虫剂对蝗虫进行防效评价，发现几种绿僵菌、白僵菌生物药剂防效较低，0.3%印楝素乳油防效较好；药后12 d，0.3%印楝素乳油防效在90%以上。董辉等（2011）应用绿僵菌与氟虫腈防治蝗虫的效果表明，氟虫腈前期防治效果显著高于绿僵菌。应用几种生物农药防治蝗虫效果试验结果表明，苦参碱、阿维菌素、印楝素和阿维·苏云菌的防治效果均较好，30 d的防效均超过70%。本文的研究结果也表明印楝素、阿维菌素、阿维·苏云菌对蝗虫防治效果很好，药后12 d防效均达80%以上。说明可以合理利用生物杀虫剂替代化学杀虫剂进行蝗虫的控制。陈汉杰等（2008）在对阿维菌素对几种果树害虫的毒力测定和安全性评估后，结果表明阿维菌素对山楂叶螨和梨木虱有较高的活性且较其他种类农药安全系数高。通过前人和本试验的研究结果也发现生物杀虫剂与化学杀虫剂相比作用效果慢，但是可大大降低环境污染，应根据各个地区蝗虫的发生情况选择适宜的药剂进行防治。并不是取替化学农药，这还需要漫长的过程。所以在农业生产中应将生物药剂和化学药剂轮换交替施用或混用，必要时应配合多项措施协调应用，对于建立有效的综合治理策略是非常重要的。

近些年增效剂的研究不断深入，将增效剂混配、混用越来越受到人们的重视，增效剂可以显著提高有效成分的杀虫活性，并且在一定程度延缓害虫产生抗药性，从而延长化学杀虫剂的使用寿命。目前，很多科研单位和农药企业试图通过在农药产品中添加增效剂来提高杀虫效果，大幅度降低杀虫剂的使用量并且减少对环境的污染。严格控制增效剂的类别和配比对于增效剂的有效应用很重要，不仅要针对药剂，还要针对防治对象，因为不同增效剂对不同药剂不一定都增效，不同试虫和同种试虫抗药性背景不同其表现也不尽一致。甜菜夜蛾对辛硫磷的抗性涉及谷胱甘肽硫转移酶；对虫螨腈的抗性与多功能氧化酶有关；对顺式氯氰菊酯的抗性与多功能氧化酶关系密切。四种增效剂对抗菊酯类药剂的 KQR 棉铃虫均具有明显或显著的增效作用，而对于相对敏感的 HDS 棉铃虫，它们的增效作用均比对抗性棉铃虫的弱，甚至没有增效作用。

第四节 食用豆主要虫害绿色防治技术

一、食用豆虫害

食用豆虫害是食用豆由于受到害虫的取食为害，食用豆的生长发育显示出异常状态，从而严重影响食用豆的正常生长，造成产量损失和品质下降。

二、绿色防治

以确保农业生产、农产品质量和农业生态环境安全为目标，以减少化学农药使用为目的，食用豆生产过程中优先采取生态控制、生物防治和物理防治、科学用药等环境友好型技术措施控制食用豆虫害的行为。绿色防治是持续控制虫害，保障农业生产安全的重要手段。

三、食用豆主要害虫

根据调查，黑龙江省食用豆主要害虫有豆蚜、叶螨、双斑萤叶甲、豆荚螟、绿豆象、蒙古灰象甲，其次还有地下害虫蛴螬、蝼蛄、金针虫、地老虎等。

四、害虫防治遵循的原则与方法

一是贯彻"预防为主，综合防治"的植保工作方针，坚持"公共植保，绿色植保"的防治理念。重点防治对芸豆生产具有重大经济影响的害虫，根据这些害虫的发生为害特点，有选择地使用农业防治、生物防治、物理防治和化学防治等一项或多项防治措施。

二是加强植物检疫。不从疫区调运种子，或引种、调种时，必须经过检疫。

三是选用抗虫品种。根据品种抗虫性的筛选，选用抗性强的品种。

四是加强田间监测。掌握害虫发生动态，及时采取相应的防治措施。

五是加强田间管理。促进植株健壮生长，增强抗虫能力。创造不利于害虫滋生而有利于天敌繁殖的田间生态环境条件。

六是提倡选用诱虫灯、色板、防虫网、寄生性天敌等绿色防控手段。

七是采用化学防治措施时，使用药剂防治时应符合《农药安全使用规范》（NY/T 1276—2007）和《农药合理使用准则》（GB/T 8321）的规定，严格掌握使用浓度或剂量、使用次数、施药方法和安全间隔期。同时要充分考虑害虫的抗药性问题，尽量选用低毒、低残留杀虫剂，注意药剂的合理轮换使用。

五、虫害主要防治措施

（一）农业防治

选用抗虫或耐虫品种。

合理灌溉和施肥，以促进植株健壮生长，增强抗虫能力。

合理轮作和间作。与其他非豆科作物进行轮作，不重茬，不迎茬。合理布局间作，增加种植地域内物种分布复杂程度，提高昆虫种群多样性，有利降低害虫种群数量。

清洁田园。清除田间和田边的杂草，降低农田杂草基数，以减少害虫越冬场所。

秋季耕翻整地，将作物秸秆、枯枝落叶翻入土中，消灭越冬虫源。

（二）物理防治

灯光诱杀。害虫发生前期开始使用振频式杀虫灯，2~3 hm^2 设置一台，诱杀鳞翅目鞘翅目等害虫的成虫。

性诱剂诱杀。根据害虫发生种类选择相应的性诱剂，在成虫发生前或始发期设置性诱捕器 3~5 个/亩诱捕害虫成虫。

色板诱杀。害虫发生初期，挂设 30 cm×40 cm 色板 20~25 块/亩，色板下缘距离作物顶部 10~20 cm。黄板诱杀蚜虫、潜叶蝇等害虫，蓝板诱杀蓟马等害虫。

（三）有益昆虫的利用

1. 自然天敌种群抑制作用

食用豆田天敌种类主要有瓢虫类（七星瓢虫、异色瓢虫、十三星瓢虫）、蜻蜓、食蚜蝇以及少量的步甲，施用化学农药时避开天敌敏感期，注意天敌的保护，发挥其自然控制作用。

2. 因地制宜地释放天敌防治害虫

可以在田间人工释放适量的瓢虫和食蚜蝇防治蚜虫兼治双斑萤叶甲；释放捕食螨防治叶螨；释放赤眼蜂、茧蜂等防治豆荚螟；释放昆虫病原线虫防治蛴螬等地下害虫。

（四）药剂防治

1. 生物源药剂

在虫害发生初期优先选择生物源农药，常用生物源药剂有阿维菌素、苏云金杆菌、白僵菌、绿僵菌、短稳杆菌、苦参碱、鱼藤酮、藜芦碱、除虫菊素等。药剂使用按照《农药安全使用规范》（NY/T 1276—2007）规定执行。

2. 化学药剂

化学药剂施用注意轮换施用不同类型药剂，或者不同类型化学药剂之间进行混用或与生物药剂混用，酸性与碱性化学农药不能混用，杀菌剂尽量不与生物农药混用；化学药剂复配增效剂施用。施用化学药剂时注意安全间隔期，避免农药残留。

六、主要害虫发生特点及药剂防治时期

（一）叶螨

在全国各地均有发生，可为害的植物有32科113种，豆类中的主要寄主包括红小豆、绿豆、芸豆等。以成若螨在叶片背面刺吸汁液，初期使叶面产生白色点状、枯黄色细斑，为害严重时植株呈现火烧状全叶干枯脱落，缩短结果期。

叶螨在黑龙江省一年可发生10多代。以授精的雌成虫在土块下、杂草根际、落叶中越冬，来年4月以后成虫出蛰。首先在田边的杂草上取食、生活并繁殖（1~2）代，然后由杂草上陆续迁往田中食用豆上为害。一般在6至8月上旬发生，进入6月后，田间数量逐渐增加，7月是叶螨全年发生的猖獗期，也是豆类受害的主要时期，常在7月中下旬种群达到全年高峰期。为害至8月上旬，秋季虫体陆续迁往地下的杂草上生活，于11月上旬越冬。高温低湿时为害严重。

防治指标为单株害螨10~20头，持续高温偏旱，点片发生时进行防治。

化学药剂：10%哒螨灵水乳剂，20~30 mL/亩喷雾；50%炔螨特水乳剂，1 300~2 000倍液喷雾；5%唑螨酯悬浮剂，1 000~1 500倍液喷雾；5.6%阿维·哒螨灵微乳剂，15~25 mL/亩喷雾；22.4%螺虫乙酯悬浮剂，20~30 mL/亩喷雾；15.6%阿维·丁醚脲乳油，2 000~3 000倍液喷雾。

生物药剂：5%d-柠檬烯可溶液剂，100~120 mL/亩喷雾；0.5%藜芦碱可溶液剂，120~140 g/亩喷雾，5%阿维菌素乳油，10~15 mL/亩喷雾。

（二）豆蚜

别名花生蚜、苜蓿蚜。属半翅目，蚜虫科。是豆科作物的重要害虫，主要寄主有红小豆、绿豆、芸豆等。常以成蚜和若蚜群集于嫩茎、顶端嫩叶、心叶、花器及荚果处刺吸汁液。受害严重时，植株生长不良，叶片卷缩，影响开花结实。又因该虫大量排泄"蜜露"，而引起煤污病，使叶片表面铺满一层黑色霉菌，影响光合作用，结荚减少，还传播病毒病，从而造成千粒重下降。

蚜虫在黑龙江省一年发生10多代，以卵在杂草等处越冬。第二年6月中旬左右开始活动，孵化出的有翅蚜陆续向食用豆田进行迁飞，6月下旬是田间危害的盛期。7月下旬食用豆田的数量逐渐减少。蚜虫对黄色有较强的趋性，对银灰色有忌避习性，且具

较强的迁飞和扩散能力。

注重早期防治,在田间蚜虫点片发生阶段开始防治。蚜虫的防治指标为有蚜株率超过50%,单株蚜量10~20头。

化学药剂:10%溴氰虫酰胺可分散油悬浮剂,33.3~40 mL/亩喷雾;50%吡蚜酮可湿性粉剂,10~12.5 g/亩喷雾;10%烯啶虫胺水剂,10~20 mL/亩喷雾;22%噻虫·高氯氟微囊悬浮剂,4~6 mL/亩喷雾;4%高氯·吡虫啉乳油,30~40 g/亩喷雾。

生物药剂:1.5%苦参碱可溶液剂,30~40 mL/亩喷雾;0.5%藜芦碱可溶液剂,75~100 g/亩喷雾;1.5%除虫菊素水乳剂,120~160 mL/亩喷雾;2.5%鱼藤酮悬浮剂,100~150 mL/亩喷雾。

(三)双斑萤叶甲

又名双斑长跗萤叶甲。属鞘翅目、叶甲科、萤叶甲亚科、长跗萤叶甲属,在我国分布广泛。近几年来,黑龙江省西部地区双斑萤叶甲虫体种群数量增加迅速,发生面积不断扩大,田间为害也呈逐年加重趋势,已由次要害虫上升为玉米、大豆、花生、食用豆、谷糜、蔬菜等作物上的主要害虫。该虫一般从下部叶片开始,取食叶肉,残留上表皮和叶脉,形成不规则白色网状斑和孔洞,严重时为害斑相连成片,上表皮干枯脱落后叶片支离破碎,影响叶片的光合作用;还可取食花丝、花粉,影响授粉;也为害幼嫩的籽粒,使成粒数减少,影响产量。

双斑萤叶甲在黑龙江省1年发生1代,以卵在土壤中越冬,主要分布在距土表(0~10)cm的土层中。田间越冬卵在5月下旬开始孵化,卵的孵化时间很不整齐,跨度大,一直到7月上旬还有卵孵化,导致幼虫的发生从5月下旬一直持续到8月,幼虫共3龄,在(3~8)cm土中活动或取食作物根部及杂草,幼虫期30 d左右。6月中旬老熟幼虫开始建造土室化蛹,蛹的发生从6月中旬持续到8月中旬。6月下旬至7月初始见成虫,一直延续到10月,成虫期长达3个多月。夏季高温干旱有利于成虫的大发生,一般田边发生程度重于田中心,种植密度过大、田间郁蔽、通风透光性差、杂草较多的田块发生为害重。

在防治策略上应遵循"先治田外,后治田内"的原则,防治成虫应防治田边、地头等寄主植物上刚羽化出土的成虫。田间成虫发生为害初期至盛期,早或晚成虫活动弱时施药效果好。由于其具有飞翔能力,需要进行统防统治,可取得较好的防治效果。结合地下害虫一起进行防治,消灭刚刚孵化的成虫。

化学药剂:2.5%高效氯氟氰菊酯水乳剂,30~40 mL/亩喷雾;20%氯虫苯甲酰胺悬浮剂,6~12 mL/亩喷雾。

生物药剂:1.8%阿维菌素乳油,30~40 mL/亩喷雾。

(四)豆荚螟

又称豆蛀虫,属寡食性害虫,寄主仅限于豆科作物,全国各地均有分布,以幼虫蛀食豆荚、花蕾和种子,一般6—10月为幼虫为害期,主要以幼虫蛀入豆荚食害豆粒,被害豆粒形成虫孔、破瓣,甚至大部分豆粒被吃光。防治不及时的田块,常常造成十荚七蛀,一般减产可达30%~50%,严重的减产70%以上。

在始花期（开花现蕾10%~20%）和盛花期（开花现蕾50%~80%）各施药一次为宜，喷药时间以傍晚最佳。

化学药剂：5%虱螨脲悬浮剂，30~50 mL/亩喷雾；10%溴氰虫酰胺可分散油悬浮剂，33.3~40 mL/亩喷雾；20%氯虫苯甲酰胺悬浮剂，6~12 mL/亩喷雾。

生物药剂：3%甲氨基阿维菌素苯甲酸盐微乳剂，6~8 mL/亩喷雾；32 000 IU/mg苏云金杆菌可湿性粉剂，75~100 g/亩喷雾。

（五）蓟马

缨翅目昆虫通称为蓟马，全世界已知约6 000种，中国已知约600种，主要有蓟马科和管蓟马科。蓟马寄主范围广，在黑龙江省为害豆类的主要是烟蓟马，在豆类苗期到结荚期均可发生为害，其以成虫和若虫锉吸植株幼嫩组织（枝梢、叶片、花、果实等）汁液，被害叶片出现灰白色斑点，嫩梢变硬卷曲枯萎，为害花器造成落花落荚，严重影响产量和品质。蓟马成虫较活跃，能飞能跳。怕阳光，一般阴天和夜间在叶面上活动为害，干旱的气候条件下发生严重。

根据蓟马的危害特点，调整用药时间，傍晚对植株进行喷药，效果最好；药剂里加入50 g红糖或者白糖，既有诱食作用又增加了药液的黏度，使蓟马无法跳跃。

化学药剂：25%噻虫嗪水分散粒剂，15~20 g/亩喷雾；10%溴氰虫酰胺可分散油悬浮剂，33.3~40 mL/亩喷雾；10%啶虫脒乳油，30~40 mL/亩喷雾。

生物药剂：3%甲氨基阿维菌素苯甲酸盐微乳剂，6~8 mL/亩喷雾；480 g/L多杀菌素悬浮剂，2.5~3 mL/亩喷雾；150亿孢子/g球孢白僵菌，160~200 g/亩喷雾；150亿孢子/g金龟子绿僵菌悬浮剂，30~35 mL/亩喷雾。

（六）绿豆象

鞘翅目，豆象科，全国各地均有发生。以幼虫蛀荚，食害豆粒，或在仓内蛀食贮藏的豆粒。各虫期均可在豆粒中越冬，次年春化蛹羽化。雌虫在田间的豆荚上或仓库内的豆粒上产卵。

在结荚初期至开花末期施药。使用药剂参见双斑萤叶甲的防治。仓储绿豆象防治，收获前仓库要空仓消毒，收获后储存时可用药剂熏蒸灭虫，常用敌敌畏进行熏蒸剂。也可采取开水浸烫、日光暴晒等方式灭虫。

（七）蒙古灰象甲

鞘翅目，象甲科，在东北2年发生1代，5—6月为害最重。成虫为害子叶和心叶可造成孔洞、缺刻等症状，还可咬断嫩芽和嫩茎；也可为害生长点及子叶，使苗不能发育，严重时成片死苗，需毁种。

成虫出土盛期药剂防治同双斑萤叶甲，或成虫出土初期结合地下害虫蛴螬一起防治。

（八）地下害虫

地下害虫主要有蛴螬，金针虫、蝼蛄和地老虎。针对地下害虫的为害特点可以选择在播种期进行药剂防治或药剂拌种。可以选择杀虫剂和杀菌剂混用的种衣剂进行拌种，既防地下害虫又防土传病害和种传病害。

种子包衣：种子处理每 100 kg 种子使用 8%噻虫嗪悬浮剂 1 500~2 500 mL；每 100 kg 种子使用 600 g/L 吡虫啉悬浮剂 300~400 mL；每 100kg 种子使用 25%噻虫·咯·霜灵悬浮种衣剂 500~700 mL；18%辛硫·福美双种子处理微囊悬浮剂，1：(80~110)（药种比）。

药剂撒施：0.5%噻虫嗪颗粒剂 12~15 kg/亩撒施；3%辛硫磷颗粒剂 4 000~6 000 g/亩撒施；150 亿孢子/g 球孢白僵菌可湿性粉剂 250~300 g/亩拌毒土撒施。

参考文献

曹春玲，刘永强，吴胜勇，等，2015. 烟蓟马对不同葡萄品种的选择性及与主要影响因素的相关性 [J]. 植物保护，41（1）：68-73.

陈汉杰，张金勇，郭小辉，2008. 阿维菌素对几种果树害虫的毒力测定与安全性评价 [J]. 现代农药（4）：49-52.

陈青，卢芙萍，卢辉，等，2016. 几种生化物质与西瓜抗蚜性的相关性 [J]. 植物保护学报，43（5）：858-863.

狄佳春，赵亮，陈旭升，2019. 棉花对斜纹夜蛾与棉大卷叶螟的抗性分析 [J]. 中国农学通报，35（20）：83-87.

董辉，高松，农向群，等，2011. 应用绿僵菌与锐劲特防治蝗虫的效果 [J]. 湖北农业科学，50（17）：3543-3545.

杜玉宁，张宗山，沈瑞清，等，2007. 4 种生物农药对枸杞蚜虫的室内毒力测定 [J]. 林业科技（6）：29-30.

段灿星，彭高松，王晓鸣，等，2013. 抗感水稻品种受灰飞虱为害后的生理反应差异 [J]. 应用昆虫学报，50（1）：145-153.

冯建雄，董晓亮，杨博慧，等，2019. 油菜叶片营养物质含量和防御酶活性与其对黄宽条跳甲抗性的关系 [J]. 植物保护，45（3）：49-54，59.

高书晶，刘爱萍，徐林波，2010. 印楝素和阿维·苏云菌对草原蝗虫的防治效果试验 [J]. 现代农药，9（2）：44-46.

苟玉萍，2015. 不同寄主对异迟眼蕈蚊生物学参数及体内保护酶活性影响的研究 [D]. 兰州：甘肃农业大学.

何超，沈登荣，尹立红，等，2017. 不同石榴品种对井上蛀果斑螟生长发育和繁殖的影响 [J]. 应用生态学报，28（3）：935-940.

何香，2018. 杜鹃花对杜鹃冠网蝽的抗性机理初探 [D]. 南充：西华师范大学.

何香，董廷发，何恒果，等，2020. 杜鹃冠网蝽危害胁迫对杜鹃花叶组织脂膜过氧化及抗氧化酶的影响 [J]. 东北林业大学学报，48（11）：56-60.

贺艳萍，2004. 中国重要蝗区东亚飞蝗有机磷杀虫剂抗性生化机制研究 [D]. 太原：山西大学.

胡桂馨，彭然，景康康，等，2017. 牛角花齿蓟马为害对苜蓿无性系根茎叶及同化产物分配的影响 [J]. 应用生态学报，28（9）：2967-2974.

纪明山，刘周成，李修伟，等，2012. 防治草原蝗虫有效药剂的室内筛选 [J]. 农药，51（2）：148-150.

贾小俭，马娟，高波，等，2017. 甘薯蚁象对不同甘薯品种植物挥发物的EAG和嗅觉反应［J］. 昆虫学报，60（11）：1285-1291.

姜卫华，2011. 二化螟的抗药性及综合防治研究［D］. 南京：南京农业大学.

解雅梅，2019. 玉米蚜虫的发生规律及种群控制研究［D］. 扬州：扬州大学.

亢春雨，赵春青，吴刚，2007. 昆虫抗药性分子机制研究的新进展［J］. 华东昆虫学报，16（2）：136-140.

雷关红，2013. 无毛黄瓜抗蚜生理机理探究［D］. 泰安：山东农业大学.

黎健龙，黎华寿，李家贤，等，2011. 不同茶树品种节肢动物多样性分析［J］. 中国农学通报，27（31）：274-279.

李阿跟，2004. 小菜蛾对氟虫腈抗性机理研究［D］. 南京：南京农业大学.

李昌盛，尚勋武，师桂英，等，2007. 北方春小麦抗蚜水平与形态特征的相关性研究［J］. 甘肃农业大学学报（6）：80-83.

李木明，2008. 棉花种质对红铃虫和朱砂叶螨的抗性机制研究［D］. 武汉：华中农业大学.

李前，杜建雄，张龙，2007. 丁烯氟虫腈与氟虫腈对东亚飞蝗若虫的室内毒力测定［J］. 中国植保导刊，27（11）：39-40.

李田田，姜文芝，谷停停，等，2016. 黄瓜叶片营养物质与抗蚜性的关系研究［J］. 山东农业科学，48（10）：44-47，50.

刘欢，2019. 稻纵卷叶螟对不同生育期水稻和寄主植物的选择性［D］. 北京：中国农业科学院.

刘凯扬，王有武，赵倩，等，2019. 新疆不同棉花品种（系）对土耳其斯坦叶螨抗性的鉴定及其叶片表面蜡质分析［J］. 棉花学报，31（4）：335-340.

吕红娟，2012. 中华稻蝗若虫和成虫转录组的比较研究及线粒体转录组作图［D］. 西安：陕西师范大学.

吕敏，吴琳，苏建坤，等，2014. Q型烟粉虱为害对不同辣椒品种叶绿素及营养物质的影响［J］. 江苏农业学报，30（6）：1316-1320.

牛洪涛，罗万春，宗建平，等，2008. 小菜蛾对丁烯氟虫腈的抗性遗传力及风险评估［J］. 植物保护学报，35（2）：165-168.

任佳，周福才，陈学好，等，2014. 黄瓜叶片物理性状对黄瓜抗蚜性的影响［J］. 中国生态农业学报，22（1）：52-57.

王琛柱，1997. 棉酚和单宁酸对棉铃虫幼虫生长和消化生理的影响［J］. 植物保护学报，24（1）：13-18.

王剑嵩，龚治，阎伟，等，2021. 2种椰心叶甲寄主植物的叶片防御特性［J］. 热带作物学报，42（3）：839-846.

王鹏南，2015. 黑龙江烟田烟蚜生物学、生态学及杀虫剂对其控制效果研究［D］. 大庆：黑龙江八一农垦大学.

王斯奇，陈俊，章娟娟，等，2016. AChE在水稻抗性诱导的褐飞虱凋亡中肠细胞中的定位及表达［J］．昆虫学报，59（10）：1033-1042．

王皙玮，陈冬月，张李香，等，2014．黑龙江省西部草地蝗虫群落结构多样性研究［J］．黑龙江大学工程学报，5（2）：51-57，61．

巫厚长，程遐年，邹运鼎，1999．不同烟草品种上节肢动物种群数量动态的研究［J］．应用生态学报，10（4）：452-456．

吴龙火，2007．5种山羊草对禾谷缢管蚜的抗性鉴定技术及诱导抗性机制研究［D］．成都：四川农业大学．

伍亚琼，张伟，罗怀海，等，2017．植物源农药印楝素对柑橘全爪螨的防治效果［J］．植物医生，30（4）：54-56．

武德功，方文浩，杜军利，等，2018．不同蚜虫密度胁迫对抗感玉米幼苗生理物质的影响［J］．浙江农业学报，30（4）：528-536．

夏纪，淑仁，夏桂平，1996．大豆害虫及其节肢动物天敌初步调查［J］．安徽农业科学（1）：55-59．

徐建陶，高聪芬，孙定炜，等，2008．几种植物源农药对蚜虫的生物活性测定［J］．上海农业学报（1）：91-94．

杨红军，王东升，2002．东亚飞蝗对马拉硫磷抗性研究初报［J］．植保技术与推广，22（8）：11-12．

杨婧，2013．短额负蝗三种虫态的比较转录组及线粒体转录组作图研究［D］．西安：陕西师范大学．

杨美玲，2004．东亚飞蝗对有机磷杀虫剂的抗性及其机理研究［D］．太原：山西大学．

俞晓平，巫国瑞，胡萃，1993．作物耐虫性研究概况［J］．昆虫知识，30（2）：121-123．

张彬，郑长英，2015．西花蓟马在不同花生品种间的实验种群生命表［J］．广东农业科学，42（13）：80-83．

张洪英，魏淑花，张蓉，等，2016．豌豆蚜为害对苜蓿品种酶活性和营养物质的影响［J］．草业科学，33（1）：144-152．

张华峰，2013．桉树枝瘿姬小蜂侵害机理及寄主桉树化学防御研究［D］．福州：福建农林大学．

张建琴，2010．东亚飞蝗有机磷抗性相关羧酸酯酶基因的特性及功能研究［D］．太原：山西大学．

张新，赵莉，王世君，等，2012．三种药剂对意大利蝗的毒力测定及田间药效试验［J］．新疆农业科学，49（8）：1466-1470．

张扬，王保菊，2014．二化螟抗药性检测方法比较和抗药性监测［J］．南京农业大学学报，37（6）：37-43．

赵岩，于洪春，2010．黑龙江省蝗虫名录［J］．东北农业大学学报，41（3）：21-25．

周婷婷，林华峰，王艳秋，等，2017．烟草对烟蚜的抗性品种筛选及抗性机制研究

[J]. 应用昆虫学报, 54（2）: 198-206.

周小霞, 2009. 东亚飞蝗乙酰胆碱酯酶基因克隆及其功能研究 [D]. 重庆: 重庆大学.

周艳丽, 王贵强, 李广忠, 2011. 黑龙江省西部草地蝗虫主要种类及综合治理研究 [J]. 中国农学通报, 27（9）: 382-386.

BADISCO L, HUYBRECHTS J, SIMONET G, et al., 2011a. Transcriptome analysis of the desert locust central nervous system: production and annotation of a *Schistocerca gregaria* EST database [J]. PLoS One, 6（3）: e17274.

BADISCO L, OTT S R, ROGERS S M, et al., 2011b. Microarray-based transcriptomic analysis of differences between long-term gregarious and solitarious desert locusts [J]. PLoS One, 6（11）: e28110.

CHEN S, YANG P C, JIANG F, et al., 2010. *De novo* analysis of transcriptome dynamics in the migratory locust during the development of phase traits [J]. PLoS One, 5（12）: e15633.

DAVID L, HUBER W, GRANOVSKAIA M, et al., 2006. A high-resolution map of transcription in the yeast gemome [J]. Proceedings of the National Academy of Sciences of the United States of America, 103（14）: 5320-5325.

DELAY B, MAMIDALA P, WLJERATNE A, et al., 2012. Transcriptome analysis of the salivary glands of potato leafhopper, Empoasca fabae [J]. Journal of Insect Physiology, 58: 1626-1634.

GHORBANIAN M, FATHIPOUR Y, TALEBI A A, et al., 2019. Different pepper cultivars affect performance of second (*Myzuspersicae*) and third (*Diaeretiellarapae*) trophic levels [J]. Journal of Asia-Pacific Entomology, 22（1）: 194-202.

GOONEWARDENE H F, KWOLEK W F, DAYTON D F, et al., 1980. Preference of the European red mite for strains of 'Delicious' apple with differences in leaf pubescence [J]. Journal of Economic Entomology, 73（1）: 101-103.

HANDLEY R, EKBOM B, ÅGREN J, 2005. Variation in trichome density and resistance against a specialist insect herbivore in natural populations of Arabidopsis thaliana [J]. Ecological Entomology, 30（3）: 284-292.

HE W Y, YOU M S, VASSEUR L, et al., 2012. Developmental and insecticide-resistant insights from the de novo assembled transcriptome of the diamondback moth, Plutella xylostella [J]. Genomics, 99（3）: 169-177.

JIANG F, YANG M, GUO W, et al., 2012. Large-scale transctiptome analysis of retroelements in the migratory locust, *Locusta migratoria* [J]. PLoS One, 7（7）: e40532.

KEELING C I, HENDERSON H, LI M, et al., 2012. Transcriptome and full-length cDNA resources for the mountain pine beetle, Dendroctonus ponderosae Hopkins, a major insect pest of pine forests [J]. Insect Biochemistry and Molecular Biology, 42: 525-536.

LEMA K M, 1986. Further studies on green mite resistance in cassava [J]. UTA Research Briefs, 7 (1): 7.

LI M, LI L, DUNWELL J M, et al., 2014. Characterization of the lipoxygenase (LOX) gene family in the Chinese white pear (Pyrus bretschneideri) and comparison with other members of the Rosaceae [J]. BMC genomics, 15 (1): 444.

LI X, OU Y, XU F, et al., 2019. Over-expression of the red plant gene R1 enhances anthocyanin production and resistance to bollworm and spider mite in cotton [J]. Molecular genetics and genomics, 294 (2): 469-478.

LUCINI T, FARIA MV, ROHDE C, et al., 2015. Acylsugar and the role of trichomes in tomato genotypes resistance to *Tetranychus urticae* [J]. Arthropod Plant Interactions, 9 (1): 45-53.

MARCELO P G, DAVID P P, JILL AN, et al., 2006. Gene-for-gene defense of wheatagainst the hessian fly lacks a classical oxidative burst [J]. The American Phytopathological Society, 19 (19): 1023-1033.

MA W, ZHANG Z, PENG C, et al., 2012. Exploring the midgut transcriptome and brush border membrane vesicle proteome of the rice stem borer, Chilo suppressalis (Walker) [J]. PLoS One, 7: e38151.

MOHAN M, GUJAR G T, 2003. Local variation in susceptibility of the diamondback moth, *Plutella xylostella* to insecticides and role of detoxification enzymes [J]. Crop Protection, 22 (3): 495-504.

MORRIS R F, MILLER C A, 1954. The development of life tables for the spruce budworm [J]. Canadian Journal of Zoology, 32 (4): 283-301.

NALAM V, LOUIS J, SHAH J, 2019. Plant defense against aphids, the pest extraordinaire [J]. Plant science, 279: 96-107.

NASR S H, SATOSKAR A, MARKOWITZ G S, et al., 2009. Proliferative glomerulonephritis with monoclonal IgG deposits [J]. Journal of the American Society of Nephrology, 20 (9): 2055-2064.

PAUCHET Y, WILKINSON P, VAN MUNSTER M, et al., 2009. Pyrosequencing of the midgut transcriptome of the poplar leaf beetle Chrysomela tremulae reveals new gene families in Coleoptera [J]. Insect Biochemistry and Molecular Biology, 39: 403-413.

RAUCH N, NAUEN R, 2004. Characterization and molecular cloning of a glutathione S-transferase from the whitefly Bemisia tabaci (*Hemiptera*: *Aleyrodidae*) [J]. Insect Biochemistry and Molecular Biology, 34: 321-329.

SHEN G M, DOU W, NIU J Z, et al., 2011. Transcriptome analysis of the oriental fruit fly (*Bactrocera dorsalis*) [J]. PLoS One, 6: e29127.

WU H H, YANG M L, GUO Y P, et al., 2009. The susceptibilities of *Oxya chinensis* (Orthoptera: Acridoidea) to malathion and comparison of the esterase properties from three collected populations in Tianjin area, China [J]. Agricultural Sciences in China (1): 76-82.

XUE K, DENG S, WANG R J, et al., 2008. Leaf surface factors of transgenic Bt cotton associated with the feeding behaviors of cotton aphids: A case study on non-target effects [J]. Science in China (Series C: Life Sciences) (2): 145-156.

YANG M L, 2009. Mechanisms of organophosphate resistance in a field population of oriental migratory locust, *Locusta migratoriamanilensis* (Meyen) [J]. Archives of Insect Biochemistry Physiology, 71 (1): 3-15.

YANG M L, WU H H, GUO Y P, et al., 2004. Characterization and comparison of general esterases from two field populations of the grasshopper *Oxya chinensis* (Thunberg) (Orthoptera: Acridoidea) [J]. Acta Entomologica Sinica, 47 (5): 579-585.

YENCHO G C, TINGEY W M, 1994. Glandular trichomes of Solanum berthaultii alter host preference of the Colorado potato beetle, *Leptinotarsa decemlineata* [J]. Entomologia Experimentalis et Applicata, 70 (3): 217-225.

ZHANG Y C, CAO W J, ZHONG L R, et al., 2016. Host plant determines the population size of an *obligate symbiont* (*Buchnera aphidicola*) in aphids [J]. Applied Environmental Microbiology, 82 (8): 2336-2346.

ZHU J Y, ZHAO N, YANG B, 2012. Global transcriptome profiling of the pine shoot beetle, *Tomicus yunnanensis* (Colenptera: Scolytinae) [J]. PLoS One, 7: e32291.

ZÜST T, AGRAWAL A A, 2016. Mechanisms and evolution of plant resistance to aphids [J]. Nature Plants, 2 (1): 1-9.